高职高专系列教材

药用植物识别技术

YAOYONG ZHIWU SHIBIE JISHU

张小年　主编

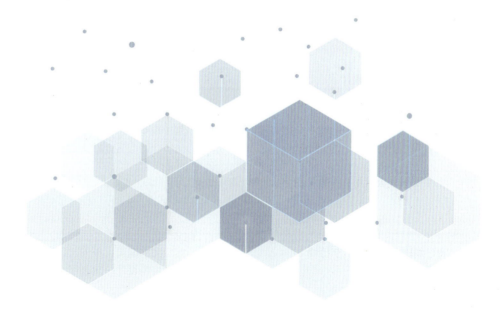

化学工业出版社

·北 京·

内 容 简 介

《药用植物识别技术》分为绪论和七个项目。绪论，介绍课程学习意义、学科研究发展概况及学习方法；项目一为药用植物识别基础，介绍植物显微识别基本操作技能；项目二为植物分类基础知识，介绍植物分类、命名基本方法及植物检索表使用等；项目三为药用植物的细胞及组织，介绍植物细胞的组成及组织的类型与功能；项目四为药用植物器官的识别，介绍根、茎、叶等植物器官的外部形态及内部构造特点；项目五为常见低等药用植物分类及识别，项目六为常见高等药用植物分类及识别，分别介绍低等植物、高等植物中各科的主要特征及代表药用植物的识别方法、分布、生长环境、入药部位及功效；项目七为药用植物标本的采集与制作，介绍标本采集与制作方法。

本书为融合立体化数字资源的新形态教材。主教材采用全彩印刷，配以视频、目标检测、PPT课件等，均以二维码形式呈现；同时配备"工作手册"，方便开展任务实施操作与评价。

本书落实思政教育、"岗课赛证"综合育人与党的二十大精神，可作为高职高专类院校医药类专业师生的教材，也可供行业企业工作者培训、参考使用。

图书在版编目（CIP）数据

药用植物识别技术/张小年主编．――北京：化学工业出版社，2023.8
高职高专系列教材
ISBN 978-7-122-43842-3

Ⅰ.①药… Ⅱ.①张… Ⅲ.①药用植物-识别-高等职业教育-教材 Ⅳ.① Q949.95

中国国家版本馆CIP数据核字（2023）第135908号

责任编辑：王嘉一 李植峰　　　　　文字编辑：丁　宁　药欣荣
责任校对：宋　玮　　　　　　　　　装帧设计：史利平

出版发行：化学工业出版社（北京市东城区青年湖南街13号　邮政编码100011）
印　　装：中煤（北京）印务有限公司
787mm×1092mm　1/16　印张15$\frac{1}{4}$　字数387千字　2024年10月北京第1版第1次印刷

购书咨询：010-64518888　　　　　　　　售后服务：010-64518899
网　　址：http://www.cip.com.cn
凡购买本书，如有缺损质量问题，本社销售中心负责调换。

定　价：64.00元　　　　　　　　　　　　　　　　　　　版权所有　违者必究

《药用植物识别技术》编审人员名单

主　　编　张小年

副 主 编　朱　濛　黄玉梅

编　　者　（按姓氏笔画排序）

　　　　　朱　濛（江苏食品药品职业技术学院）

　　　　　刘灿仿（邢台医学高等专科学校）

　　　　　吴　英（黑龙江农业经济职业学院）

　　　　　张小年（黑龙江农业经济职业学院）

　　　　　金景宏（多多药业有限公司）

　　　　　高姗姗（黑龙江农垦职业学院）

　　　　　郭秀梅（黑龙江农业经济职业学院）

　　　　　黄玉梅（广东云浮中医药职业学院）

主　　审　汲晨锋（哈尔滨商业大学）

前　言

"药用植物识别技术"是高职高专类院校中药材生产与加工、中药学等专业的专业基础课程。随着我国医药高等职业教育的发展以及行业企业需求的不断变化，课程教材也被赋予了新的使命。本教材是在充分调研岗位需求发展的基础上编写而成的，严格贯彻党的二十大精神，落实立德树人根本任务，对传统教材的内容和结构进行了调整，在注重药用植物知识系统性的同时，着重强化岗位能力的培养，以及职业道德与人文素养的培育。

本教材具有以下特点：

（1）正文内容上，结合《中华人民共和国药典》（2020年版）、临床岗位及大赛重点中药品种，选取药用植物示例，除旧布新，紧跟时代发展。

（2）编写形式上，在保持教材框架系统严谨的基础上，设计生动、活泼的栏目，如"项目导入""知识链接""课堂活动"等，以满足教学互动需求，提升教材的可读性、趣味性，内化职业道德与人文素养。

（3）装帧设计上，本书主教材采用彩色印刷，配有大量精美彩图；同时，配备"工作手册"，针对每个任务设计了"任务记录页"及"任务评价页"，利于实践操作的演练，达到学习效果可评可测。

（4）增值资源上，教材适应教学改革的发展方向，结合本课程信息化资源建设，配备了大量数字资源。读者通过扫描书中的二维码，即可观看视频，获取课件、目标检测等富媒体资源，突出体现了本教材的先进性、适用性。

教材编写分工：张小年老师负责绪论，项目三，项目五，项目六任务三子任务2的编写；金景宏作为企业合作者负责项目一的编写；郭秀梅老师负责项目四任务五、任务六，项目六任务三子任务3的编写；朱濛老师负责项目二，项目六任务三子任务1的编写；吴英老师负责项目四任务一至任务三的编写；高姗姗老师负责项目四任务四的编写；黄玉梅老师负责项目七的编写；刘灿仿老师负责项目六任务一、任务二的编写。全书由张小年统稿、汲晨锋主审。

本教材由校企合作开发，充分体现现代职业教育特色，教材的编写是各位编者努力的结果，同时也离不开化学工业出版社和编委所在单位的大力支持和帮助。特别感谢哈尔滨商业大学汲晨锋研究员在承担本教材的主审工作时，给予了很多建设性的意见。

由于编者水平有限，书中难免存在疏漏或不妥之处，恳请专家、学者及广大读者提出宝贵意见，以使教材不断完善。

编者

2023年2月

目 录

绪论	001
一、学习药用植物识别技术的意义	001
二、药用植物研究发展概况	002
三、药用植物识别技术学习方法	003

项目一 药用植物识别基础   005
   任务 显微装片、观察与绘图   005

项目二 植物分类基础知识   012
   任务 植物检索表应用   012

项目三 药用植物的细胞及组织   017
   任务一 药用植物细胞的识别   017
   任务二 药用植物组织的识别   025

项目四 药用植物器官的识别   035
   任务一 根的识别   035
   任务二 茎的识别   042
   任务三 叶的识别   050
   任务四 花的识别   059
   任务五 果实的识别   068
   任务六 种子的识别   073

项目五 常见低等药用植物分类及识别   076
   任务 低等药用植物的识别   076

项目六 常见高等药用植物分类及识别   082
   任务一 苔藓与蕨类植物的识别   082
     一、苔藓植物   082
     二、蕨类植物   084
      1. 卷柏科   084
      2. 木贼科   085
      3. 海金沙科   085
      4. 蚌壳蕨科   086
      5. 水龙骨科   087
   任务二 裸子植物的识别   088
     1. 银杏科   088
     2. 柏科   089
     3. 红豆杉科（紫杉科）   090
     4. 麻黄科   090
   任务三 被子植物的识别   092
    子任务 1 双子叶植物纲——离瓣花亚纲植物的识别   093
     1. 三白草科   093
     2. 桑科   094
     3. 马兜铃科   094
     4. 蓼科   096
     5. 苋科   097
     6. 睡莲科   098
     7. 毛茛科   099
     8. 木兰科   100
     9. 樟科   102
     10. 罂粟科   102
     11. 十字花科   103
     12. 杜仲科   104
     13. 蔷薇科   104
     14. 豆科   107
     15. 芸香科   109
     16. 大戟科   110
     17. 葡萄科   112
     18. 锦葵科   113
     19. 五加科   113
     20. 伞形科   114
    子任务 2 双子叶植物纲——合瓣花亚纲植物的识别   118
     21. 木犀科   118

22. 龙胆科	119		5. 棕榈科	137
23. 夹竹桃科	119		6. 天南星科	138
24. 萝藦科	120		7. 百部科	139
25. 旋花科	121		8. 百合科	140
26. 马鞭草科	122		9. 薯蓣科	141
27. 唇形科	123		10. 鸢尾科	142
28. 茄科	125		11. 姜科	143
29. 玄参科	126		12. 兰科	144

项目七　药用植物标本的采集与制作　147

任务　标本采集与制作　147

一、腊叶标本的采集与制作　148
二、浸制标本的制作　152

30. 爵床科	127
31. 茜草科	128
32. 忍冬科	129
33. 葫芦科	130
34. 桔梗科	130
35. 菊科	131
子任务 3　单子叶植物纲植物的识别　134	
1. 香蒲科	134
2. 泽泻科	135
3. 禾本科	135
4. 莎草科	137

附录　156

附录 1　被子植物门分科检索表　156
附录 2　目标检测答案　197

参考文献　198

绪论

学习目标

知识目标：掌握药用植物的基本概念、学习意义及学习方法；了解药用植物研究发展概况。

思政与职业素养目标：通过对药用植物的作用、研究任务的学习，树立中医药文化自信，具有合理利用资源、开发资源意识。

在自然界中，大约有50万种植物。植物是地球生命存在和发展的基础。药用植物是智慧勤劳的中华人民在长期的生活实践中积累总结出的经验宝库，是祖国中医药文化的重要组成部分。学习药用植物，让自己今后在维护人民健康、推动祖国中医药事业发展的道路上发光发热，就从"药用植物识别"开始吧！

中药资源是中医药事业传承和发展的物质基础，是关系国计民生的战略性资源。其来源包括植物药、动物药、矿物药。中华人民共和国成立以来，全国进行了4次大规模的中药资源普查，基本摸清了中药资源状况，调查结果汇总了1.3万多种中药资源的种类，有数据表明87%以上为植物药。植物的种类来源和品质是中药质量的重要指标，因此，凡是与中药来源和品质有关的学科都与药用植物相关。

药用植物是能够预防、治疗疾病和对人体有保健功能的植物，统称为药用植物。药用植物识别技术是利用植物学的知识和方法来研究药用植物外部形态、内部构造、种群分类的一门技术。识别药用植物，区分相似种、近似缘，澄清名实混乱，是深入发掘和扩大中药资源、充分开发利用中药的基础。

知识链接

20世纪60～80年代，我国分别开展了3次全国范围的中药资源普查。由于世界各地对中医药医疗保健服务需求的不断增加以及中医药相关产业的蓬勃发展，中药资源的需求量也随之增加，原有的中药资源状况已经发生了巨大变化。因此，在2011～2020年间，国家中医药管理局组织开展了第四次全国中药资源普查活动。这次普查，汇总了1.3万多种中药资源的种类和分布等信息，其中有上千种为我国特有种；并发现196个新物种（包括种下分类群），有60%以上的物种具有潜在的药用价值或中药功效。这次普查摸清了我国中药资源的本底情况，建立了中药资源动态监测信息和技术服务网络体系，建立了中药材种子种苗繁育基地和种质资源库等，对促进中药资源可持续利用和国民经济发展具有重要贡献。

一、学习药用植物识别技术的意义

1. 鉴定中药原植物种类，确保药材来源准确

我国幅员辽阔，地跨寒、温、热三带，地形错综复杂，气候多种多样，药用植物种类繁多。但与此同时，由于本草记载不详，加之各地用药历史、用药习惯不同、植物和药材名称不统一

等问题，出现了多品种、多来源、同名异物、同物异名现象；混淆品、误用品、掺伪品层出不穷，严重影响了中药疗效与用药安全。如中药贯众，在全国称作"贯众"的植物有9科17属50种之多，《中国药典》（2020年版）规定其来源为鳞毛蕨科植物粗茎鳞毛蕨 *Dryopteris crassirhizoma* Nakai 的干燥根茎和叶柄残基；白头翁在不同地区有20多种植物均称白头翁，其正品为毛茛科植物白头翁 *Pulsatilla chinensis* (Bge.) Regel 的干燥根；伞形科柴胡属多种植物均可作中药柴胡入药，但大叶柴胡含有毒性，不可代替柴胡入药；益母草，青海称作"坤草"、四川称作"月母草"、陕西称作"旋风草"、湖南称作"野油麻"等。因此，药学工作者需运用药用植物学知识，以科学的方法对药材及其原植物进行准确的分类、鉴定，澄清混乱品种，确保临床用药安全有效。

2. 开展药用植物资源调查，合理利用药用植物

党的二十大报告提出"促进中医药传承创新发展"，使中医药再度成为生物医药领域的热点关注方向。国家不断出台相关政策，大力支持中药发展，使中医药以前所未有的力度驶入发展的快车道。如今，中医药已成为中国特色卫生健康的重要组成部分，正以独特而显著的优势，维护和促进人民生命健康。由于中药的需求量日趋增高，曾经的过度采挖导致部分天然的、野生药用植物资源受到了严重破坏，产量急剧下降，品种日趋减少。为满足医疗保健事业用药的需要及中药事业的可持续发展，需积极开展对药用植物的资源调查，摸清药用植物的分布、生长环境、资源蕴藏量、濒危程度等信息，为更好地保护野生资源和创造适宜条件引种栽培、保证药源供应提供依据。

3. 运用学科规律，寻找和开发新药源

近年来，"人类保健需要传统医药"这一观点已经被国内外民众普遍接受，利用植物药开发研制保健品、护肤品、新药等备受青睐。如何运用学科规律，寻找和开发新药源也迫在眉睫。

植物系统进化关系和植物化学分类学揭示：亲缘关系越亲近的物种，其体内所含有的化学成分越相近，野生植物中亲缘关系相近的种，不仅在外部形态及结构方面相似，而且其新陈代谢类型和生理生化特征也相似。据此，利用这一规律去寻找新的药物资源，是寻找和开发新药源的重要途径。又如，第四次中药普查中发现味连的近亲新物种，命名为珠江黄连，相比于黄连属其他近缘类群，该物种植株高大、根茎粗壮的特点预示着其为潜力巨大的新药用资源，对黄连产业发展意义深远。

二、药用植物研究发展概况

中国是药用植物资源最为丰富的国家之一，对药用植物的发现、利用和栽培有着悠久的文化历史。中国古代有关史料中曾记载有"神农尝百草，一日而遇七十毒"的故事。虽为传说，但说明古代人类对药用植物的发现和利用非常早。早在3000多年前的《诗经》和《尔雅》中，就分别记载了200种和300种植物，其中1/3左右为药用植物。如远志、菟丝子、益母草等。

我国历代记载本草的著作现已发现400多部。如汉代的《神农本草经》为我国现存最早的记载药物的专著，也是我国本草的启蒙者，书中共载药365种，其中药用植物有237种。梁代陶弘景以《神农本草经》为基础，补入《名医别录》，编著成《本草经集注》，书中载药730种，

将药物按其自然属性分类，其中多数为植物。唐代苏敬等23人集体编写了《新修本草》，载药844种，此书由政府颁布，被认为是我国第一部药典，也是世界上最早的一部药典。宋代唐慎微的《经史证类备急本草》，收载药物1746种，是我国现存最早的一部完整文献。明代李时珍的《本草纲目》，载药1892种，详细记载的药用植物有1100多种，该书全面总结了16世纪以前我国人民的药物知识，对植物分类贡献巨大。清代赵学敏编著的《本草纲目拾遗》，收载药物921种，为《本草纲目》的补充和续篇；吴其濬编著的《植物名实图考》和《植物名实图考长编》共记载植物2552种，是论述植物的专著，对植物的形态、产地、用途等进行了详细阐述，同时附有精美插图，重视同名异物的考证。

20世纪初至40年代，胡先骕、钱崇澍、张景钺、严楚江等植物学家，用近代的理论和方法发表了一些植物分类和植物形态解剖论著。1948年，李承祜出版了我国第一部《药用植物学》大学教科书。

近70年以来，药用植物和中药工作者编写出版了《中药志》与《中国药用植物图鉴》等举世瞩目的重要专著；此外，于1953年、1963年、1977年、1985年、1990年、1995年、2000年、2005年、2010年、2015年、2020年相继颁行了《中华人民共和国药典》，还出版了许多地方植物志、药用植物志，并创刊了《中国中药杂志》《中草药》《中药材》《中成药》《时珍国医国药》等专门刊登药用植物和中药研究论文的期刊，为药用植物的研究、开发、应用打下了坚实的基础。

国家在第四次中药资源普查中，组建了5万余人的中药资源调查队伍，对全国31个省近2800个县开展中药资源调查，秉承"传承精华、守正创新"的思想，采集整理植物标本150万余份，厘清了中药资源的蕴藏量，发现新物种196个，还原和纠正了传承中的一些偏差。

三、药用植物识别技术学习方法

药用植物识别技术是中药及相关专业的基础课程，为后续课程实用中药学、中药鉴定技术、中药化学实用技术等相关学科的学习提供理论和技能支撑。其实践性、直观性很强，在学习时必须坚持理论联系实际，走进大自然，多观察、多比较植物各器官的形态特征，找出吸引人的特殊点，通过掌握这些特殊点识别植物，从而逐渐培养对药用植物识别技术这门课程的学习兴趣。

药用植物识别技术中专业术语比较多，切勿死记硬背，正确理解和熟练运用这些名词术语，便能正确掌握药用植物的特征；要抓住学习重点、难点，以科的主要特征结合代表植物来掌握科的特征。

通过系统比较、纵横联系是学习药用植物的有效方法，有比较才有鉴别，对相似植物、植物类群、药用部位、显微结构，不仅要比较其相同点，还要比较其不同点。要把植物的外部形态与内部构造、生态环境、特征性化学成分等纵向联系起来，同时又要注意某些内容的横向联系，如花的构造与果实的类型等。

最后，综合运用所学知识，联系实际，培养训练解决实际问题的能力。充分利用植物标本馆、药用植物园、实验实训室、图书馆以及植物数字标本馆等资源，提高药用植物识别技能。

 **课堂活动**

你身边有哪些植物是可以药用的?谈一谈该植物的药用价值和资源蕴藏量。

目标检测　　　　　PPT 课件

项目一

药用植物识别基础

学习目标

知识目标：了解显微镜的用途、结构，掌握显微镜的使用方法。
能力目标：会使用光学显微镜；会制作临时装片；会配制常用装片的试剂。
思政与职业素养目标：通过学习显微镜使用和临时装片技术，培养严谨的工作作风和安全意识。

项目导入

在药用植物的识别中，从微观层面识别植物细胞、组织的特征是鉴定植物种类的重要方法之一，因此显微识别成为药用植物识别技术中重要的方法手段。细胞是极其微小的，在还没有显微镜的日子里，人类难以涉足这个世界。如果说宏观世界让人类看到了切实的物质发展，那么微观世界则是推动宏观物质进步的原动力。

任务　显微装片、观察与绘图

必备知识

一、光学植物显微镜的结构与使用

（一）光学显微镜的构造

光学显微镜由机械部分和光学部分两部分组成，机械部分主要包括镜座、镜柱、镜臂、镜筒、物镜转换器、载物台、调焦装置、标本助推器等；光学部分由目镜、物镜、光源、聚光器组成（图1-1-1）。

（二）光学显微镜的使用方法

光学显微镜的使用流程：取镜—对光—装片—低倍镜观察—高倍镜观察—显微镜还原。

1.取镜

从柜或箱子中拿取显微镜时，需一手握住镜臂、一手平托镜座，使镜体保持直立，将显微镜平放于实训台上，放置时要轻，避免震动，并且应放在身体的左前方，离桌子边6～7cm左右距离。检查显微镜的各部分是否完好。镜体上的灰尘用软布擦拭。镜头只能用擦镜纸擦拭，不准用他物接触镜头。

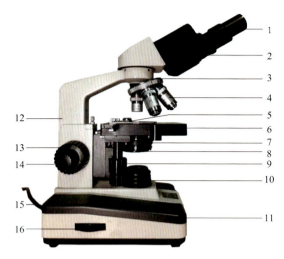

图 1-1-1　普通生物显微镜的构造

1—目镜；2—镜筒；3—物镜转换器；4—物镜；5—压片夹；6—载物台；
7—聚光器；8—虹彩光圈；9—标本助推器；10—光源；11—镜座；12—镜臂；
13—粗准焦螺旋；14—细准焦螺旋；15—电源线；16—光源亮度调节盘

2. 对光

使用时，先将低倍物镜转到载物台中央，正对通光孔。用左眼接近目镜观察，同时调节光源和聚光器，使镜内光亮适宜。镜内所看到的范围叫视野。

3. 装片

把切片放在载物台上，使要观察的部分对准物镜头，用压片夹固定切片。

4. 低倍镜观察

观察任何标本，都必须先用低倍镜，因低倍镜的视野大、工作距离长，容易发现目标，确定要观察的部位，同时不易损坏物镜。

（1）放置切片　转动粗准焦螺旋升高镜筒（或降低载物台），打开标本卡把玻片标本卡在载物台中央，或用压片夹压住载玻片的两端，转动标本助推器使材料正对通光孔。

（2）调焦　两眼从侧面注视物镜，并慢慢按顺时针方向转动粗准焦螺旋，使镜筒徐徐下降（斜筒式显微镜是使载物台上升）至物镜离玻片约 5mm 处。用左眼或双目注视镜筒内，同时按反时针方向转动粗准焦螺旋使镜筒上升（斜筒式显微镜是使载物台下降），当视野中出现物像时，改用细准焦螺旋进行微调，直至物像的清晰度达到最佳水平（注意不可在调焦时边观察边下降镜筒，否则会使物镜和玻片触碰，压碎玻片，损伤物镜）。如一次看不到物像，应重新检查材料是否放在光轴线上，重新移正材料，再重复上述操作过程直至物像出现和清晰为止。

（3）低倍镜的观察　焦距调好后，可根据需要，移动玻片使要观察的部分在最佳位置上。找到物像后，还可根据材料的厚薄、颜色、成像反差强弱是否合适等再调节，如视野太亮，可降低聚光器或缩小虹彩光圈，反之则升高聚光器或开大光圈。

5. 高倍镜观察

（1）移动目标，转换物镜　因高倍镜只能将低倍镜视野中心的一部分加以放大，故在使用高倍镜前，应在低倍镜中选好目标并移至视野的中央，转动物镜转换器，把低倍物镜移开，换上高倍物镜（因高倍镜工作距离只有0.53mm，操作时要小心，防止镜头碰击玻片）。

（2）调焦　正常情况下，显微镜出厂时，已被设计成等高调焦，即由观察状态的低倍物镜转换到高倍物镜下，在视野中即可见模糊物像，所以只要稍微转动细准焦螺旋，即可见到清晰的物像。

（3）调节亮度　在换用高倍镜观察时，视野变小、变暗。所以要重新调节视野的亮度。此时可以升高聚光器或放大虹彩光圈。

6. 还镜

使用完毕，应先将物镜移开，再取下切片，关闭电源。把显微镜擦拭干净，各部分恢复原位。一般将载物台调至最低位置，低倍镜正对通光孔，或物镜与载物台成八字角，光源亮度调至最暗。

（三）显微镜的保养常识

（1）使用显微镜时必须严格按操作规程进行。
（2）显微镜的零部件不得随意拆卸，也不能在显微镜之间随意调换镜头或其他零部件。
（3）不能随便把目镜头从镜筒取出，以免落入灰尘。
（4）防止震动。
（5）镜头上沾有不易擦去的污物，可先用擦镜纸蘸少许二甲苯擦拭，再换用干净的擦镜纸擦净。

二、药用植物显微临时装片技术

（一）徒手切片技术

徒手切片法，狭义地说是指用手拿刀把新鲜材料切成薄片的方法；广义地说，只要未经任何处理而直接用刀或用徒手切片器切制的新鲜材料，都称为徒手切片法。徒手切片法是观察植物内部结构的简易方法，不需要特殊设备，操作过程简单迅速，并能保证细胞处于生活状态，因而能满足观察细胞真正结构和色泽的需要，也有利于进行细胞的显微化学反应。具体操作步骤如下。

1. 选材

将材料先切成适当的段块，以切片断面不超过 $3\sim5mm^2$，长度以 $2\sim3cm$ 为宜。软而薄的材料，如叶片可用胡萝卜根或马铃薯块茎等，夹住材料一起切；有的叶片可卷成筒状再切；坚硬材料可用水煮后再切片。

2. 制片

切片时，用水润湿材料和刀面，左手拇指、食指夹住材料，并使其稍突出于手指之上，右手执刀片，平放在左手的食指上，刀口向内，且与材料断面平行，移动右臂使刀口自左前方向右后方滑行切片，切勿来回拉锯，以免切面不平整。如此连续动作，将切下的薄片转移于盛水的培养皿中，选择最薄的切片蒸馏水装片观察即可。

3. 注意事项

切片时刀片与材料要垂直，要从外向内连续切割，不能切成斜片，以免影响观察效果。

（二）表皮制片技术

表皮制片技术适用于植物叶片的表皮细胞特点观察。

1. 新鲜叶片表皮制片技术

取新鲜植物叶片，左手持叶片，将叶片背面主脉的位置朝上平铺于掌上，然后中指指腹抵住主脉；食指、无名指夹住叶片固定。右手持镊子，将镊子尖端顺主脉方向，一侧插进表层 2~3mm 长度时，合并镊头，向同侧撕扯，得到叶片表皮；稀甘油或蒸馏水制片即可。

2. 干燥叶片整体制片技术

取约 $5mm^2$ 大小的干燥叶片两块，一反一正置于洁净的载玻片中央，滴加蒸馏水浸润片刻，吸去多余的蒸馏水，用解剖针将叶片展平，加水合氯醛溶液透化制片即可。

3. 注意事项

（1）制片时，材料表面朝上置于试剂中，利于对毛茸和气孔的观察。

（2）制片时产生的气泡会影响观察效果，当气泡多时可取下盖片重新盖；气泡少时，可将载玻片稍倾斜，用镊子的另一头在气泡下面轻轻敲打载玻片，气泡便从高的地方逸出。

（三）临时装片技术

1. 蒸馏水装片技术

取洁净的载玻片和盖玻片各一片，于载玻片中央滴加 1~2 滴蒸馏水，将预观察材料少许置于载玻片的蒸馏水中，再用解剖针将材料展平（片状材料）或搅拌均匀（粉末状材料）；用镊子夹取洁净的盖玻片，对边与载玻片上试剂接触，成 45° 缓慢盖下，多余试剂用吸水纸吸除。若盖玻片下有大量气泡，可用镊子背面轻轻敲击，排除气泡，或取下盖玻片重新盖。

2. 水合氯醛透化制片

取洁净的载玻片和盖玻片各一片，于载玻片中央滴加水合氯醛试剂 3~4 滴；取预观察的材料粉末少许或植物表皮置于载玻片的液滴中，充分润湿、混匀；点燃酒精灯，用镊子夹持载玻片置于酒精灯外焰均匀加热至液滴微沸，稍晾凉，无沸泡后，再置于酒精灯外火焰加热，如此反复加热 2~3 次，称为透化。若透化过程中载玻片上试剂浓稠，可随时滴加水合氯醛。透化后，熄灭酒精灯；取稀甘油，滴加 1~2 滴，混匀，盖盖玻片。

3. 注意事项

（1）加热透化时，酒精灯火苗不宜过大，不能将试液煮沸，产生大量气泡，应缓慢加热；酒精灯用毕后，应盖盖两次。

（2）加热透化时应及时补充水合氯醛，防止粉末烤焦灰化。

（3）观察淀粉粒时，应用蒸馏水或稀甘油装片，不能用水合氯醛透化装片。

三、药用植物显微绘图技术

植物绘图是工作报告的重要内容之一，是比文字记录更能生动具体地表现植物的形态和结构特征的一种形式，也是学习药用植物必须掌握的基本技能之一。

（一）绘图基本原则

（1）绘图要具有高度的科学性，其形态结构要准确，比例大小应正确，要有真实感、立体感，精确而美观。

（2）图面要力求整洁，笔迹深浅度一致，线条要光滑、匀称，点点要大小一致，铅笔要保持尖锐，尽量少用橡皮。

（3）绘图应合理布局，图的大小要适宜，位置略偏左，右边留着注图。一般绘图时，图的面积应大于图标的面积；全部的图和图标面积之和，应大于无图和图标处的面积。且图标的标引线应保持水平，必要时可呈斜线，标引线不可互相交叉。

（4）绘图要完善，将图的名称写在图的正下方，并标注放大倍数。

（二）植物绘图常用方法

植物绘图法分为两种：详图法和简图法。

1. 详图法

详图法是一种用规定的表达手段逼真地描绘对象特征的方法。所谓用"规定的手段表达"，其含义是：用符合要求的线条和点。线条主要用于描摹对象的外形和构造，有时也用于表达宏观对象色泽的深浅或受光照射时出现的明暗（即用排线的疏密来表达）；点只用于表达对象色泽的深浅或受光照射时出现的明暗（表达色泽较深或较暗时，铺上较密集的点；表达较浅或较明处时，铺上较稀疏的点）。注意，在表达微观对象色泽的深浅和光照出现的明暗时，只能用点，不用排线，另外不能用完全涂黑的方式表达某个深色物。

工作报告中的绘图应力求科学、准确，布局合理，绘图时，一般按以下方式进行。

（1）判断比例关系　通过目测，判断出待绘目标的垂直长度与水平长度的比例关系，在符合合理布局要求的前提下，依此比例关系确定预绘的图在报告纸上的左、右限和上、下限。用水平线表示上、下限，用垂直线表示左、右限，并使这些水平线和垂直线延长，直至交接成一个矩形框。

（2）考虑布局　观察待绘目标的轮廓，将其形状绘于矩形框中，绘出的形状应是既准确又正好嵌在矩形框中。

（3）拆分绘图　将待绘目标分解成几个部分，观察其中每个部分的轮廓，比较其与待绘出各个部分的轮廓（两个相邻部分的轮廓会有线条重合处）。根据观察材料视野的大小及绘图要求将目标进行一至多次的拆分，直至绘出最小而又必要的细节部分。

绘图时先用硬铅笔（1H或2H）进行，绘出准确的图稿后，再用软铅笔（HB或2B）将图绘成清晰的正式图。

详图绘图法能逼真地反映植物的一些特征。但当只需反映植物体上某些基本结构的相对面积（或体积）以及相互间的结合关系时，常采用简图法绘图。

2. 简图法

简图法是将植物体上的一些结构，以人为规定的抽象符号代表，然后通过扩大或缩小这些图像的面积，以及安排这些符号间的相对位置，来模拟表示植物对象中某些基本结构的相对面积和相互结合情况，如表1-1-1所示。

表 1-1-1　简图法图形、说明及表示意义

图形	说明	意义
	空白	表示薄壁组织，如外皮层、中皮层、栓内层、髓、束间薄壁组织、海绵组织、两列以上的细胞构成的射线，还可以表示某个部分暂时不用强调的组织，如韧皮部除纤维以外的组织，木质部中除导管以外的组织
	单线	可延伸或缩短，也可平直或弯曲。用来表示内皮层、中柱鞘、形成层、表皮、一列细胞构成的射线、花序轴（肉穗花序轴除外）等。也可用于表示某组织或部分的边界
	锯齿线	表示木栓层，有时，符号中内侧的弧或环形线代表木栓形成层
	格子形交叉线	表示纤维（群）、石细胞（群）或厚角组织
	黑色团块	可随需要而呈不同形状，用来表示纤维或石细胞
	小圆点	表示除韧皮射线以外的韧皮部组织，有时可只表示韧皮部的筛管及伴胞
	与半径同向的直线	表示除木射线以外的木质部区域
	小圆圈	表示木质部中的导管（群）
	平行斜线	表示厚角组织、栅栏组织或木质部
	断裂直线	表示叶片表皮上的气孔
	单线环	可随需要绘成圆形或其他形状的环，表示细胞壁
	交叉线	表示草酸钙簇晶

四、常用试剂溶液的配置与应用

（1）稀碘液　取碘化钾1g，溶于10mL水中，再加碘0.3g溶解即得。置磨口棕色玻璃瓶内保存。本试液可使淀粉粒呈现蓝色，糊粉粒呈现黄色。

（2）中性红试液　取中性红1g，加水100～1000mL使之溶解混匀即得。本试液可使细胞质和液泡染成红色。

（3）碘化钾试液　取碘0.5g、碘化钾1.5g，加水25mL使之溶解混匀即得。本试液可将蛋白质染成暗黄色。

（4）水合氯醛试液　取水合氯醛50g，加水15mL，甘油10mL，使之溶解混匀即得。本试液为最常用的透明剂，能迅速透入组织中，使干燥而皱缩的细胞膨胀、细胞与组织透明清晰，此外，水合氯醛能溶解淀粉粒、树脂、蛋白质和挥发油等物质，从而去掉非目标的干扰，使物像观察更有针对性。

（5）间苯三酚试液　取间苯三酚2g，加入95%乙醇100mL，使之溶解混匀即得。本试液与盐酸合用可使木质化的细胞壁染成红色或紫红色。试液应置玻璃塞瓶内，暗处保存。

（6）紫草试液　取紫草粗粉10g，加入95%乙醇100mL，浸渍24h后，过滤，取滤液，加入等量的甘油，混合，放置2h后过滤即得。本品可使脂肪和脂肪油显紫红色。

（7）α- 萘酚试液　取 α- 萘酚 1.5g，加入 95% 乙醇 10mL，使之溶解即得。应用时滴加本试液，1 ～ 2min 后再加 80% 硫酸 2 滴，可使菊糖显紫色。

任务实施

一、任务描述

练习各显微制片操作，并熟练使用显微镜观察。

二、任务准备

（1）用具　显微镜、镊子、刀片、培养皿、载玻片、盖玻片、吸水纸、擦镜纸等。
（2）试剂　稀甘油或蒸馏水、水合氯醛。
（3）材料　天竺葵叶片、芹菜茎、植物药材粉末。

三、操作步骤

1. 显微制片

（1）徒手切片　取芹菜茎，采用徒手切片法切取芹菜茎的横切面，并制成临时装片。
（2）表皮制片　取天竺葵叶，采用表皮制片技术将表皮制成临时装片。
（3）水合氯醛透化制片　取植物药材粉末，采用水合氯醛透化制片方法制成临时装片。

2. 显微镜的使用

（1）取显微制片中的任一临时装片为观察对象，用显微镜进行观察。
（2）绘制显微镜结构图。

四、任务评价

见"工作手册"。

五、任务自测

显微镜在使用过程中要先用低倍镜观察、再用高倍镜观察，为什么？

课堂活动

创造源于生活、创新推动进步，显微镜的发明与应用推动了社会的进步。谈谈你对创造、创新的理解。

目标检测

PPT 课件

视频

项目二

植物分类基础知识

学习目标

知识目标：了解植物分类的基本知识，掌握检索表的编制依据。
能力目标：会使用植物检索表。
思政与职业素养目标：通过了解我国植物学家对植物研究的案例，培养学生传承和发展中医药事业的责任心和自豪感。

项目导入

原发性高血压是导致脑卒中、冠心病、心力衰竭等疾病的重要危险因素。20世纪50年代末至60年代初，治疗原发性高血压的蛇根木需从国外进口，由于资源垄断，使用受到限制。蛇根木为夹竹桃科萝芙木属植物，基于植物亲缘关系，我国植物学家蒋英在1961年，经过8个多月的调查研究，终于在云南南部发现了野生的蛇根木，同时摸清了我国萝芙木属植物资源，发现云南萝芙木、广西萝芙木、海南萝芙木三个新种。经过临床试验，它们均含有丰富的治疗原发性高血压的生物碱，且副作用小于蛇根木。此项研究成果为我国医药事业作出了巨大贡献，也为中国人民争了一口气。

掌握植物的分类学知识和方法，是认识药用植物、深入挖掘和利用药用植物的基础，以下具体讲授。

任务　植物检索表应用

必备知识

药用植物分类是研究植物界的不同类群在形态构造上的异同、相互间的亲缘关系，并探讨其起源和演化趋向以及进化发展规律的一门学科。应用植物分类学的知识和方法，可以把种类繁多的药用植物按系统分群归类，进而达到正确识别药用植物，解决同名异物、同物异名的混乱现象，保证用药安全有效，并可依据植物类群间的亲缘关系，有目的地寻找和扩大新的植物药品种和资源。

一、植物分类的等级

植物分类学上建立了各种分类等级，用来表示植物间亲缘关系的远近。主要等级有：界、门、纲、目、科、属、种。

种是生物分类的基本单位，是具有一定的自然分布区，在形态结构、生理特征、生活习惯及遗传特性上基本相同的生物类群，不同的种是两个不同本质特性的个体群。

具有相近亲缘关系的一些种集合成一属，同一属的种具有共同特征。亲缘关系相近的属组合成一科。以此类推，分别组合成目、纲、门和界。其中界是分类的最高单位。有时因某级的分类群体过于庞大，所以根据需要又可在该等级下增设亚级，如门之下设亚门，纲之下设亚纲，以此类推，分别设亚目、亚科、亚属、亚种等。

种以下除了亚种外，还有变种、变型及品种的等级，如表 2-1-1 所示。

表 2-1-1　种的等级

等级	特点
亚种	是一个种内的类群，在形态上多少有变异，并有地理分布、生态或季节上的隔离，属于同种内的两个亚种，不分布在同一地理分布区
变种	是一个种在形态上多少有变异，并且变异比较稳定，分布范围比亚种小得多，并与种内其他变种有共同的分布区
变型	是一个种内有细微变异，如花冠或果的颜色、被毛情况等，且无一定分布区的个体
品种	只用于栽培植物的分类上，在野生植物中不使用这一名词，因为品种是人类在生产实践中定向培育出的产物，具有区域性和经济价值

二、植物的命名

植物的种类繁多，名称十分繁杂。同一植物的名称，不仅因为各国家的语言、文字不同而有差异，即使在同一个国家的不同地区也常有不同的名称。同物异名、同名异物的现象普遍存在，严重阻碍了科学的普及和国际间的学术交流。为此，国际上采用了瑞典植物学家林奈 1753 年所倡用的"双名法"。

双名法规定，每种植物的名称由两个拉丁词组成，第一个词为该种植物所隶属的属名，第二个词是种加词，起着标志该植物种的作用。由这两个词组合成植物的种名（拉丁学名）即为植物的科学名称（简称学名）。学名后还须附加定名人的姓名。例如：

龙胆　*Gentiana　scabra*　Bge.
　　　　属名　　种加词　命名人

属名是学名的主体，书写时，第一个字母必须大写，如 *Morus*（桑属）、*Atropa*（颠茄属）、*Lycium*（枸杞属）等。

种加词通常是形容词，第一个字母不大写。种加词有一定的含义，如 *lactiflora*（大花的）、*marianum*（海边生的）、*officinalis*（药用的）、*alba*（白色的）、*chinensis*（中国产的）、*erythreus*（红色的）、*japonica*（日本的）等。

定名人用姓氏或姓名，通常缩写，但第一个字母必须大写。如 L. 是林奈的缩写。定名人是两个人时，两人的名字用 et（意为"和"）连接，如紫草的学名 *Lithospermum erythrorhizon* Sieb.et Zucc.。若某种植物由一个人定名，由另外的人代其发表，双方名字则用 ex（意为"从""自"）连接，代发表人的名字放在后面，如竹叶柴胡 *Bupleurum marginatum* Wall. ex DC.。

种以下分类单位学名的组合，在种的学名后通常加缩写，如亚种 ssp.（或 subsp.）、变种 var.、变型 f. 表示。其学名由属名 + 种加名 + 亚种（变种或变型）加词 + 定名人，如山里红 *Crataegus pinnatifida* Bge. var. major N.E.Br. 是山楂 *Crataegus pinnatifida* Bge. 的变种。

课堂思政

中国植物"活词典"吴征镒

吴征镒（1916—2013年）是我国植物学家，中国科学院院士，被誉为中国植物"活词典"，他的座右铭是："为学无他，争千秋勿争一日"。吴征镒这样说："做学问，一定得沉下去，做'大'事，不要看眼前的小利。搞清楚我国高等植物到底有多少，看上去很简单，但需要静下心来认真钻研，才可能做好。"吴征镒就是这样坚持不懈地从事植物研究和教学70余载。他历时45年完成了《中国植物志》2/3的编纂任务，系统摸清了中国植物资源的基本家底，改变了想了解我国生长的植物不得不翻阅国外资料的历史。在开展植物系统分类研究中，他发表和参与发表的植物新分类群达1766个，是中国植物学家发现和命名植物最多的一位。此外，利用专业学知识，吴征镒把植物名称与中草药名称统一起来，将它们与古代医书及植物学有关书籍中的记载联系起来进行考证，完成了《新华本草纲要》的撰写，助推了中医药事业的发展。

"原本山川，极命草木"，吴征镒一生只做一事，为中国乃至世界植物科学事业做出了卓越贡献，也为中国在国际植物学研究中争取了话语权。

三、植物界的主要分类系统

植物的分类系统可以分为人为分类系统、自然分类系统两类。人为分类系统往往用一个或少数几个性状作为分类依据，而不考虑亲缘关系和演化关系。自然分类系统则力求客观地反映自然界生物的亲缘关系和演化发展。现代被子植物的自然分类系统常用的有两大体系。一个是以德国植物学家恩格勒和布朗特为代表的"恩格勒系统"，另一个是英国植物学家哈钦松为代表的"哈钦松系统"。目前我国多地植物标本馆和植物志采用的是恩格勒系统，因此本教材被子植物科的排列次序采用恩格勒系统。植物界的分门及排列顺序如下：

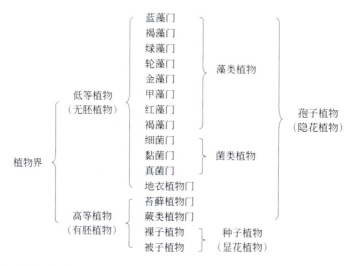

四、植物分类检索表

植物分类检索表是鉴定种类类群的工具，是依据二歧分类法单位原理编制，以对比方式编排而成。具体说，就是把各种植物的关键性特征进行比较，抓住区别点，将相同的特征归在一项下，不同的特征归在相对的一项下。在同一项下，又以不同点再次分开，以此类推，直到区分出某类植物为止。门、纲、目、科、属、种等分类等级具有检索表，最常见的是分科、分属、分种三种检索表。

常见检索表的形式有定距式检索表、平行式检索表、连续式检索表三种。

（一）定距式检索表

1. 植物体无根、茎、叶的分化，无胚 ··· 低等植物
　　2. 植物体不为藻类和菌类所组成的共生体。
　　　　3. 植物体内有叶绿素或其他光合色素，自养 ······················· 藻类植物
　　　　3. 植物体内无叶绿素或其他光合色素，异养 ······················· 菌类植物
　　2. 植物体为藻类和菌类所组成的共生体 ··· 地衣植物
1. 植物体有根、茎、叶的分化，有胚 ··· 高等植物
　　4. 植物体有茎、叶而无真根 ··· 苔藓植物
　　4. 植物体有茎、叶，也有真根。
　　　　5. 不产生种子，用孢子繁殖 ·· 蕨类植物
　　　　5. 产生种子，用种子繁殖 ·· 种子植物

（二）平行式检索表

1. 植物体无根、茎、叶的分化，无胚胎（低等植物） ····························· 2
1. 植物体有根、茎、叶的分化，有胚胎（高等植物） ····························· 4
2. 植物体为藻类和菌类所组成的共生体 ··· 地衣植物
2. 植物体不为藻类和菌类所组成的共生体 ·· 3
3. 植物体内有叶绿素或其他光合色素，为自养生活方式 ····················· 藻类植物
3. 植物体内无叶绿素或其他光合色素，为异养生活方式 ····················· 菌类植物
4. 植物体有茎、叶而无真根 ·· 苔藓植物
4. 植物体有茎、叶，也有真根 ··· 5
5. 不产生种子，用孢子繁殖 ·· 蕨类植物
5. 产生种子，用种子繁殖 ··· 种子植物

（三）连续平行式检索表

1. （6）植物体无根、茎、叶的分化，无胚胎 ······································ 低等植物
2. （5）植物体不为藻类和菌类所组成的共生体。
3. （4）植物体内有叶绿素或其他光合色素，为自养生活方式 ··············· 藻类植物
4. （3）植物体内无叶绿素或其他光合色素，为异养生活方式 ··············· 菌类植物
5. （2）植物体为藻类和菌类所组成的共生体 ···································· 地衣植物
6. （1）植物体有根、茎、叶的分化，有胚胎 ······································ 高等植物
7. （8）植物体有茎、叶而无真根 ··· 苔藓植物
8. （7）植物体有茎、叶，有真根。
9. （10）不产生种子，用孢子繁殖 ··· 蕨类植物
10. （9）产生种子，用种子繁殖 ·· 种子植物

在应用检索表鉴定植物时，必须首先将所要鉴定的植物各部形态特征，尤其是花的构造进行仔细的解剖和观察，掌握所要鉴定的植物特征，然后沿着纲、目、科、属、种的顺序进行检索。

初步确定植物的所属科、属、种。用植物志、图鉴、分类手册等工具书,进一步核对已查到的植物生态习性、形态特征,以达到正确鉴定的目的。

任务实施

一、任务描述

应用定距式检索表、平行式检索表、连续式检索表进行植物检索。

二、任务准备

(1)用具 定距式检索表、平行式检索表、连续式检索表、放大镜、解剖镜、解剖针、刀片、镊子等。

(2)材料 具有根、茎、叶、花、果实、种子各器官完整的常见植物。

三、操作步骤

分别用定距式检索表、平行式检索表、连续式检索表进行植物检索,检索植物属于哪个科,并写出检索路径,填入"工作手册"。

四、任务评价

见"工作手册"。

五、任务自测

简述恩格勒植物分类系统。

课堂活动

结合生活实践,谈谈植物分类学的实践应用意义。

目标检测

PPT 课件

项目二

药用植物的细胞及组织

学习目标

知识目标：了解植物细胞的结构及各组织的生理功能；掌握后含物、细胞壁、组织的分类及基本特征。

能力目标：能够运用光学显微镜识别植物的后含物及各组织类型特征。

思政与职业素养目标：通过植物组织细胞的观察与绘制，培养求真、求美的品质，形成科学道德与科学探索精神。

项目导入

分工使得人类社会独立化、专门化，提高了社会的运转效率，加快了人类文明的进步。同人类社会一样，在植物界、微观世界中的细胞同样具有边界，由分工合作的若干部分构成，细胞的结构复杂而精巧，各种结构组分配合协调，使生命活动能够在变化的环境中自我调控、高度有序地进行。在本项目中，我们将共同揭秘药用植物的细胞及组织构造，从微观世界探索植物的奥秘。

任务一　药用植物细胞的识别

必备知识

植物细胞是构成植物体的基本单位，也是植物生命活动的基本场所。低等植物中如衣藻、小球藻等仅由一个细胞组成的是单细胞植物；而高等植物的个体由许多来源相同，而形态和功能不同的细胞群组成，它们之间彼此依存，相互分工协作，共同完成着复杂的生命活动。

植物细胞形状和大小是多种多样的，常随着植物种类、存在部位及行使的功能不同而有显著差异。游离或排列疏松的细胞多呈球状体；排列紧密的细胞呈多面体或其他形状；行使支持功能的细胞呈圆柱形、纺锤形等，且细胞壁常不均匀增厚；执行输导功能的细胞则多为长管形等。植物细胞一般都很小，直径一般为 10～50μm，需用显微镜方可见到。少数植物的细胞肉眼可分辨，如番茄果肉、西瓜瓤的细胞，直径可达 1mm；苎麻茎中的纤维细胞，长度可达 550mm。

在光学显微镜下观察到的细胞构造，称植物细胞的显微构造；在电子显微镜下观察到的细胞构造，称植物细胞的超微结构或亚显微结构。电子显微镜能更清楚地观察细胞更细微的结构。

各种植物细胞形态构造各异，即使是同一植物同一细胞，在不同生长发育时期，其形态构造也会有变化，不同细胞的不同形态构造恰是中药饮片真伪鉴定的依据之一。为教学和研究方便，人为地构造出了一个典型细胞（模式细胞），将各种植物细胞的主要构造及形态特征集中在一个细胞里加以说明。

一个典型细胞在光学显微镜下所能观察到的大致可分为三部分：原生质体、后含物、细胞壁。

一、原生质体

原生质体是植物细胞里有生命的物质的总称，由细胞质、细胞核、质体、线粒体等部分组成。

1. 细胞质

细胞质充满在细胞壁和细胞核之间，是一种半透明、半流动、无固定结构的弹性凝胶体。外面包被着质膜，为细胞壁和细胞质接触的界膜，质膜具有选择通透性，能阻止细胞内的有机物质渗出，又能调节水和盐类及其他营养物质进入细胞，并使废物排出。

随着细胞的生长，细胞质内的液体不断积聚而形成液泡。不同类型或不同发育时期的细胞中，液泡的数目、大小、形状、成分都有差别。幼小植物细胞中无液泡或液泡不明显，小而分散；随着细胞逐渐长大，液泡也由小的、分散的个体逐渐合并增大成几个大液泡或一个中央大液泡，而将细胞质、细胞核等推向细胞壁。液泡内的液体称细胞液，细胞液是细胞代谢过程中产生的多种物质的混合液，没有生命，液泡外有液泡膜将细胞液与细胞质隔开。液泡膜有生命，是原生质体的组成部分之一。

2. 细胞核

细胞核是被细胞质包围而折光性较强的球状结构。植物中除细菌和蓝藻为原核细胞外，其他所有生活细胞都具有细胞核。在高等植物中，通常一个细胞只具有一个细胞核；但在一些低等植物中，也具有双核或多核的。如藻类植物有具有双核亦有多核的，一些特殊的细胞如乳汁管也有具有双核或多核的。细胞核的形状、大小和位置随着细胞的生长而变化。幼小细胞的细胞核呈球状，位于细胞质中央，占体积较大；成熟的细胞，细胞核常呈现扁圆形，位于细胞边缘靠近细胞壁，所占体积较小。

细胞核的主要功能是控制细胞的遗传特性，控制和调节细胞内物质的代谢途径，决定蛋白质的合成等。细胞失去细胞核就不能正常生长和分裂繁殖，同样，细胞核也不能脱离细胞质而孤立地生存。

3. 质体

质体是植物细胞特有的细胞器，是分散在细胞质中的微小颗粒，由蛋白质和类脂组成，并含有色素。根据其所含色素和生理功能的不同，分为三类（图3-1-1）。

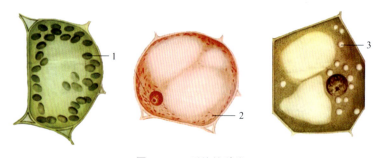

图3-1-1　质体的种类
1—叶绿体；2—有色体；3—白色体

（1）叶绿体　高等植物的叶绿体多是球形或扁球形颗粒。叶绿体含有叶绿素、叶黄素和胡萝卜素，因含叶绿素较多，所以呈现绿色。叶绿体集中分布在绿色植物的叶和曝光的幼茎、幼果中。它是进行光合作用和合成淀粉的场所。近年来研究认为，叶绿体中含有约 30 种酶，许多物质的合成和分解与叶绿体有密切关系。

（2）有色体　呈杆状、针状、颗粒状或不规则形状。含有胡萝卜素和叶黄素，呈现黄色、橙黄色或红色。常位于花、成熟的果实及某些植物的根部。

（3）白色体　是不含色素的微小质体，多呈球形。常位于高等植物不曝光的细胞中和某些植物的表皮细胞中，聚集在细胞核周围。白色体与物质的积累和贮藏有关，包括合成淀粉的造粉体；合成脂肪、脂肪油的造油体；合成蛋白质的造蛋白质体，如表 3-1-1 所示。

表 3-1-1　白色体的类型、分布及鉴别

类型	分布	鉴别
造粉体	存在于子叶、胚乳、块茎和块根等贮藏组织中	遇碘液呈蓝紫色
造蛋白体	常见于分生组织、表皮和根冠等细胞中	遇碘液呈黄色
造油体	存在于胞基质中	遇苏丹Ⅲ呈橙红色

三种质体可以相互转化，如辣椒成熟后叶绿体变成有色体。

4. 线粒体

线粒体呈线状或粒状，分布于细胞质中，由蛋白质和类脂构成。是多种酶的集中点，亦是碳水化合物、脂肪、蛋白质等进行呼吸的场所。线粒体借分裂来繁殖，并可转化为质体。

此外，植物细胞内还具有高尔基体、内质网、核糖核蛋白体、溶酶体等结构，均需在电子显微镜下方可看到。

二、后含物

植物细胞在生长分化过程中产生的非生命物质，称为后含物。其种类很多，有些是细胞代谢的废物，有些是具有营养价值的贮藏营养物。它们以液体、晶状体或非结晶固体形式存在于细胞质和液泡中，其形态和性质往往是植物药鉴定的重要依据。

1. 淀粉

淀粉是葡萄糖分子聚合而成的长链化合物，以淀粉粒的形式贮藏在植物的根、地下茎和种子的薄壁细胞中，如马铃薯块茎、大黄根、玉米籽粒的胚乳细胞等。淀粉在白色体中积累时，先形成淀粉粒的核心（脐点），然后环绕核心由内向外逐层沉积，由于组成淀粉粒的直链淀粉（葡萄糖分子呈直链排列）和支链淀粉（葡萄糖分子呈分支排列）相互交替沉积，其中直链淀粉较支链淀粉对水的亲和力强，两者遇水表现出不一样的膨胀度，对光反射出现差异，因而在显微镜下观察，可见许多明暗交替的同心环纹，称层纹。

淀粉粒多呈圆球形、卵圆形、多面体等形状，通常可分为单粒淀粉、复粒淀粉、半复粒淀粉三种，如表 3-1-2 所示。

表 3-1-2　淀粉粒的类型及特征

类型	特征
单粒淀粉	一个淀粉粒只有一个脐点
复粒淀粉	一个淀粉粒具有两个或两个以上的脐点，每个脐点都有各自层纹
半复粒淀粉	一个淀粉粒具有两个或两个以上脐点，每个脐点除有各自的层纹外，还具有细胞后含物公共的层纹

不同植物的淀粉粒的大小、形状和脐点所在的位置，都各有其特点，可作为商品检验、生药鉴定上的依据之一（图 3-1-2）。

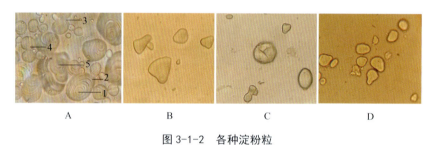

图 3-1-2　各种淀粉粒
A—马铃薯；B—姜；C—赤芍；D—川贝母；
1—脐点；2—层纹；3—单粒淀粉；4—复粒淀粉；5—半复粒淀粉

知识链接

淀粉粒层纹的成因

在观察淀粉粒时，有些植物能清晰地看到层纹，有些植物却看不到，这是因为淀粉粒层纹的形成与组成它的葡萄糖分子有关。当直链淀粉（葡萄糖分子呈直链排列）与支链淀粉（葡萄糖分子呈分支排列）相互交替地分层积累向外沉积时，结合两者对水的亲和力不同，遇水时的膨胀度则不同，从而呈现出不同的折光性，层纹得以显现。若用乙醇处理淀粉，淀粉会脱水，层纹就会随之消失。

2. 蛋白质

贮藏蛋白质是化学性质稳定的非生命物质，它与构成原生质体的活性蛋白质不同，常存在于种子的胚乳和子叶的细胞中，当种子成熟时，细胞液泡内水分减少，蛋白质变成无定型的小颗粒或结晶体，称糊粉粒。如蓖麻种子的糊粉粒较大，外面有一层蛋白质膜包裹，在无定形的蛋白质基质里分布有多角形的蛋白质结晶体和圆形的球晶体；而小茴香胚乳的糊粉粒中还含有细小的草酸钙簇晶。蛋白质遇到稀碘试剂呈暗黄色，遇硫酸铜加苛性碱溶液呈紫红色。

3. 脂肪和脂肪油

脂肪和脂肪油是由脂肪酸和甘油结合成的酯，是植物贮藏的营养物质，常存在于植物种子中。在常温下呈固体或半固体的称脂肪，呈液体的称脂肪油。如图 3-1-3 所示，二者通常呈小油滴状分布在细胞质里，不溶于水而易溶于有机溶剂。遇苏丹Ⅲ试剂显橙红色、红色或紫红色；加紫草试液显紫红色；加四氧化锇显黑色。

图 3-1-3　蓖麻胚乳内的油滴

4. 菊糖

菊糖多存在于桔梗科、菊科和龙胆科部分植物根中，由果糖分子聚合而成，易溶于水，不溶于乙醇。将含有菊糖的植物材料浸在乙醇中，约一周后切片在显微镜下观察，可在细胞内看到球状、半球状或扇形的菊糖结晶（图 3-1-4）。菊糖遇 10%α- 萘酚的乙醇溶液及浓硫酸显紫红色，并很快溶解。

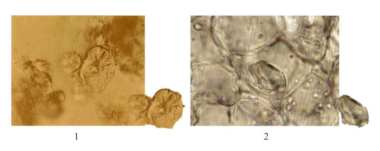

图 3-1-4　菊糖结晶

1—桔梗；2—党参

5. 晶体

晶体是植物细胞新陈代谢的产物，图 3-1-5 所示为各种晶体的类型，常见的有草酸钙结晶和碳酸钙结晶。

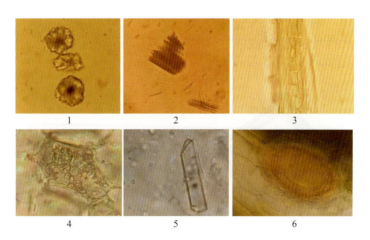

图 3-1-5　各种晶体

1—簇晶（大黄）；2—针晶（半夏）；3—方晶（黄柏）；4—砂晶（牛膝）；5—柱晶（射干）；6—钟乳体（桑）

（1）草酸钙结晶　是植物体中草酸与钙离子结合而成的晶体，无色透明或呈灰色。常见的草酸钙结晶类型包括以下几种，如表3-1-3所示。

表3-1-3　草酸钙结晶的类型

类型	特征	举例
簇晶	由许多菱状晶聚集成多角星状或球状	大黄、番泻叶
针晶	为两端尖锐的针状晶体，多成束存在于细胞或黏液细胞中	半夏、白术
方晶	呈正方形、斜方形、菱形、长方形等	黄柏、番泻叶
砂晶	呈细小的三角形、箭头状或不规则形，通常密集于细胞腔中	牛膝、地骨皮
柱晶	呈长柱形，长度为直径的四倍以上	淫羊藿、射干

并非所有的植物都含有草酸钙结晶，不同种植物或同一植物的不同部位，其草酸钙结晶的形状、大小亦有一定区别，可作为中药鉴定的依据之一。

草酸钙结晶不溶于稀醋酸和水合氯醛，加稀盐酸溶解但无气泡产生，遇10%～20%硫酸溶液可溶解并形成大型针状硫酸钙结晶。

（2）碳酸钙结晶　多存在于桑科、爵床科、荨麻科等植物叶的表皮细胞中，因植物细胞壁的特殊瘤状突起上聚集了大量的碳酸钙或少量的硅酸钙而形成，其一端与细胞壁相连，另一端悬于细胞的胞腔中，犹如一串悬挂的葡萄，通常呈钟乳状，故又称钟乳体。遇醋酸或稀盐酸可溶解，并有CO_2放出，可与草酸钙结晶区分。

三、细胞壁

细胞壁是植物细胞特有的结构，是包围在细胞最外面具有一定硬度和弹性的薄层，通常被认为是非生命物质，但现已证明，在细胞壁（主要是初生壁）中也含有少量生理活性物质，他们可能参与细胞壁的生长以及细胞分化时的胞壁分解过程。

1.细胞壁的层次

细胞壁根据形成的先后和化学成分的不同分为三层：胞间层、初生壁、次生壁（图3-1-6），各层次特征如表3-1-4所示。

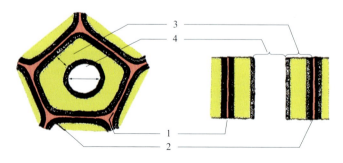

图 3-1-6　细胞壁的结构
1—胞间层；2—初生壁；3—次生壁；4—胞腔

表 3-1-4　细胞壁的层次及各层次特征

类型	特征
胞间层	又称中层，是两个相邻细胞共有的薄层，也是细胞分裂时最早形成的分隔层
初生壁	在细胞分裂期内，原生质体分泌的纤维素、半纤维素、果胶类物质堆积在胞间层内侧，形成初生壁。初生壁薄而且有弹性，能随细胞的生长而延伸，多数细胞终生只具有初生壁
次生壁	细胞停止生长后，原生质体分泌的纤维素、半纤维素、少量木质素等物质在初生壁内侧继续堆积形成次生壁。次生壁的形成使细胞壁变得厚而坚硬，增强了细胞壁的机械强度，提高了植物对病原体的抵抗力

知识链接

胞间层的主要成分是果胶，有很强的亲水性和可塑性，它能够将相邻的细胞粘连在一起，并起到缓冲细胞间挤压的作用。果胶质能溶于酸、碱溶液，又能被果胶酶分解，从而引起细胞的相互分离，是许多果实成熟后变软的原因。

2. 纹孔

次生壁在形成过程中并不是均匀增厚，会在很多地方留有没有增厚的部分，称为纹孔。纹孔处只有胞间层和初生壁，没有次生壁，是比较薄的区域，有利于细胞间物质的交换。相邻细胞的纹孔常成对存在，称纹孔对。常见的纹孔对有三种类型，即单纹孔、具缘纹孔、半具缘纹孔（图 3-1-7）；各纹孔对特征及分布见表 3-1-5。

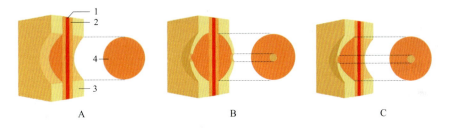

图 3-1-7　纹孔的图解

A—单纹孔；B—具缘纹孔；C—半具缘纹孔；1—胞间层；2—初生壁；3—次生壁；4—纹孔

表 3-1-5　纹孔对的类型、特征及分布

类型	特征	分布
单纹孔	次生壁上未加厚的部分呈圆筒形，纹孔对中间由胞间层和初生壁所构成的纹孔膜隔离	多见于薄壁细胞、石细胞、韧皮纤维中
具缘纹孔	纹孔周围的次生壁向细胞腔内呈架拱状隆起，形成一个圆形或扁圆形的纹孔腔，中央有一个小的开孔，称具缘纹孔。部分植物在纹孔膜中央增厚形成纹孔塞，显微镜下正面观呈三个同心圆	松科和柏科植物的管胞
半具缘纹孔	纹孔对的一边有架拱状隆起，另一边形似单纹孔，没有纹孔塞	多见于管胞或导管与薄壁细胞之间

3. 细胞壁的特化

细胞壁主要由纤维素构成，由于环境影响和生理机能的不同，细胞壁上常沉积其他物质，从而发生各种不同的理化性质变化。常见的有以下五种，如表 3-1-6 所示。

表 3-1-6 细胞壁特化的类型

类型	细胞壁沉积物	特点及作用	发生部位及组织细胞	检测方法
木质化	木质素	细胞壁硬度和支持力增强，随着细胞壁木质化程度增高，细胞趋于衰老或死亡	木质部的导管、管胞、木纤维等	遇间苯三酚、浓盐酸试剂显红或紫红色；遇碘液显黄或棕色
木栓化	木栓质	细胞壁不易透气透水，逐渐成为死细胞。对植物内部组织有保护作用	周皮的木栓细胞	遇苏丹Ⅲ试液显红色；遇氢氧化钾加热，溶解成黄色油滴
角质化	角质	防止细胞水分过度蒸发和微生物侵害，对植物内部组织有保护作用	表皮的表皮细胞	遇苏丹Ⅲ试剂呈红或橘红色；遇碱液加热能持久保持
黏液化	果胶或纤维素变成的黏液或树胶	黏液在细胞表面常呈固体状态，遇水后膨胀呈黏滞状态。如车前子、白芥子等	车前子、亚麻子的表皮细胞，半夏、知母的薄壁细胞	遇钌红试液显红色；遇玫红酸钠乙醇溶液显玫瑰红色
矿质化	硅质或钙质	细胞壁硬度和支持力增加	禾本科的茎、叶的表皮细胞	溶于氟化氢，遇硫酸或醋酸无变化

任务实施

一、任务描述

采用临时装片法观察植物细胞结构、后含物类型特点。

二、任务准备

（1）用具 显微镜、镊子、刀片、载玻片、盖玻片、吸水纸、擦镜纸、解剖针、火柴、酒精灯等。

（2）试剂 蒸馏水或稀甘油、水合氯醛、稀碘液。

（3）材料 洋葱、马铃薯、大黄粉末、半夏粉末、黄柏粉末。

三、操作步骤

（1）洋葱鳞叶表皮细胞的观察 取洋葱鳞叶一片，在其内表面有一层薄而半透明的膜，即为观察对象。用刀片在洋葱鳞叶内表面轻划"井"字，"井"字方块形部分约 $2mm^2$，随即用镊子挑取方块部分，制作临时装片，并滴加碘液染色观察。

（2）后含物的观察 取马铃薯块茎制作临时装片，观察淀粉粒；取大黄、半夏以及黄柏粉末制作临时装片，观察晶体，并确定三种药材中晶体类型。绘制马铃薯淀粉粒及三种粉末药材中的晶体显微图，填入"工作手册"。

四、任务评价

见"工作手册"。

五、任务自测

认识植物后含物的类型有何意义？

目标检测　　　　PPT 课件　　　　视频

任务二　药用植物组织的识别

必备知识

植物组织是由许多来源相同、形态结构相似、生理功能相同，而又紧密联系的细胞所组成的细胞群。植物的组织种类很多，按其发育程度、形态结构和生理功能不同，可分为以下六类：分生组织、薄壁组织、保护组织、机械组织、输导组织和分泌组织。除分生组织外，后 5 种组织是由分生组织衍生的细胞发育而成的，称为成熟组织。成熟组织具有一定的稳定性，又被称为永久组织。

一、分生组织

分生组织由一群具有分生能力的细胞组成，能不断进行细胞分裂，增加细胞的数目，使植物不断生长。其细胞特征是细胞小，排列紧密，无胞间隙，细胞壁薄，细胞核大，细胞质浓，无明显液泡；根据分生组织的位置不同分为三类（图 3-2-1），即顶端分生组织、居间分生组织、侧生分生组织。

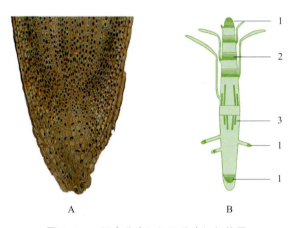

图 3-2-1　根尖分生组织及分生组织位置
A—根尖分生组织（洋葱）；B—分生组织位置；
1—顶端分生组织；2—居间分生组织；3—侧生分生组织

二、保护组织

覆盖在植物体表面起保护作用并能控制和进行气体交换的组织。根据来源和形态结构的不同，可分为初生保护组织（表皮）和次生保护组织（周皮）两类。

1. 表皮

表皮分布于幼茎、叶、花、果实和种子的表面，由一层扁平的长方形、多角形或波状不规则的细胞，彼此嵌合，排列紧密，无细胞间隙的生活细胞组成；一般不含叶绿体，有的表皮（茎）

外壁常角质化形成角质层,有的在角质层外层还有蜡被;有的表皮(根)细胞壁薄,部分向外突出延伸形成根毛;有的植物表皮细胞壁矿质化,如木贼和禾本科植物的硅质化细胞壁等,使器官外表粗糙坚实;有的表皮细胞可分化形成气孔或向外突出形成毛茸,是鉴别药材的重要依据之一。

(1)气孔 主要分布在叶片、嫩茎、花、果实的表面。植物体的表面不是全部被表皮细胞所密封的,在表皮上(特别是叶的下表皮)还有许多气孔,是植物体进行气体交换的通道。气孔由两个肾形的保卫细胞对合而成,中间的孔隙,即为气孔(图3-2-2)。保卫细胞较小,有明显的细胞核,含有叶绿体,一般与表皮细胞相邻的细胞壁较薄,紧靠气孔处的细胞壁较厚。因此,当保卫细胞充水膨胀或失水收缩时,保卫细胞形状发生改变,能引起气孔的开放或关闭,气孔有控制气体交换和调节水分蒸腾的作用。

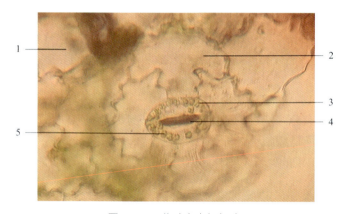

图 3-2-2 菊叶表皮与气孔
1—表皮细胞;2—副卫细胞;3—保卫细胞;4—气孔;5—叶绿体

保卫细胞与周围表皮细胞(副卫细胞)间的排列关系,称气孔轴式或气孔类型(图3-2-3)。双子叶植物叶中常见的气孔轴式有五种类型,见表3-2-1。

表 3-2-1 双子叶植物常见气孔轴式类型

类型	特征	常见药用植物
直轴式(横列式)	气孔周围常有2个副卫细胞,其长轴与保卫细胞的长轴垂直	薄荷、石竹
平轴式(平列式)	气孔周围常有2个副卫细胞,其长轴与保卫细胞的长轴平行	番泻叶、马齿苋
不等式(不等细胞型)	气孔周围的副卫细胞有3~4个,大小不等,其中一个明显较小	菘蓝、曼陀罗
不定式(无规则型)	气孔周围的副卫细胞数目不定(2个以上),其大小基本相同,并与表皮细胞相似	桑叶、牡丹
环式(轮列式)	气孔周围的副卫细胞数目不定,其形状比其他表皮细胞狭小,围绕气孔排列成环状	茶叶、桉叶

各种植物叶片具有不同类型的气孔轴式,而在同一植物的同一器官上也常有两种或两种以

上的类型，根据气孔轴式的不同类型，可作为药材鉴定的依据。

单子叶植物气孔的类型也很多，如禾本科和莎草科植物，气孔的保卫细胞正面观好像并排的一对哑铃，中间狭窄部分的细胞壁特别厚，两端球形部分的细胞壁比较薄。

图 3-2-3　气孔的类型
1—直轴式（紫苏）；2—平轴式（番泻叶）；3—不等式（大青叶）；
4—不定式（天竺葵）；5—环式（茶叶）；6—哑铃式（淡竹叶）

（2）毛茸　是表皮细胞向外分化形成的突起物，具有保护、减少水分蒸发或分泌等作用。毛茸根据结构和功效可分为腺毛和非腺毛两种类型（图 3-2-4）。

腺毛是有分泌作用的毛茸，有头、柄之分。头部膨大，位于柄顶端，由一个或几个分泌细胞组成，具有分泌挥发油、树脂、黏液等物质的能力；柄由一个或多个细胞组成。由于组成头、柄细胞的多少不同而有多种不同类型的腺毛。此外，在薄荷等唇形科植物叶片上，还有一种无柄或短柄的腺毛，其头部常由 6～8 个细胞组成，略呈扁球形，排列在同一平面上，称为腺鳞。有的植物的腺毛存在于薄壁组织内部的细胞间隙中，称为间隙腺毛。如广藿香茎和叶中、绵马贯众叶柄及根茎中的腺毛。

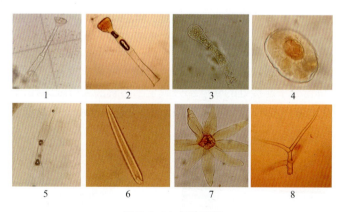

图 3-2-4　各种毛茸
1～3—腺毛（1—天竺葵；2—金银花；3—款冬花）；4—腺鳞（薄荷）；
5～8—非腺毛（5—穿心莲；6—番泻；7—石韦；8—未知植物）

非腺毛指无分泌作用的毛茸。由单细胞或多细胞组成，无头、柄之分，先端狭尖。有的细胞壁表面有疣状凸起、有的内壁硅质化增厚，由于组成细胞数目及分枝情况不同，有多种类型的非腺毛。

2. 周皮

周皮是次生构造中取代表皮的次生保护组织。由木栓形成层及其向外产生的木栓层、向内产生的栓内层三者构成。栓内层细胞是生活的薄壁细胞，排列疏松，茎中栓内层细胞常含有叶绿体，所以又称绿皮层。

皮孔是植物茎、枝上一些颜色较浅呈裂隙状凸起的点状物。当周皮形成时，原气孔下面的木栓形成层向外分生出许多非木化的薄壁细胞（填充细胞），将表皮突破，形成圆形或椭圆形皮孔，为周皮上气体交换的通道（图3-2-5）。

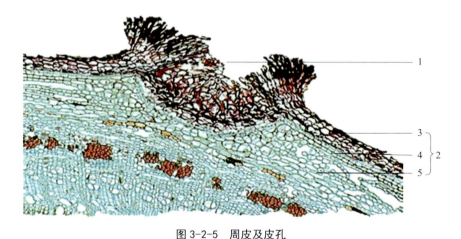

图 3-2-5　周皮及皮孔
1—皮孔；2—周皮；3—木栓层；4—木栓形成层；5—栓内层

三、输导组织

输导组织是植物体内输送水分和养料的组织。由管状细胞上下连接组成。根据输导组织的内部构造和运输物质的不同，输导组织可分为两类：一类是木质部中的导管和管胞，主要由下而上输送水分和无机盐；另一类是韧皮部中的筛管、伴胞和筛胞，主要由上而下输送有机物质。

1. 导管和管胞

导管是被子植物木质部的输导组织，少数裸子植物（麻黄）也有。由许多长管状细胞（导管分子）纵向连接而成，导管分子连接处的横壁部分或全部溶解消失形成穿孔，输导能力远比管胞快。由于导管次生壁木质化增厚情况不同，可分为5种类型（图3-2-6），其特征和分布见表3-2-2。

图 3-2-6　导管分子的类型
1—环纹导管（南瓜茎）；2.螺纹导管（金银花）；3—梯纹导管（生姜）；
4—网纹导管（大黄）；5—孔纹导管（甘草）

表 3-2-2 导管的类型、特征及分布

类型	特征	分布
环纹导管	增厚部分呈环状，导管直径较小	常见于幼嫩器官中
螺纹导管	增厚部分呈螺旋状，导管直径较小	存在于幼嫩器官中
梯纹导管	增厚部分（连续部分）与未增厚部分（间断部分）间隔呈梯状	多存在于成熟器官
网纹导管	增厚部分呈网状，未增厚部分呈网眼，导管直径较大	多存在于成熟部位
孔纹导管	导管壁几乎全面增厚，未增厚部分为具缘纹孔或单纹孔，导管直径较大	多存在于成熟部位

管胞是蕨类植物和多数裸子植物木质部的输导组织，在被子植物的木质部少见。细胞呈狭长形，两端斜尖，为末端不穿孔（封闭）的死细胞，木质化的次生壁多呈梯纹和孔纹类型，依靠纹孔（具缘纹孔）运输水分，液流速度较导管慢。

2. 筛管、伴胞和筛胞

筛管、伴胞和筛胞存在于植物的韧皮部，是自上而下输送有机营养物质到植物其他部分的管状生活细胞。

（1）筛管 存在于被子植物的韧皮部，由筛管分子（活细胞）纵向连接而成。筛管分子上下两端壁因穿有许多小孔，称筛板，在筛板上的小孔，称筛孔。有胞间连丝（即相邻细胞彼此间贯穿的原生质细丝）穿过筛孔，输送同化产物。筛管分子一般生活1～2年，老的筛管被挤压成颓废组织，失去输导功能，被新产生的筛管所代替。

（2）伴胞 筛管分子的旁边，常有一个或多个细长的小型薄壁细胞，与筛管相伴，称为伴胞。伴胞细胞质浓，细胞核大，伴胞与筛管共存是被子植物韧皮部的特征，蕨类植物和裸子植物无伴胞。

（3）筛胞 是蕨类植物和裸子植物运输有机物质的组织。筛胞是单个的狭长细胞，直径较小，两端壁倾斜，没有特化成筛板，无伴胞，只是在侧壁或端壁上有一些凹入的小孔，称筛域，运输能力较弱。

四、机械组织

机械组织是细胞壁明显增厚的细胞群，对植物体有支持和巩固作用。根据细胞的形态、增厚的部位及程度不同，可分为厚角组织和厚壁组织两类。

1. 厚角组织

厚角组织位于植物体的棱角处，如幼茎的四周、叶柄、叶的主脉及花梗部位。在表皮下呈束状或环状分布，是生活细胞，常含有叶绿体，横切面上常呈多角形，一般在壁的角隅处加厚，厚角部分由纤维素和果胶质组成，不含木质素（图3-2-7）。

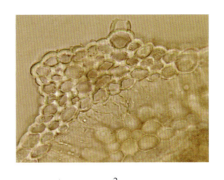

图 3-2-7 厚角组织

1—芫荽茎；2—穿心莲茎

2. 厚壁组织

厚壁组织多位于根、茎的皮层、维管束及果皮、种皮中，细胞壁均全面增厚，有层纹和纹孔，成熟后胞腔变小成为死细胞。根据细胞的形态结构不同，可分为纤维和石细胞两类。

（1）纤维　为两端尖细的长梭形细胞，细胞壁厚，胞腔狭窄，具有纹孔。纤维末端彼此嵌插成束，沿器官长轴排列，增强了植物的支持和巩固作用。根据其存在部位不同分为韧皮纤维和木纤维（图 3-2-8），其特征见表 3-2-3。

图 3-2-8　纤维

1～2—纤维（1—肉桂；2—黄连）；3～4—纤维束（3—厚朴；4—黄芪）；
5～7—晶纤维（5—甘草；6—黄柏；7—瞿麦）；8—嵌晶纤维（麻黄）

表 3-2-3　纤维的类型及特征

类型	特征
韧皮纤维	细胞壁厚，呈长梭形，两端尖，胞腔缝隙状。横切面观细胞多呈圆形、多角形等，常具同心环纹。细胞壁增厚的成分主要是纤维素。因此，韧性大、拉力强。如亚麻、苎麻等植物的韧皮纤维
木纤维	位于木质部，纺锤形细胞比韧皮纤维短，细胞壁均木质化增厚，胞腔小，硬度高，细胞壁上有纹孔。如川木通等植物的木纤维

有些植物纤维束周围的薄壁细胞中含有草酸钙晶体，形成晶纤维（晶鞘纤维），如甘草、黄柏等植物的薄壁细胞中含有方晶，石竹、瞿麦等含有簇晶；有些纤维外层嵌有一些细小的草酸钙晶体，形成嵌晶纤维，如五味子根中的纤维嵌有方晶，草麻黄茎的纤维嵌有细小的砂晶。

（2）石细胞　细胞壁强烈木质化增厚，通常为近球形、椭圆形、分枝状、柱状、星状、毛状等，其大小不一，单个或成群分布于植物的根皮、茎皮、果皮及种皮中（图3-2-9）。

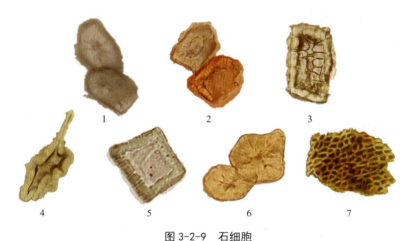

图3-2-9　石细胞
1—梨；2—肉桂；3—厚朴；4—黄柏；5—黄芪；6—鸡血藤；7—五味子

五、分泌组织

植物体内有些细胞能分泌特殊物质，如挥发油、蜜汁、黏液、乳汁、树脂等，这种细胞称为分泌细胞。由分泌细胞所构成的组织称为分泌组织，常分为以下五种类型（图3-2-10）。

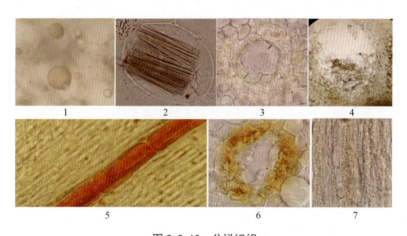

图3-2-10　分泌组织
1—油细胞（生姜）；2—黏液细胞（半夏）；3—裂生型分泌腔（当归）；
4—溶生型分泌腔（橘皮）；5—油管（红花）；6—树脂道（人参）；7—乳管（党参）

（1）分泌腺　位于植物体表，分泌物直接排出体外，有腺毛和蜜腺之分。一般蜜腺位于花冠基部或花托之上，能分泌蜜汁。

（2）分泌细胞　是植物体内单个散在的细胞或多个细胞，常比周围细胞大，分泌物贮存在细胞内，当分泌物充满整个细胞时，即成为死细胞。分泌细胞中含挥发油的称油细胞，如姜、厚朴等；分泌细胞中含黏液质的，称黏液细胞，如半夏、天南星、山药等。

（3）分泌腔　由一群分泌细胞形成的腔室，分泌物大多数为挥发油，并储存在腔室内，故又称油室。腔室的形成，一种是由分泌细胞的胞间层裂开形成腔室，其四周是完整的分泌细胞，称裂生型分泌腔或离生型分泌腔，如当归；另一种是由许多聚集的分泌细胞本身破裂溶解形成腔室，其四周的腔室破碎不完整，称溶生型分泌腔，如橘的果皮。

（4）分泌道　由许多分泌细胞围成的腔道，分泌物贮存在腔道中。分泌树脂或树胶的称树脂道，如松树；分泌挥发油的管道称油管，如小茴香；分泌黏液的管道称黏液道，如美人蕉。

分泌道主要分布在裸子植物松柏类及部分双子叶木本植物或草本植物中。

（5）乳管　是一种能分泌乳汁的长管状细胞，常具分枝。乳管细胞是生活细胞，分泌的乳汁贮藏在细胞中，如蒲公英、党参等。

六、基本组织

基本组织又称薄壁组织，位于植物体的各个器官内，是构成植物体的基础。其特征：细胞壁薄，液泡较大，细胞排列疏松，常有间隙，是生活细胞。其形态多呈球形、椭圆形、圆柱形、多面体等。根据细胞结构和生理功能不同，可分为下列四种类型。

（1）基本薄壁组织　多位于根、茎的皮层和髓部，起填充和联系其他组织的作用，在一定条件下可转化为次生分生组织。

（2）同化薄壁组织　主要存在于植物体的叶肉细胞、绿色的萼片和幼茎及幼果等部位。主要特征为细胞内含有叶绿体，能进行光合作用。

（3）贮藏薄壁组织　多存在于植物的根、根状茎、果实和种子中。细胞内含有大量淀粉、蛋白质、脂肪和糖类等营养物质。

（4）通气薄壁组织　多位于水生和沼泽植物体内，其特征是细胞间隙特别发达，具有较大的空隙和通道，便于贮存空气，如水稻的根、灯心草的茎髓、莲的叶柄等。

植物组织培养

植物组织培养是从20世纪30年代初期发展起来的一项生物技术。这项技术利用了细胞具有全能性的特征，即任何一个具有完整的膜系统或一个完整细胞核的植物细胞都具有形成一个完整植株的全部遗传信息。随着植物组织培养研究的不断深入，目前已经有大量的研究成果应用到药学生产实践中。如天麻、灵芝、西红花、三七、西洋参等多种药用植物的组织培养实现了大规模的商品化生产，既节约土地，又降低了成本。此外还能够实现快速育苗、无性繁殖、有效成分生产等，对珍稀濒危物种的保护亦有重大意义。

一代代学者的研究，助推了科技的进步，促进了社会的发展。生命不息，奋斗不止！

七、维管束

维管束是由韧皮部和木质部组成的束状结构。位于植物体的各个器官，构成一个完整的输导系统。同时对器官有支撑作用。蕨类植物和种子植物具有维管束，又称维管植物。韧皮部由筛管、伴胞、韧皮薄壁细胞、韧皮纤维组成，有的还具有韧皮射线细胞；木质部由导管、管胞、木薄壁细胞与木纤维组成，有的还有木射线细胞。

裸子植物和双子叶植物根和茎的维管束，在韧皮部与木质部之间有形成层存在，能不断增粗生长，称无限维管束。蕨类植物和单子叶植物根和茎的维管束常无形成层，不能增粗生长，称有限维管束。维管束常分五类（图3-2-11），其特点及主要分布见表3-2-4。

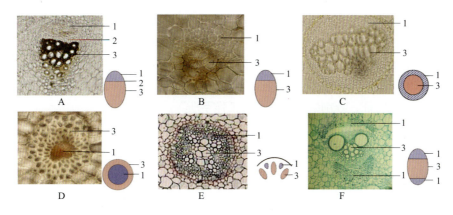

图 3-2-11 维管束的类型
A—无限外韧维管束；B—有限外韧维管束；C—周韧维管束；D—周木维管束；
E—辐射维管束；F—双韧型维管束；1—韧皮部；2—形成层；3—木质部

表 3-2-4 维管束的类型、特征及分布

类型	特征	分布
外韧维管束	韧皮部位于外侧，木质部位于内侧	
	① 无限外韧维管束：韧皮部与木质部间有形成层	双子叶植物、裸子植物
	② 有限外韧维管束：韧皮部与木质部间无形成层	单子叶植物
双韧维管束	木质部的内外两侧均有韧皮部	茄科、旋花科、葫芦科等
周韧维管束	木质部位于中间，韧皮部围绕在木质部的周围	禾本科、百合科、蓼科等
周木维管束	韧皮部位于中间，木质部围绕在韧皮部的周围	天南星科、鸢尾科等
辐射维管束	韧皮部与木质部相间排列呈辐射状，并形成一圈	被子植物初生构造中

任务实施

一、任务描述

采用临时装片法观察植物各种组织的形态特征。

二、任务准备

（1）用具　显微镜、镊子、刀片、载玻片、盖玻片、吸水纸、擦镜纸、解剖针、火柴、酒精灯等。

（2）试剂　蒸馏水或稀甘油、水合氯醛、稀碘液。

（3）材料　大黄粉末、黄柏粉末、肉桂粉末、甘草粉末、大青叶粉末、金银花、新鲜橘皮、生姜。

三、操作步骤

（1）保护组织观察　取大青叶粉末及金银花，采用适宜方法制片，显微镜下观察大青叶的

气孔器类型以及金银花表皮上的毛茸，分别绘图，填入"工作手册"。

（2）分泌组织观察　取新鲜橘皮及生姜，采用适宜方法制备临时装片，显微镜下观察橘皮油室类型及生姜的油滴，分别绘图，填入"工作手册"。

（3）机械组织观察　取黄柏、肉桂粉末，采用适宜方法制备临时装片，显微镜下观察两种药材中纤维和石细胞特征，分别绘图，填入"工作手册"。

（4）输导组织观察　取大黄、甘草粉末，采用适宜方法制备临时装片，显微镜下观察两种药材中导管的特征，分别绘图，填入"工作手册"。

四、任务评价

见"工作手册"。

五、任务自测

在临时装片时应如何选择试剂？

 课堂活动

植物细胞和组织的识别能力是药用植物鉴别的重要方法之一，显微绘图能力亦是对植物文字描述的形象补充和印证，试从专业层面与美学角度，谈谈若达成以上两方面的能力，需要怎样学习？

目标检测　　　　　　PPT 课件　　　　　　视频

项目四

药用植物器官的识别

学习目标

知识目标：掌握植物六大器官的基本形态特征及类型识别要点；了解各器官的生理功能及药用价值。

能力目标：能够正确识别和描述各器官的外部形态及内部构造，并根据其特点初步判断植物类型。

思政与职业素养目标：通过植物器官观察识别，培养规范操作意识与严谨的工作态度，以及良好的团队合作精神。

项目导入

在植物界中，有许多植物通过开花、结果，并以种子进行繁殖，这种植物称为种子植物。种子植物由根、茎、叶、花、果实、种子六部分组成，又被称为植物的六大器官。其中，根、茎、叶能够吸收、运输、制造和贮藏营养物质，供植物体生长发育，称营养器官；花、果实、种子能繁衍后代，称繁殖器官。

本项目中，我们将从植物的六大器官着手，进一步探索植物的奥秘。

任务一　根的识别

必备知识

根是植物适应陆地生活，在进化过程中逐渐形成的重要器官，具有向地性、向湿性和背光性。根深扎于土壤，为植物提供支持与固着作用；同时，吸收土壤中的水分和无机盐，通过根中的维管组织输送到植物体各个部分；根亦有合成养分、储藏和繁殖等功能。许多植物的根可作药用，如大黄、甘草、黄芪、人参、板蓝根等。

根通常为圆柱形或圆锥形，先端尖细，无节和节间分化，不生芽、叶和花，能向周围伸出分枝，形成复杂的根系。

一、根的类型

1.定根和不定根

种子萌发时，由胚根突破种皮向下生长，形成主根；在主根上长出的分枝为侧根；在侧根上长出的纤细分枝为纤维根。主根、侧根、纤维根均是直接或间接由胚根生长出来，有固定的生长部位,统称定根。若没有固定的生长部位,不是由胚根发育来,而是由茎、叶或其他部位长出的根统称为不定根。

2.直根系和须根系

一株植物地下部分所有根的总和,称为根系。按其形态及生长特性,将根系分为直根系和须根系(图4-1-1),其主要特点见表4-1-1。

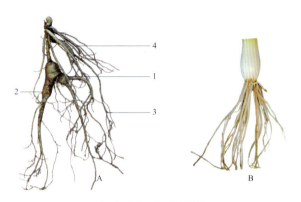

图 4-1-1 根的类型

A—直根系(人参);B—须根系(葱);
1~3—定根(1—主根;2—侧根;3—纤维根);4—不定根

表 4-1-1 根系的类型、特点及分布

类型	特点	分布	举例
直根系	主根、侧根区分明显;主根垂直向下生长,入土较深,又称深根系	一般双子叶植物、裸子植物的根系类型	甘草、芫荽、人参
须根系	主根、侧根区分不明显;多以水平方向生长为优势,入土不深,又称浅根系	多数单子叶植物的根系类型	百合、蒜、龙胆

二、根的变态

有些植物为了适应环境的变化,在生长进化中,根的形态、结构和生理功能等会发生一些变化,这些变化称为根的变态,常见以下几种类型(图4-1-2),其特点见表4-1-2。

图 4-1-2 根的变态

1—贮藏根(萝卜);2—贮藏根(川乌);3—攀缘根(常春藤);4—支持根(玉米);5—贮藏块根(麦冬);6—气生根(石斛);7—寄生根(菟丝子)

表 4-1-2　变态根的类型及特点

类型	特点	举例
贮藏根	根的一部分或全部因贮藏营养物质而肉质肥大，称贮藏根。由主根发育成的又称肉质直根；由侧根或不定根发育形成的称块根	萝卜、白芷、附子
支持根	近地面的茎节上生出许多不定根，深入土中以增强茎的支持力	玉米、薏米、甘蔗
攀缘根	茎上长出许多不定根，能攀附于石壁、墙垣或其他物体向上生长	络石藤、海风藤等
气生根	茎上长出的不定根，暴露在空气中，可进行呼吸	红树、池杉
寄生根	寄生植物的不定根插入寄主中，吸收寄主的水分和营养物质	菟丝子、桑寄生等
水生根	水生植物的须状根垂生于水中，纤细柔软并常带绿色	浮萍、菱、睡莲等

三、根的显微结构

（一）根尖的分区

根尖是指根的最顶端到着生根毛的一段，它是植物根生长的先驱，是根生命活动最旺盛、最重要的部分。根伸长生长、对水和无机盐的吸收，以及根内组织的形成与分化均在此部分进行。根据根尖外部结构和内部组织分化不同，将根尖分成根冠、分生区、伸长区和成熟区四个部分（图 4-1-3）。

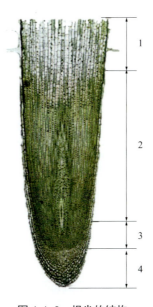

图 4-1-3　根尖的结构
1—成熟区；2—伸长区；3—分生区；4—根冠

（二）根的初生构造

由根尖的分生区产生的细胞，经生长分化，逐步形成根的各种组织的生长过程，称为初生生长。初生生长过程中产生的各种成熟组织称为初生组织，由根的各种初生组织形成的构造称根的初生构造。

根的初生构造横切面由外向内可分为表皮、皮层、维管柱（图 4-1-4）。

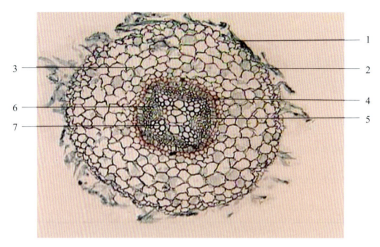

图 4-1-4　根的初生构造（棉）
1—表皮；2—根毛；3—皮层；4—内皮层；5—中柱鞘；6—初生韧皮部；7—初生木质部

1. 表皮

表皮位于根的最外一层细胞，多为长方形，排列紧密，无细胞间隙，细胞壁薄，有的表皮细胞外壁向外突出，形成根毛。部分植物的根表皮呈多层细胞，称根被，其细胞壁木栓化后成为死亡组织，如麦冬等植物。

2. 皮层

皮层位于表皮的内侧，维管柱的外侧，由多层薄壁细胞组成。细胞排列疏松，有明显的细胞间隙，占根初生构造的大部分。皮层又分为外皮层、中皮层和内皮层，其分布及特点见表 4-1-3。

表 4-1-3　皮层的组成、分布及特点

组成	分布及特点
外皮层	紧接表皮的一层细胞，排列整齐而紧密，无细胞间隙。当表皮破坏后，外皮层的细胞壁增厚并木栓化，增强保护作用
中皮层	外皮层内侧的多层薄壁细胞，细胞壁薄，排列疏松，有明显细胞间隙。具有吸收、运输和贮藏作用
内皮层	皮层最内的一层细胞，排列整齐而紧密，无细胞间隙。有的内皮层细胞在其上、下壁（横壁）和纵向壁（侧壁）上有木质化或木栓化的局部增厚，增厚部分呈带状环绕细胞一周，称凯氏带。因其宽度常比其所在的细胞壁狭窄，从横切面观，凯氏带在相邻细胞的纵向壁上呈点状，亦称凯氏点。多数单子叶植物和少数双子叶植物的幼根横切面观的内皮层细胞壁呈马蹄形增厚，即不仅径向壁和上下壁增厚，而且内切向壁（内壁）也显著增厚，而位于木质部束顶端少数未增厚的内皮层细胞，称通道细胞

3. 维管柱（中柱）

维管柱指内皮层以内的柱状结构。由中柱鞘、维管束两部分组成，有些植物的根还具有髓部。

（1）中柱鞘　是向外紧贴着内皮层的一层薄壁细胞（裸子植物是多层）。细胞个体较大，排列整齐，具有潜在的分生能力，能形成侧根、不定根、不定芽以及一部分形成层和木栓形成层等。

（2）维管束　位于中柱鞘内的辐射状结构，由初生木质部和初生韧皮部组成。

初生木质部一般位于中心，呈星芒状，主要由导管和管胞组成，少数有木纤维和木薄壁细胞。多数双子叶植物的初生木质部一直分化到维管柱中央，故没有髓；多数单子叶植物的根有发达的髓部。

初生韧皮部位于初生木质部两星角之间，与初生木质部相间排列，两者数目相同。主要由筛管和伴胞组成，亦有少数韧皮薄壁细胞，有些植物中还含有韧皮纤维。

知识链接

初生木质部的导管由外向内逐渐发育成熟，称外始式。先分化的成熟的导管（多呈螺纹和环纹）称原生木质部；后分化成熟的导管（多呈梯纹、网纹或孔纹）称后生木质部。初生韧皮部的发育方式亦为外始式。根的初生木质部的束数与植物种类有关。有2束的，称二原型，如十字花科、伞形科植物；有3束的，称三原型，如毛茛科的唐松草属等。单子叶植物根的束数较多，一般6束以上，为多原型。

（三）根的次生构造

裸子植物和多数双子叶植物的根生长时，会产生次生分生组织（形成层、木栓形成层），使根不断加粗，形成根的次生构造。

1. 形成层的产生与活动

当根进行次生生长时，在初生木质部和初生韧皮部之间的一些薄壁细胞首先恢复分裂功能，转变成分生组织，称为形成层，这些呈弧形段落的形成层与初生木质部顶端维管柱鞘细胞产生的形成层相互连接，形成凹凸相间的形成层环。形成层环向外分裂产生次生韧皮部，向内分裂产生次生木质部。由于向内分生速度快，次生木质部细胞数目多而大，使形成层的位置迅速向外推移；又由于形成层环的凹陷部位比凸出部位分裂快，最终使整个凹凸相间的形成层环转变成为一个圆形环。形成层细胞活动时，在次生韧皮部和次生木质部之间还会分裂1～3层薄壁细胞，这些薄壁细胞沿径向延长，呈辐射状排列，贯穿在次生维管组织中，称次生射线，位于木质部的称木射线，位于韧皮部的称韧皮射线，两者合称维管射线。在次生生长时，初生韧皮部通常被挤破成为颓废组织，初生木质部则留在根的中央。

次生木质部由导管、管胞、木薄壁细胞和木纤维构成。次生韧皮部由筛管、伴胞、韧皮薄壁细胞和韧皮纤维构成。在某些植物的韧皮部还存在树脂道、乳汁管、油室等分泌组织，薄壁细胞中有时含有淀粉、晶体、糖等后含物，多与药用有关。

2. 木栓形成层的产生与周皮的形成

形成层的活动使根不断增粗，原表皮和皮层因不能随之扩大而被破坏，于是中柱鞘细胞恢复分裂能力，形成木栓形成层。木栓形成层进行平周分裂，向外分生木栓层、向内分生栓内层，原表皮和皮层逐渐死亡并脱落，由周皮行使保护功能（图4-1-5）。

需特别指出的是，植物学中根皮是指周皮，而在中药材中的根皮，是指形成层以外的部分，包括韧皮部和周皮。

蕨类植物和单子叶植物的根没有形成层，不能加粗生长；没有木栓形成层，不能形成周皮，终身只具有初生构造。

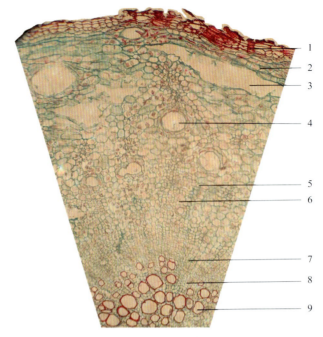

图 4-1-5　根的次生构造（当归）

1—周皮；2—皮层；3—裂隙；4—油室；5—韧皮部；6—韧皮射线；7—形成层；8—木射线；9—导管

（四）根的异常构造

某些双子叶植物的根，在次生构造形成不久后，在次生皮层或相当于维管柱鞘甚至次生木质部等处的薄壁细胞恢复分裂能力，转化为新的形成层，常形成外韧型的异常维管束（三生维管束），从而形成根的异常构造（三生构造）。常见以下几种类型（图 4-1-6）。

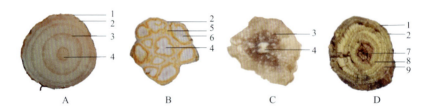

图 4-1-6　根的异常构造类型

A—同心环状异常维管束（商陆）；B—附加维管束（何首乌）；C—同心环状异常维管束（怀牛膝）；
D—木间木栓（黄芩）；1—木栓层；2—皮层；3—异常维管束；4—正常维管束；5—单独的异形维管束；
6—附加维管束；7—木间木栓；8—木质部；9—韧皮部

任务实施

一、任务描述

（1）用专业语言描述根的外部形态及其类型，初步判断植物类型。
（2）通过显微技术识别根的内部组织构造，分析植物类型。

二、任务准备

（1）用具　显微镜。

（2）材料　商陆、鸭跖草、苘麻、榕树、莲藕等植物；黄芪根、小麦根、牛膝根等植物根的横切片。

三、操作步骤

1. 观察根的形态

观察下列植物根的形态，描述根的类型、根的变态类型，并记录结果，填入"工作手册"。

商陆　　鸭跖草　　苘麻　　榕树　　莲藕

2. 识别根的内部构造

分别取小麦根、黄芪根、川牛膝根的横切片，显微镜下由外向内观察，写出各部位结构名称，判断三种根的结构类型并绘简图记录，填入"工作手册"。

小麦根　　　　黄芪根　　　　川牛膝根

四、任务评价

见"工作手册"。

五、任务自测

随机观察身边的常见植物，观察其根的形态，判断该植物属于单子叶植物还是双子叶植物并说明依据。

目标检测　　　　PPT 课件　　　　视频

任务二 茎的识别

必备知识

茎是由种子的胚芽发育而来。通常生于地上，少数生于地下，茎上有节和节间，节上生芽、叶、花。茎具有输导、支持、贮藏和繁殖等生理功能。很多植物的茎或茎皮可供药用，如药用地上茎（或茎皮）的植物有苏木、大血藤、桂枝等，药用地下茎的植物有黄精、半夏、泽泻、知母等。

一、茎的形态

1. 茎的外形

茎通常呈圆柱形，也有呈方柱形（如藿香）、三角柱形（如莎草）或扁平形（如仙人掌）的茎。一般中心为实心，少数空心（如小茴香）。茎上着生叶和芽的部位称节，节与节之间的部位称节间，这是茎区别于根的主要特征。禾本科植物的茎（如薏米、竹等）具有明显的节和节间，并且节间是中空的，节部是实心的，特称为秆。

木本植物的叶脱落后在茎节上留下的痕迹，称叶痕。叶痕内的点线状突起，是叶柄与茎之间的维管束断裂后留下的痕迹，称维管束痕。托叶脱落后在叶柄基部留下的痕迹称托叶痕；包被鳞芽的鳞片脱落后留下的疤痕称芽鳞痕。

2. 芽及芽的类型

芽是尚未发育的茎、叶或花，芽的类型见图 4-2-1，主要有四种分类方法，如表 4-2-1 所示。

图 4-2-1 茎的外形及芽的类型

1—顶芽；2—节间；3—腋芽；4—节；5—鳞芽；6—叶痕；7—皮孔；8—裸芽

表 4-2-1 芽的分类依据、分布及特点

分类依据	分布及特点
生长位置	① 定芽：在茎枝上有确定生长位置的芽。生于叶腋的芽，称腋芽。生于茎枝顶端的芽，称顶芽
	② 不定芽：着生无确定位置的芽。如甘薯根上的芽，秋海棠叶上的芽
芽的性质	① 枝芽：发育成枝和叶的芽
	② 花芽：发育成花或花序的芽
	③ 混合芽：同时发育成枝叶和花或花序的芽

续表

分类依据	分布及特点
芽鳞的有无	① 鳞芽：芽的外面有鳞片包被，芽萌发生长后，鳞片脱落，如樟、柳等 ② 裸芽：芽的外面无鳞片包被，多见于草本植物，如薄荷、茄等；也见于有的木本植物，如桉、枫杨、吴茱萸等
芽的活动能力	① 活动芽：正常发育的芽，当年形成，当年萌发或第二年春萌发的芽 ② 休眠芽（潜伏芽）：长期保持休眠状态而不萌发的芽，但休眠期是相对的，在一定条件下可以萌发

二、正常茎的类型

（一）按质地分类

1. 木质茎

木质茎是质地坚硬且显著木质化增粗的茎。具木质茎的植物称木本植物。常分为乔木、灌木和木质藤本，其特点见表 4-2-2。

表 4-2-2　木质茎的类型

分类	特点	常见药用植物
乔木	高度常在 5m 以上，具有明显的主干，下部少分枝	厚朴、合欢、杜仲
灌木	灌木：高 5m 以下，无明显主干，在近基部处生出数个丛生的枝干称灌木	木芙蓉、夹竹桃
	小灌木：高度在 1m 以下的，称小灌木	六月雪
	亚灌木（半灌木）：介于木本和草本之间，茎基部木化而上部草质的称亚灌木或半灌木	如牡丹、草麻黄
木质藤本	茎细长，木质坚硬，常缠绕或攀附他物向上生长	川木通、鸡血藤

2. 草质茎

草质茎为质地柔软，木质部不发达的茎。具草质茎的植物称草本植物。常分为一年生草本（如紫苏、红花、马齿苋）、二年生草本（如荠菜、菘蓝、益母草）、多年生草本（如人参、桔梗、甘草）及草质藤本（如扁豆、牵牛、党参）。

3. 肉质茎

质地柔软、多汁肥厚的茎称肉质茎，如景天、仙人掌、芦荟等。

（二）按生长习性分类

按照茎的生长习性可将茎分为五种类型，如表 4-2-3 及图 4-2-2 所示。

表 4-2-3　按照茎的生长习性分类

分类	特点	常见药用植物
直立茎	不依附他物，直立生长于地面的茎	黄柏、藿香、人参

续表

分类	特点	常见药用植物
缠绕茎	细长，自身不能直立，常缠绕他物作螺旋状生长的茎	牵牛、五味子、何首乌、
攀缘茎	细长，自身不能直立，而依靠攀缘结构攀附他物生长的茎	常春藤、瓜蒌、丝瓜
匍匐茎	细长柔弱，平铺于地面蔓延生长，节上生有不定根的茎	草莓、连钱草、积雪草
平卧茎	细长柔弱，平铺于地面蔓延生长，节上没有不定根的茎	马齿苋、蒺藜、地锦

图 4-2-2　茎的类型
1—直立茎（卷丹）；2—缠绕茎（五味子）；3—攀缘茎（爬山虎）；
4—匍匐茎（草莓）；5—平卧茎（马齿苋）

三、变态茎的类型

茎的变态类型很多，但仍有茎的一般特征，即有节和节间，节上有退化叶及顶芽和侧芽等，可与根相区别。变态茎根据生长位置分为两类，如表 4-2-4 及图 4-2-3 所示。

表 4-2-4　变态茎的类型及特点

分类依据	特点	常见药用植物
地下茎的变态	① 根状茎（根茎）：具明显的节和节间，节上有退化鳞片，具顶芽和侧芽，常横卧地下或短而直立	白茅、人参、藕
	② 球茎：茎部短而肥厚呈球状或扁球状，节和节间明显，节上有膜质鳞叶，顶芽发达	慈姑、荸荠
	③ 块茎：茎部肥大，呈不规则块状，仅在表面凹陷处有退化节形成的芽眼，芽眼中着生芽	天南星、半夏、马铃薯
	④ 鳞茎：茎极度缩短成鳞茎盘，外面常有膜质鳞叶，内层生有肉质的鳞叶，盘下有须根，全体呈球形或扁球形	百合、蒜、贝母
地上茎的变态	叶状茎（天门冬）、茎卷须（葡萄）、刺状茎（皂角）、钩状茎（钩藤）、小块茎（山药的零余子）等	

图 4-2-3 茎的变态

A—鳞茎（纵切面）；B—鳞茎；C—根茎；D—球茎；E—块茎；F—小块茎；G—茎卷须；H—刺状茎；I—叶状枝；1—鳞叶；2—顶芽；3—鳞茎盘

四、茎的显微结构

（一）茎尖的构造

茎尖是茎的顶端部分，自上而下为分生区、伸长区、成熟区三部分。分生区位于茎的最先端，呈圆锥状，具有强烈的分生能力，又称生长锥。其周围有叶原基和腋芽原基的小凸起，以后发育成叶和腋芽，腋芽再发育成枝。伸长区位于分生区下方，此处细胞已失去分生能力并沿茎的长轴方向迅速延伸生长。成熟区位于伸长区下方，此处细胞不再伸长生长，已经分化成熟，形成各种初生组织。

（二）双子叶植物茎的初生构造

通过茎尖成熟区作一横切片，从外到内分为表皮、皮层和维管柱三部分。

1. 表皮

表皮由一层扁平长方形、排列紧密的生活细胞构成。表皮细胞外壁稍厚，常有角质层或蜡被，有的表皮细胞分化为气孔和毛茸。

2. 皮层

皮层位于表皮的内方，是表皮和维管柱之间的部分，由多层生活薄壁细胞构成。常无内皮层，靠近表皮的细胞常含叶绿体；有些植物近表皮部位具厚角组织和厚壁组织；少数植物皮层最内一层细胞含大量淀粉粒，这层细胞称淀粉鞘。

3. 维管柱

维管柱为皮层以内所有组织组成的柱状结构，包括初生维管束、髓和髓射线等，所占比例比较大。

（1）初生维管束　有多个，位于皮层内方，呈环状排列，每个由初生韧皮部、束中形成层和初生木质部组成。初生韧皮部位于维管束外侧，由筛管、伴胞、韧皮薄壁细胞和韧皮纤维组成。初生木质部位于维管束内侧，由导管、管胞、木薄壁细胞和木纤维组成。束中形成层位于初生韧皮部和初生木质部之间，分生能力很强，可使茎不断增粗生长。

（2）髓 位于茎的中央，由薄壁细胞组成。草本植物茎的髓部较大，木本植物茎的髓部较小。有些植物茎的髓部细胞部分消失，形成一系列髓横隔，如猕猴桃、胡桃等；有些植物茎的髓部逐渐消失而中空，如芹菜、南瓜等。

（3）髓射线 也称初生射线，位于维管束之间，由径向延长的薄壁细胞组成，内连髓部，外接皮层。

双子叶植物茎的初生构造如图4-2-4所示。

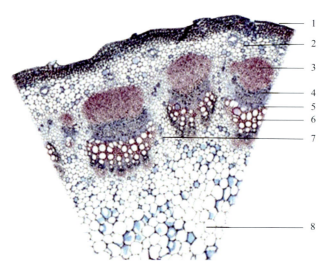

图 4-2-4 双子叶植物茎的初生构造（向日葵嫩茎横切面）
1—表皮；2—皮层；3—初生韧皮纤维；4—韧皮部；5—形成层；6—木质部；7—髓射线；8—髓

（三）双子叶植物茎的次生构造

双子叶植物茎在初生构造形成后，接着产生次生分生组织，即形成层和木栓形成层，使茎增粗生长，这种生长称为次生生长，由此形成的构造称次生构造。通常木本植物的次生生长可持续多年，故次生构造特别发达。

1. 双子叶植物木质茎的次生构造

（1）形成层及其活动 在茎开始次生生长时，靠近束内形成层的髓射线薄壁细胞恢复分生能力，转变为束间形成层，并与束中形成层连接，形成一个形成层圆筒。当形成层成为一完整环后，向内分生次生木质部细胞，向外分生次生韧皮部细胞；射线原始细胞则向内、向外分裂产生次生射线细胞。

形成层的活动受四季气候的影响，在春季活动旺盛，次生木质部因细胞口径大、壁薄，所以质地疏松，色泽淡，称早材或春材；夏末秋初形成层活动减弱，形成的细胞口径小、壁厚，质地紧密，色泽深，称晚材或秋材。当年的秋材与次年的春材之间形成明显的圆环，称为年轮。通常年轮每年1轮。在木质部横切面上，靠近形成层的部分颜色较浅，质地较松软，称边材，具有输导能力。中心部分，颜色较深，质地坚硬，称心材。心材细胞常积累代谢产物，如挥发油、树胶、单宁、色素等，部分射线细胞或轴向薄壁细胞，在生长过程中通过导管的纹孔被挤入导管内而形成侵填体，使导管或管胞堵塞而失去输导能力。取心材入药的茎木类中药有檀香、苏木、沉香、降香等。

（2）木栓形成层及周皮 在次生生长初期，通常植物茎的皮层薄壁细胞恢复分生能力，转化为木栓形成层，分裂成周皮，代替表皮起保护作用。由于木栓形成层寿命短，常出现新周皮，新周皮的木栓层与外方被隔离而死亡的组织的综合体，合称落皮层。落皮层也是狭义概念的树皮。广义概念的树皮指形成层以外的所有部分，包括韧皮部、皮层和周皮。皮类入药的肉桂、厚朴、杜仲等即为广义的树皮。

双子叶植物木质茎次生构造见图4-2-5。

图4-2-5 双子叶植物木质茎次生构造

1—周皮；2—纤维；3—韧皮射线；4—初生韧皮部；5—次生韧皮部；6—形成层；
7—次生木质部；8—木射线；9—初生木质部；10—髓

2.双子叶植物草质茎的次生构造

草质茎多是初生构造，只有少量次生构造（如薄荷，见图4-2-6）。其生长期短，形成层活动较弱，只产生少量次生组织，木质部细胞分生量少，不发达，质地较柔软，通常不产生木栓形成层，无周皮。表皮行使保护功能，常附有毛茸、气孔、蜡被或霜。髓射线较宽，髓部发达，有时呈空洞状。

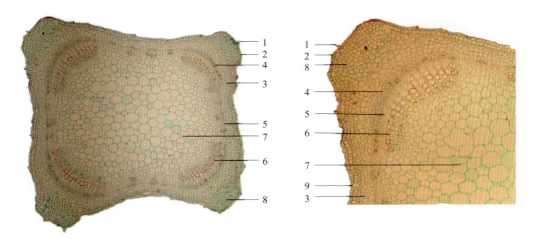

图4-2-6 薄荷茎横切面

1—非腺毛；2—表皮；3—皮层；4—韧皮部；5—形成层；6—木质部；7—髓；8—厚角组织；9—气孔

3. 双子叶植物根状茎的构造

表面常为木栓组织，少数为表皮或鳞叶；皮层中常有根迹维管束和叶迹维管束斜向通过。内皮层不明显，有的皮层内侧有厚壁组织，维管束多为无限外韧型，成环状排列，中央有明显的髓部。薄壁组织较发达，细胞中多含有贮藏物质；机械组织多不发达，仅皮层内侧有时具有纤维或石细胞。如图 4-2-7 所示。

图 4-2-7　黄连根状茎横切面

1—木栓层；2—皮层；3—石细胞群；4—韧皮部；5—射线；6—木质部；7—髓；8—根迹维管束

4. 双子叶植物茎和根状茎的异常构造

某些双子叶植物茎除了形成正常构造外，还产生新的形成层，形成新的维管束，称异常维管束，构成异常构造（图4-2-8）。如大黄根状茎的横切面上，除正常的维管束外，髓部有许多星点状的异型维管束。密花豆老茎（鸡血藤）的横切面上，可见韧皮部呈2～8个红棕色至暗棕色环带，与木质部相间排列，其最内一圈为圆环，其余为同心半圆环状异常维管束。甘松根状茎的横切面上，木间木栓成环状包围一部分韧皮部和木质部，把维管柱分隔为数束。

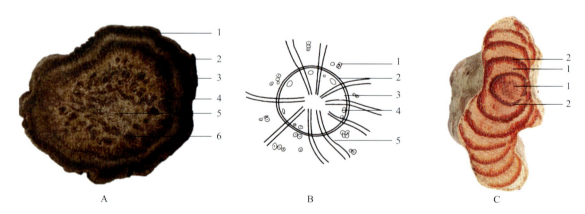

图 4-2-8　双子叶植物茎和根状茎的异常构造

A—大黄根茎　1—韧皮部；2—周皮；3—形成层；4—木质部；5—髓；6—异常维管束（星点）

B—大黄星点简图　1—导管；2—形成层；3—韧皮部；4—黏液腔；5—射线

C—密花豆茎　1—木质部；2—韧皮部

（四）单子叶植物茎和根状茎的构造

1. 单子叶植物茎的构造特点

一般单子叶植物茎终身只具有初生构造，不能无限增粗生长。表皮内所有薄壁组织称基本组织，无皮层和髓的区分。禾本科植物秆的表皮下方，常有数层厚壁细胞分布，以增强支持作用；维管束为有限外韧型，数目众多，散生在基本组织中（图4-2-9）。

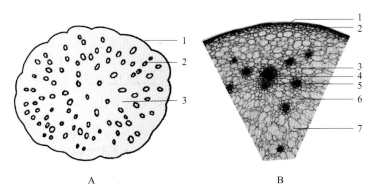

图4-2-9　石斛茎横切面

A—石斛茎的简图　1—表皮；2—维管束；3—基本组织（薄壁组织）

B—石斛茎的详图　1—角质层；2—表皮；3—纤维束；4—韧皮部；5—木质部；6—薄壁细胞；7—针晶束

2. 单子叶植物根状茎的构造特点

表面通常不产生周皮，多为表皮或木栓化的皮层细胞，皮层宽，常有散生的叶迹维管束。内皮层大多明显，具凯氏点。维管束众多，散生，多为有限外韧型，少数为周木型，如鸢尾、香附，或两种类型都有，如石菖蒲、菖蒲等（图4-2-10）。

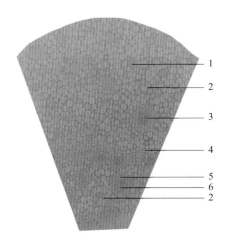

图4-2-10　石菖蒲根茎横切面图

1—纤维束；2—薄壁组织；3—叶迹维管束；4—内皮层；5—木质部；6—韧皮部

（五）裸子植物茎的构造特点

裸子植物除麻黄科和买麻藤科以外，均无导管，茎的次生木质部仅由管胞、木薄壁细胞和射线细胞组成，如柏科、杉科；或无木薄壁细胞，如松科；无典型的木纤维；次生韧皮部由筛胞、韧皮薄壁细胞和射线组成，无筛管、伴胞和韧皮纤维；茎的皮层和维管柱中常有树脂道。

任务实施

一、任务描述

（1）用专业语言描述茎的外部形态及其类型。
（2）通过显微技术识别茎的内部组织构造，分析植物类型。

二、任务准备

（1）用具　显微镜。
（2）材料　银杏、薄荷、何首乌、芦荟、生姜、半夏、芦苇、贝母、仙人掌等植物；椴树茎、藿香茎、麻黄茎等植物的永久装片。

三、操作步骤

1. 观察茎的形态

（1）观察银杏、薄荷、何首乌、芦荟等植物的茎，根据茎的质地、生长习性判断茎的类型，并记录结果，填入"工作手册"。

（2）观察生姜、半夏、芦苇、贝母、仙人掌等植物，识别各植物的变态茎并说明类型，进行记录，填入"工作手册"。

2. 识别茎的内部构造

取椴树茎、藿香茎、麻黄茎的永久装片置显微镜下观察，写出各部位结构名称，判断三种茎的结构类型，绘图记录，填入"工作手册"。

四、任务评价

见"工作手册"。

五、任务自测

不同类型植物茎的内部特征不同，如何通过茎的内部构造初步判断植物类型？

目标检测　　　　　　PPT课件　　　　　　视频

任务三　叶的识别

必备知识

叶着生在茎节上，常为绿色扁平体，含有大量叶绿体，是植物进行光合作用和蒸腾作用的主要器官。有些植物的叶还具有贮藏和繁殖作用。许多植物的叶可作药用，如番泻叶、大青叶、银杏叶、桑叶等。

一、叶的组成和形态

被子植物的叶通常由叶片、叶柄、托叶三部分组成（图4-3-1）。同时具备此三部分的叶，称完全叶，如玫瑰、桑等；缺少其中任意一个或两个部分的叶，称不完全叶，如石竹、女贞等。

图4-3-1 叶的组成
1—叶片；2—叶柄；3—托叶

（一）叶片

叶片是叶的主要部分，常为绿色扁平体。

1. 叶的全形

叶形指叶片的外形或基本轮廓，可根据叶片长度和宽度的比例以及最宽处的位置来确定（图4-3-2）。叶片的顶端为叶端（图4-3-3）；叶片的边缘为叶缘（图4-3-4）；叶片的基部为叶基（图4-3-5）。

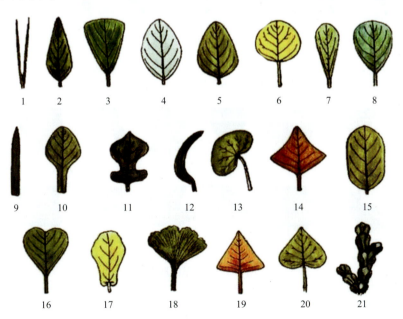

图4-3-2 叶的全形
1—针形；2—披针形；3—楔形；4—椭圆形；5—卵形；6—圆形；7—倒披针形；8—倒卵形；
9—条形；10—匙形；11、17—提琴形；12—镰形；13—肾形；14—菱形；15—矩圆形；
16—倒心形；18—扇形；19—三角形；20—心形；21—鳞形

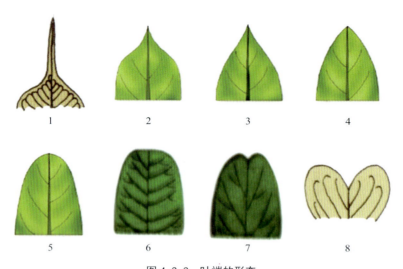

图 4-3-3 叶端的形态

1—尾状；2—骤尖；3—渐尖；4—锐尖；5—顿尖；6—平截；7—微凹；8—倒心形

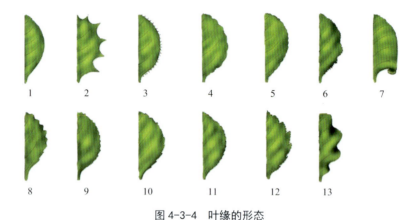

图 4-3-4 叶缘的形态

1—全缘；2—刺齿；3—睫毛状；4—圆齿状；5—细圆齿；6—不规则锯齿；7—反卷；8—牙齿；
9—小牙齿；10—锯齿；11—细锯齿；12—重锯齿；13—波状

图 4-3-5 叶基的形态

1—楔形；2—抱茎；3—渐狭；4—耳形；5—舌状；6—偏斜形；7—合生穿茎；8—心形；
9—盾形；10—戟形；11—箭形；12—平截

2. 叶片的分裂

叶片边缘裂开成缺口，称为叶裂。根据裂口的深度不同，划分为浅裂、深裂、全裂三种（图 4-3-6）。

图 4-3-6　叶片的分裂

1—三出浅裂；2—掌状深裂；3—三出全裂

3.叶片的质地

叶片根据质地不同，常分为草质叶、肉质叶、革质叶、膜质叶四种（图 4-3-7）。

图 4-3-7　叶片的质地

1—草质叶；2—肉质叶；3—革质叶；4—膜质叶

4.叶脉

叶脉是指叶片中的维管束形成的隆起线。其中最粗大的叶脉称主脉，主脉的分枝称侧脉，侧脉的分枝称细脉。叶脉在叶片上的分布形式称为脉序，主要有三种类型，如表 4-3-1 及图 4-3-8 所示。

表 4-3-1　叶脉的类型、特点及主要分布

分类	特点	分布
网状脉序	主脉、侧脉、细脉相互连接呈网状，有游离的脉梢，分羽状网脉和掌状网脉	双子叶植物的脉序
平行脉序	叶脉多呈平行或近于平行分布，无游离的脉梢。分直出平行脉、弧形脉、射出脉、横出平行脉等	多数单子叶植物的脉序
二叉脉序	叶脉从叶基出发，作数次二歧分枝，较为原始	蕨类植物及裸子植物（银杏）的脉序

（二）叶柄

叶柄是叶片和茎枝相连接的部分，断面常呈半圆形，有些植物的叶片直接着生在茎枝上，无叶柄，称无柄叶，如石竹；有些无柄叶的叶片基部包围在茎上，称抱茎叶，如苦荬菜；有的无柄叶的叶片基部彼此愈合，并被茎所贯穿，称贯穿叶，如元宝草；有些植物的叶柄基部或叶片基部扩大成鞘状包住茎节，称叶鞘，如当归。

（三）托叶

托叶是着生在叶柄基部两侧小的叶状物或膜状物。其形状较多，有翅状（月季）、线状（梨）、

卷须状（菝葜）、刺状（刺槐）、叶片状（豌豆）、鞘状（何首乌）等。

图 4-3-8　叶脉的类型
1—网状脉；2—弧形脉；3—横出平行脉；4—二叉脉；5—射出平行脉；6—直出平行脉；7—掌状网脉

二、单叶与复叶

1. 单叶

一个叶柄上只着生一枚叶片的叶称单叶，如桑、厚朴等。

2. 复叶

一个叶柄上着生两枚以上叶片的叶称复叶。复叶的叶柄称总叶柄，着生小叶的部分称叶轴，小叶的柄称小叶柄，小叶柄基部无腋芽，总叶柄基部有腋芽。根据小叶的数目和在叶轴上排列的方式不同，可将复叶分为以下几种类型，如表 4-3-2 及图 4-3-9 所示。

表 4-3-2　复叶的分类及特点

分类	特点	常见药用植物
三出复叶	① 三出掌状复叶：三片小叶无叶柄或叶柄等长	酢浆草、半夏
	② 三出羽状复叶：叶顶端小叶柄较长	大豆、胡枝子
掌状复叶	三片以上小叶着生在总叶柄顶端呈掌状展开	人参、大麻
羽状复叶	① 奇数羽状复叶：羽状复叶顶端小叶为单数	槐、苦参
	② 偶数羽状复叶：羽状复叶顶端小叶为双数	决明、落花生
	③ 二回羽状复叶：羽状复叶的叶轴作一次羽状分枝，形成许多侧生小叶轴，在每一小侧轴上又形成羽状复叶，称为二回羽状复叶	合欢、含羞草
	④ 三回羽状复叶：羽状复叶的叶轴作二次分枝，在最后的分枝上又形成羽状复叶，则形成三回羽状复叶	苦楝
单身复叶	总叶柄顶端有一片发达的小叶，与叶轴连接处有明显的关节，两枚小叶退化成翼状	酸橙、柑橘、柚

图 4-3-9　复叶类型

1—羽状三出复叶；2—掌状三出复叶；3—掌状复叶；4—奇数羽状复叶；
5—偶数羽状复叶 6—二回羽状复叶；7—单身复叶

三、叶序

叶在茎或枝上排列的方式称叶序。常见的叶序有下列五种（图 4-3-10）。

图 4-3-10　叶序类型

1—互生叶序；2—对生叶序；3—轮生叶序；4—簇生叶序；5—基生叶序

1. 互生叶序

互生叶序指在茎的每个节上只生一片叶，如桃、桑等。

2. 对生叶序

对生叶序指在茎的每个节上相对着生二片叶，如丁香、薄荷等。

3. 轮生叶序

轮生叶序指在茎的每个节上着生三片或三片以上的叶，排列成轮状，如直立百部、轮叶沙参等。

4. 簇生叶序

簇生叶序指两片或两片以上的叶着生在节间极度缩短的茎上，密集成簇状，如银杏、枸杞、落叶松等。

5. 基生叶序

基生叶序指茎极为短缩，节间不明显，叶如同从根上生出而呈莲座状，称基生叶序，如蒲公英、车前等。

四、叶的变化

1. 异形叶性

一般情况下，每种植物具有其特定形状的叶。但部分植物在同一植株上却有不同形状的叶，称为异形叶性。如人参一年生1枚三出复叶，二年生1枚掌状复叶，三年生2枚掌状复叶，四年生3枚掌状复叶，以后每年递增1枚叶片，最多可达6枚复叶；益母草基生叶略呈圆形，中部叶椭圆形，掌状分裂，顶生叶不分裂而呈线形近无柄；另一种是由于外界环境的变化引起叶的形态变化，如槐叶萍的漂浮叶为扁平的椭圆形，而沉水叶细裂呈须根状；慈姑的气生叶呈箭形，漂浮叶呈椭圆形，沉水叶为线形等。

2. 叶的变态

叶受环境条件的影响和生理功能的改变而有各种变态。常见的变态叶有下列几种（图4-3-11）。

图 4-3-11 叶的变态
1—叶卷须；2—鳞叶；3—苞片；4—刺状叶；5—捕虫叶

（1）叶卷须　叶全部或部分变为卷须，借以攀缘他物。如豌豆的卷须由羽状复叶上部的小叶变态而成；菝葜的卷须由托叶变态而成。

（2）鳞叶　叶退化成鳞片状。有的地上茎的叶变成膜质鳞片，如麻黄；有的地下茎的叶变成膜质鳞片，如黄精、荸荠等；有的鳞叶肉质肥厚，如百合、贝母等。

（3）苞片　生于花或花序下面的变态叶。着生于花序基部的一至多层苞片称总苞；花序中每朵小花的花柄上或花的花萼下较小的苞片称小苞片。苞片的形状多与普通叶不同，常较小、呈绿色，但也有形大而呈各种颜色的，如鱼腥草花序下的总苞片呈白色花瓣状。

（4）刺状叶　叶片或托叶变成刺状，起保护或减少蒸腾的作用，如仙人掌的刺由叶片变成；刺槐、酸枣的刺由托叶变成。

（5）捕虫叶　叶片形成囊状或瓶状，表面有大量能分泌消化液的腺毛或腺体，当昆虫触及时，立即闭合，将昆虫捕获，分泌的消化液将昆虫消化并吸收，如捕蝇草、茅膏菜、猪笼草等。

五、叶的显微结构

（一）双子叶植物叶片的构造

双子叶植物的叶片有上、下两面之分，由表皮、叶肉和叶脉三部分组成（图4-3-12）。

1. 表皮

表皮位于叶片的表面，通常由一层扁平、形状不规则的生活细胞紧密嵌合所组成，不含叶绿体，外壁较厚，具角质层，有的还具有蜡被、毛茸等附属物。叶的上、下表皮都有气孔，下表皮一般较上表皮多。

2. 叶肉

叶肉是位于上、下表皮之间的绿色组织，含有大量叶绿体。叶肉可分为栅栏组织和海绵组织两部分。

（1）栅栏组织　紧靠上表皮下方，由一至数层紧密排列的长圆柱状薄壁细胞组成，垂直于上表皮而呈栅栏状；栅栏组织细胞内含大量叶绿体。

（2）海绵组织　位于栅栏组织和下表皮之间，细胞多呈类圆形或不规则长圆形，排列疏松，有较多细胞间隙与气孔的气室相通；内含少量的叶绿体。

叶的两面受光照不同，常有栅栏组织和海绵组织显著区分，称两面叶或异面叶，如桑叶、薄荷叶、茶叶等。有的叶，上下两面受光照程度相似，常无栅栏组织和海绵组织区分，称等面叶，如桉叶、番泻叶等。

3. 叶脉

叶脉为叶片中的维管束，主脉维管束较粗大，侧脉及细脉维管束较细小；维管束多为有限外韧型，较少为双韧型。木质部常位于维管束上方呈半月形，韧皮部位于下方；维管束四周主要为薄壁组织，靠近表皮处常有厚角组织或厚壁组织，其在主脉下方通常多而发达。叶中叶脉越分越细，结构也愈来愈简单。

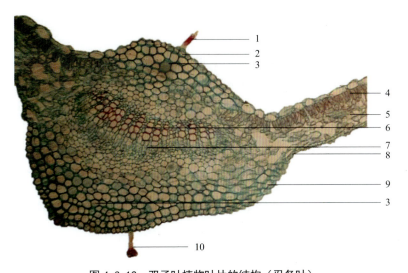

图4-3-12　双子叶植物叶片的结构（忍冬叶）
1—非腺毛；2—上表皮；3—厚角组织；4—栅栏组织；5—海绵组织；
6—木质部；7—韧皮部；8—气孔；9—下表皮；10—腺毛

（二）单子叶植物叶片的构造

以禾本科植物的叶片为例，亦可分为表皮、叶肉和叶脉三部分（图4-3-13），但各部分与双子叶植物相比又有不同的特征。

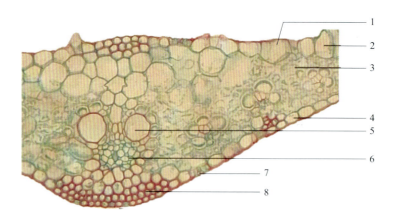

图4-3-13　单子叶植物叶的结构（玉米叶）

1—泡状细胞；2—上表皮；3—叶肉薄壁细胞；4—下表皮；5—木质部；
6—韧皮部；7—气孔；8—厚角组织

1. 表皮

表皮细胞的形状较规则，排列成行，有长细胞和短细胞之分。长细胞长方形，其长轴与叶轴一致，外壁角质化并含硅质。短细胞分为硅质细胞和栓质细胞，硅质细胞内充满硅质体，加之向外形成乳突，故叶片坚硬而表面粗糙。在上表皮还有一些特殊的大型含水细胞，内具大液泡，称泡状细胞。一般认为泡状细胞和叶片的伸缩有关，所以又称运动细胞。禾本科植物在叶的上下表皮上，有近似相等数量的气孔，呈纵行排列。正面观察气孔，是由两个哑铃形的保卫细胞组成，每个保卫细胞外侧各有一个略作三角形的副卫细胞。

2. 叶肉

一般无栅栏组织和海绵组织的区分。

3. 叶脉

叶片中的维管束为有限外韧型，维管束外有1～2层细胞组成的维管束鞘。

任务实施

一、任务描述

（1）用专业语言描述叶的外部形态及其类型。
（2）通过显微技术识别叶的内部组织构造，并通过观察，区分双子叶植物和单子叶植物。

二、任务准备

（1）用具　显微镜。
（2）材料　番泻、忍冬、银杏、桑、淡竹、豌豆、仙人掌、洋葱、捕蝇草、玫瑰、番泻叶、淡竹叶的永久制片。

三、操作步骤

1.观察叶的形态学

（1）观察番泻、忍冬、银杏、桑、淡竹等植物的叶片，从叶片整体形状、叶缘、叶基、叶端、叶脉、单叶或复叶、叶序等方面进行描述，记录结果，填入"工作手册"。

（2）观察豌豆、仙人掌、洋葱、捕蝇草、玫瑰，找出五种植物的变态叶，说明变态叶的类型，填入"工作手册"。

2.识别叶的内部构造

分别取番泻叶、淡竹叶永久装片置显微镜下观察，写出各部位结构名称及叶的类型，并绘图记录，填入"工作手册"。

四、任务评价

见"工作手册"。

五、任务自测

试探讨单叶小枝与羽状复叶的区别。

目标检测

PPT 课件

任务四　花的识别

必备知识

花是种子植物特有的繁殖器官，由花芽发育而来，是为了适应繁殖而产生的一种变态短枝。花通过开花、传粉、受精等过程产生果实和种子，繁衍后代。花的形态、结构具有相对保守性和稳定性，变异性小，是药用植物鉴定的重要依据。种子植物又称显花植物，包括裸子植物和被子植物，本任务介绍被子植物的花。可供药用的植物花有金银花、红花、款冬花、菊花等。

一、花的组成及形态构造

花一般由花梗、花托、花被（花萼、花冠）、雄蕊群、雌蕊群五部分组成。花梗和花托起支持作用；花萼和花冠合称花被；雄蕊和雌蕊是花中具有繁殖功能的部分（图4-4-1）。

（一）花梗

花梗又称花柄，是花与茎枝的连接部分，果实形成时，花梗成为果柄。

（二）花托

花托是花梗顶端膨大的部分，花被、雄蕊群、雌蕊群均着生其上。花托的形状有：圆柱状（如木兰)、圆锥状(如草莓)、倒圆锥状(如莲)、杯状(如桃、玫瑰)等。有的花雌蕊群基部或在雄蕊与花冠之间,花托膨大呈扁平状或垫状的盘,如卫矛、柑橘等。

图 4-4-1　花的组成

1—花梗；2—花托；3—花萼；4—花丝；5—花药；6—雄蕊；
7—花冠；8—柱头；9—花柱；10—子房；11—雌蕊

(三)花被

花被是花萼、花冠的总称。当花萼、花冠形态相似不易区分时,统称花被。

1. 花萼

花萼位于花的最外轮,一般呈绿色的小叶片状。花萼的常见类型如表 4-4-1 所示。

表 4-4-1　花萼的分类与特点

分类	特点	常见药用植物
离生萼	萼片彼此分离	毛茛、油菜
合生萼	萼片互相联合。合生萼下部联合的部分称萼筒,上部分离部分称萼齿或萼裂片。有的萼筒一边向外凸成一管状或囊状突起称距	丹参、地黄
早落萼	花萼随花的枯萎而脱落或在花开放之前即落	虞美人、白屈菜
宿存萼	花落以后花萼仍不脱落,并随果实增大	柿、辣椒、茄
瓣状萼	萼片较大或具有鲜艳颜色,像花冠	铁线莲、乌头
副萼	有的植物在花萼之外有一层类似萼片状的苞片	草莓、棉花、锦葵
其他萼	膜质萼:有些植物的花萼变态成半透明的膜质	鸡冠花、牛膝
	冠毛:部分菊科植物花萼变态成毛状	蒲公英

2. 花冠

花冠是一朵花中所有花瓣的总称,位于花萼的内侧,常有鲜艳的颜色。彼此分离的花冠称离瓣花冠，如桃、玉兰；花冠多少联合的称合瓣花冠，如益母草、桔梗等。常见花冠的类型如表4-4-2及图4-4-2所示。

表4-4-2 花冠的常见类型

分类	特点	分布
十字形花冠	花瓣4枚分离，上部外展呈十字形	菘蓝等十字花科植物
蝶形花冠	花瓣5枚分离，排列呈蝴蝶形，上面的一枚位于最外面，常较宽大，称旗瓣；侧面的两片较小，称翼瓣；最下面的两片上部常相互连接，弯曲成龙骨状，称龙骨瓣	甘草、豌豆等豆科植物
唇形花冠	花瓣合生成二唇状，上唇常2裂，下唇3裂	益母草等唇形科植物
钟形花冠	花瓣合生，下部呈宽而短的筒状，上部裂片外展呈钟状	桔梗、党参等桔梗科植物
漏斗状花冠	花冠合生，冠筒较长，自基部向上逐渐扩大呈漏斗状	牵牛等旋花科植物、曼陀罗等部分茄科植物
高脚碟状花冠	花冠下部合生成长管状，上部水平状展开呈碟状	水仙、迎春花、长春花
辐射状花冠	花冠筒短而广展，裂片由基部向四周扩展，形如车轮	茄、枸杞等部分茄科植物
舌状花冠	花冠基部连合成一短筒，上部向一侧延伸成扁平舌状	蒲公英、紫菀等菊科植物
管状花冠	花冠大部分合生成细管状	红花、苍术等菊科植物

图4-4-2 花冠的类型
1—十字形花冠；2—蝶形花冠；3—蝶形花解剖；4—钟形花冠；5—唇形花冠；
6—辐射状花冠；7—高脚碟状花冠；8—舌状花冠；9—漏斗状花冠；10—管状花冠

（四）雄蕊群

雄蕊群是一朵花中所有雄蕊的总称，着生于花托或花冠筒上，位于花被的内侧，其数目与花瓣数目相同或是其倍数。

1. 雄蕊的组成

大多数植物的雄蕊是由花丝和花药两部分组成。

（1）花丝 雄蕊细长柄状部分，上面支持花药，下部生于花托上。

（2）花药 花丝顶端膨大成囊状的部分。通常由2个或4个药室或花粉囊组成，分左右两半，中间有药隔。其内产生花粉粒，是雄蕊的主要组成部分。花粉粒的形状、大小、表面的雕纹，萌发孔的数目、沟缝的分布，因植物的种类不同而有区分。

2. 雄蕊的类型

不同种类的植物，雄蕊的数目、形态、离合程度、排列方式等各不相同，常见雄蕊类型如表 4-4-3 及图 4-4-3 所示。

表 4-4-3　雄蕊的类型

分类	特点	常见药用植物
单体雄蕊	雄蕊的花丝连合在一起呈圆筒状，花药彼此分离	木槿、棉
二体雄蕊	雄蕊的花丝连合后形成2束，花药彼此分离	甘草、扁豆
多体雄蕊	花丝连合成数束	金丝桃、蓖麻
聚药雄蕊	雄蕊的花药彼此连合成筒状，花丝彼此分离	向日葵、菊
二强雄蕊	雄蕊4枚，其中2枚花丝较长，2枚花丝较短	益母草、紫苏
四强雄蕊	雄蕊6枚，其中4枚花丝较长，2枚花丝较短	菘蓝、芥菜

图 4-4-3　雄蕊的类型

1—聚药雄蕊；2—单体雄蕊；3—四强雄蕊；4—多体雄蕊；5—二强雄蕊；6—二体雄蕊

（五）雌蕊群

雌蕊群位于花的中央，是一朵花中所有雌蕊的总称。

1. 雌蕊的组成

雌蕊由柱头、花柱和子房三部分组成。

（1）柱头　位于雌蕊顶端膨大的部分，形态多样，表面不光滑，有的能分泌黏液，有利于花粉的附着，促使花粉萌发。

（2）花柱　位于柱头和子房之间的连接部分。

（3）子房　是雌蕊基部膨大部分的囊状体，内部着生胚珠。

雌蕊由心皮构成，心皮是适应繁殖的变态叶，通过两侧边缘内卷形成雌蕊。每个心皮边缘愈合，形成腹缝线；原心皮中脉部分为背缝线；胚珠着生在腹缝线上。

2. 雌蕊的类型

根据雌蕊的数目和构成雌蕊的心皮数目不同，雌蕊分以下三种类型，如表 4-4-4 及图 4-4-4 所示。

表 4-4-4　雌蕊的类型

分类	特点	常见药用植物
单雌蕊	一个心皮构成一个雌蕊	大豆、桃
离生心皮雌蕊	若干个彼此分离的雌蕊共同着生在一个花托上，每个雌蕊由一个心皮构成	八角、五味子
复雌蕊（合生心皮雌蕊）	花中只有一个雌蕊，由 2 至多个心皮合生而成	丹参（2 心皮）、蓖麻（3 心皮）、虞美人（5 心皮以上）

图 4-4-4　雌蕊的类型
1—单雌蕊（杏）；2—离生心皮雌蕊（芍药）；3—复雌蕊（渥丹）

3. 子房的位置

子房的位置是指子房与花托之间的位置关系，有以下三种类型（图 4-4-5）。

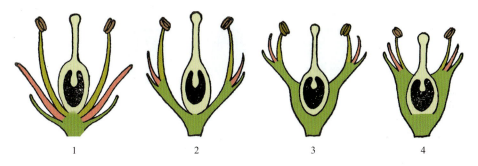

图 4-4-5　子房的位置
1—子房上位（下位花）；2—子房上位（周位花）；3—子房半下位（周位花）；4—子房下位（上位花）

（1）子房上位　子房仅底部与花托相连，花被、雄蕊的着生位置均在子房下方，这种花称下位花，如油菜、葡萄等。若花托凹陷，花被、雄蕊着生在子房周围，这种花称为周位花，如梅、桃等。

（2）子房半下位　子房仅下半部陷入花托并与花托愈合，花被、雄蕊着生在花托的上缘，位于子房周围，这种花称周位花，如党参、马齿苋等。

（3）子房下位　子房全部陷入花托并与花托愈合，花被、雄蕊着生在花托的上缘，位于子房的上方，这种花称为上位花，如丝瓜、苹果等。

4. 胎座类型

胚珠在子房内着生的位置为胎座，常见六种类型，如表 4-4-5 及图 4-4-6 所示。

表 4-4-5 胎座的类型

分类	特点	常见药用植物
边缘胎座	单室子房，由1个心皮构成，胚珠着生在子房内腹缝线上	大豆、甘草
侧膜胎座	子房1室由合生心皮构成，胚珠着生在子房内各条腹缝线上	南瓜、延胡索、龙胆
中轴胎座	合生心皮雌蕊，子房多室，胚珠着生在由心皮边缘向内伸入至中央并愈合的中轴上	百合、木瓜
特立中央胎座	合生心皮雌蕊，子房隔膜消失成1室，胚珠着生在残留的中轴上	报春花、太子参
基生胎座	单心皮或合生心皮，子房1室，胚珠着生在子房室基部	何首乌、大黄
顶生胎座	单心皮或合生心皮，子房1室，胚珠着生在子房室顶部	杜仲、榆树

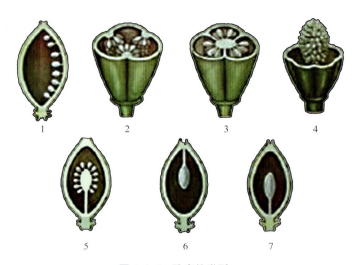

图 4-4-6 胎座的类型
1—边缘胎座；2—侧膜胎座；3—中轴胎座；4—特立中央胎座（横切）；
5—特立中央胎座（纵切）；6—顶生胎座；7—基生胎座

二、花的类型

植物的花在长期的演化过程中，具有了丰富的多样性，依据其分类方法不同，类型亦有不同。

1. 依花中是否有缺失分类

可分为完全花和不完全花。具有花萼、花冠、雄蕊群、雌蕊群四部分的花称完全花，如桃、紫藤；缺少其中一部分或几部分的花称不完全花，如桑科、大戟科植物。

2. 依花中有无花被分类

可分为重被花、单被花、无被花。一朵花既有花萼又有花冠称重被花，如萝卜、甘草；不分花萼和花冠的花称单被花，如百合、郁金香；花萼和花冠均不存在的花称无被花，如杜仲、鱼腥草。

3. 依花中雌蕊和雄蕊分类

可分为两性花、单性花和无性花。一朵花中既有雌蕊又有雄蕊称两性花，如桔梗、木兰；只有雄蕊或只有雌蕊的花称单性花，其中只有雄蕊的花称雄花，只有雌蕊的花称雌花；若雌花和雄花共同生长在同一植株上，称雌雄同株（单性同株），如胡桃、南瓜；若雌花和雄花分别长在不同植株上，称雌雄异株（单性异株），如银杏、大麻。只有雄花的植株称雄株，只有雌花的植株称雌株。在同一植株上既有单性花，又有两性花或在同种的不同植株上分别具有单性花或两性花的现象叫杂性，有单性花和两性花，但存在于不同的植株上，称为杂性异株，如臭椿；单性花和两性花存在于同株植物上称为杂性同株，如朴树。还有些植物，花中雄蕊和雌蕊均退化或发育不全，称无性花或不育花，如八仙花花序周围的花。

4. 依花冠是否对称分类

可分为辐射对称花、两侧对称花和不对称花。通过花的中心可作2个以上的对称面，称辐射对称花或整齐花，如桃、牡丹等；若通过花的中心只能作一个对称面，称两侧对称花或不整齐花，如扁豆、石斛；若通过花的中心不能作出对称面，称不对称花，如美人蕉、缬草。

三、花程式

用数字、字母、符号表示花各部分的组成、数目、排列方式、位置和彼此关系的公式称花程式。花的各部分一般采用拉丁文名词的第一个字母来表示：P 为花被，K 为花萼，C 为花冠，A 为雄蕊，G 为雌蕊。字母右下角用数字 1～10 表示数目，数目在 10 个以上或不定数者以"∞"表示，退化或者不存在用"0"表示。雌蕊右下方的 3 个数字间用"："相连，分别表示心皮数、子房室数、每室胚珠数。"♀"表示雌花；"♂"表示雄花；"⚥"表示两性花；"G"表示子房上位；"$\overline{G}$"表示子房下位；"$\overline{\underline{G}}$"表示子房半下位；"（）"表示该部分相互连合；"+"表示排列的轮数；"*"表示辐射对称花；"↑"表示两侧对称花。举例如下。

百合花：⚥ *$P_{3+3}A_{3+3}\underline{G}_{(3:3:\infty)}$

表示两性花；辐射对称；花被两轮，每轮花被片3枚，彼此分离；雄蕊两轮，每轮3枚，彼此分离；雌蕊子房上位，3心皮合生成3个子房室，每室胚珠多数。

柳花：♂ $K_0C_0A_2$；♀ $K_0C_0\underline{G}_{(2:1)}$

表示单性花；雄花：花萼、花冠退化；雄蕊2枚，分离；雌花：花萼、花冠退化，子房上位，2心皮合生，1室。

苹果花：*$K_{(5)}C_5A_\infty\overline{G}_{(5:5:2)}$

表示两性花；辐射对称；花萼5枚，连合；花冠5枚，分离；雄蕊多数，分离；雌蕊子房下位，5心皮合生，5个子房室，每室胚珠2枚。

四、花序

花在花枝或花轴上的排列方式和开放次序称花序。被子植物的花，有的单生于茎枝顶端或生于叶腋，称单生花。花序中着生花的部分称花轴。花序中不着生花的部分称总花梗。无叶的总花梗称花葶。花轴上小型的变态叶称苞片，密集在一起的称总苞，如菊科的花序，壳斗科的总苞变成壳斗。常见花序类型（图4-4-7）有两类。

图 4-4-7　花序的类型

1—穗状花序；2—总状花序；3—葇荑花序；4—伞房花序；5—伞形花序；6—复伞形花序；7—复总状花序；
8—隐头花序；9—肉穗花序；10—多歧聚伞花序；11—头状花序；12—轮伞花序；13—螺旋状聚伞花序

（一）无限花序

花轴在开花期内顶端能逐渐伸长生长，不断产生新的花蕾，花由花轴下部向上依次开放，或花轴缩短，花由外缘向中心依次开放的花序称无限花序，常见类型如表 4-4-6 所示。

表 4-4-6　无限花序的类型

分类	特　点	常见药用植物
穗状花序	花轴细小，其上着生许多花梗极短或无花梗的小花	车前、牛膝
葇荑花序	花轴柔软下垂，其上着生许多无柄单性小花，开花后常整个花序脱落	杨、柳
肉穗花序	似穗状花序，花轴粗短且肉质，花序外常具有一大型苞片，称佛焰苞	天南星、半夏
总状花序	花轴较长，其上着生许多花梗近等长的小花	油菜、地黄
伞房花序	似总状花序，但小花花柄由下而上依次渐短，小花几乎排列在一个平面上	苹果、山楂
伞形花序	花轴缩短，顶端着生许多花梗近等长的小花，整个花序呈伞状	刺五加、葱
头状花序	花轴缩短膨大呈头状或盘状，其上着生许多无柄的小花，外围有多数苞片组成的总苞	向日葵、菊花
隐头花序	花轴膨大并且凹陷，许多无花柄的单性小花着生于内	榕树、无花果

以上为单花序，若花轴的每一分枝成为一穗状，或一总状，或一伞形，或一伞房，或一头状花序，则相应称为复穗状花序、复总状花序、复伞形花序、复伞房花序、复头状花序。

（二）有限花序

花在开花期间，花序中各小花由花轴顶端向下依次开放，或由内向外依次开放，称有限花序，常见类型如表4-4-7所示。

表4-4-7　有限花序的类型

分类	特点	常见药用植物
单歧聚伞花序	花轴顶生1花，顶花下面形成1侧枝，侧枝顶端生1花，侧轴上再产生1轴1花，如此反复	
	蝎尾状聚伞花序：花轴下各次级分枝呈左右交互排列	鸢尾、射干
	螺旋状聚伞花序：花轴下各次级分枝均向同一个方向生长	勿忘我、紫草
二歧聚伞花序	花序轴顶生1花，在顶花下方两侧各分生一等长侧枝，侧枝顶端各生1花，如此继续多次，形成整个花序	石竹、卫矛
多歧聚伞花序	花序轴顶端生1花，然后在顶花下面同时产生数个侧轴，侧轴常比主轴长，每侧轴又形成小的聚伞花序	大戟、甘遂
轮伞花序	聚伞花序聚生于对生叶的叶腋呈轮状排列	益母草、薄荷

五、花粉粒的构造

花粉粒由雄蕊的花药产生，与繁殖直接相关。成熟的花粉粒有2层壁，内层壁较薄，外层壁较厚而坚硬，表面光滑或有各种雕纹，如瘤状、刺突状、网状等，常为鉴定花类中药的重要特征。花粉粒的内壁上有的地方没有外壁，形成萌发孔或萌发沟（图4-4-8）。花粉萌发时，花粉管就从孔或沟处向外突出生长。不同种类的植物，花粉粒萌发孔或萌发沟的数目也不同。如香蒲科、禾本科为单孔花粉，百合科、木兰科为单沟花粉，桑科为2孔花粉，沙参、丁香等为3孔花粉，夹竹桃为4孔花粉，薄荷为5萌发沟等。

图4-4-8　花粉粒结构（牵牛花）
1—花药；2—花粉囊；3—花丝；4—花粉粒；5—表面短刺及雕纹；6—萌发孔

任务实施

一、任务描述

用专业语言描述花的形态及类型。

二、任务准备

（1）用具　放大镜、镊子、解剖针、解剖镜等。
（2）材料　人参、菘蓝、木槿、柳、紫苏、豌豆、龙葵、菊、鸢尾、柴胡等植物的花。

三、操作步骤

观察人参、菘蓝、木槿、柳、紫苏、豌豆、龙葵、菊、鸢尾、柴胡等植物的花，分别描述各植物花的组成、雌蕊和雄蕊的类型、花序类型，记录结果并写出花程式，填入"工作手册"。

四、任务评价

见"工作手册"。

五、任务自测

观察身边常见开花植物，观察其花的形态特征，说明花的类型。

目标检测　　　　　　PPT 课件　　　　　　视频

任务五　果实的识别

必备知识

果实是被子植物所特有的器官，由受精后的雌蕊子房或连同花的其他部分发育而成，外有果皮、内含种子。许多植物的果实可作药用，如山楂、栀子、金樱子、枸杞子、木瓜、吴茱萸、五味子等。

一、果实的一般结构

完全由子房发育成的果实称真果，如桃、柑等。有些植物除了子房外，花托、花筒、花轴等也参与形成果实，称假果，如梨、苹果、凤梨等。

果实由果皮和种子两部分组成，果皮分为三层，即外果皮、中果皮、内果皮。因植物的种类不同，果皮的构造、颜色以及各层果皮的发达程度也不同。

1.外果皮

外果皮位于果实的最外层，较薄或坚韧，表面常具有毛茸、蜡被、霜、刺、瘤突、翅等。

2. 中果皮

中果皮是果皮的中层，通常较厚，里面含有大量的薄壁细胞，干果多干燥膜质。维管束一般分布在中果皮中。

3. 内果皮

内果皮是果皮的最内层，有膜质的、木质化的（桃、李），还有少数植物的内果皮能生出充满汁液的肉质囊状毛，如柑橘。

二、果实的类型

果实依据来源、结构和果皮性质不同，分单果、聚合果、聚花果三类。

（一）单果

由单雌蕊或复雌蕊发育而成的果实，即一朵花只结成一个果实，依据单果果皮质地不同，分为肉质果和干果。

1. 肉质果

肉质果果实成熟后，果皮肉质多浆，不开裂，可分以下几种（图4-5-1）。

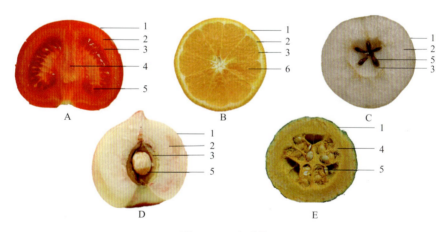

图 4-5-1　肉质果
A—浆果；B—柑果；C—梨果；D—核果；E—瓠果
1—外果皮；2—中果皮；3—内果皮；4—胎座；5—种子；6—毛囊

（1）浆果　外果皮薄，中果皮及内果皮肉质多浆，内含一至多枚种子，如枸杞、番茄等。

（2）核果　外果皮薄，中果皮肉质，内果皮木质化形成坚硬的果核，如桃、杏、李子等。有的核果和浆果相似，称浆果状核果，如人参、三七等。

（3）柑果　外果皮较厚，革质，具油室，中果皮白色，海绵状，与外果皮界限不清，有分枝状的维管束，内果皮膜质成多室，内有许多肉质多浆的毛囊，如柑橘、柚等。

（4）瓠果　是由3心皮合生的具有侧膜胎座的下位子房连同花托发育成的假果。外果皮坚韧，中果皮、内果皮肉质，为南瓜、葫芦等葫芦科特有的果实。

（5）梨果　是由2～5心皮合生的下位子房连同花托和花筒发育成的假果，外果皮、中果皮肉质，界限不清，内果皮坚韧如革，常分隔成2～5室，每室常含2粒种子，为山楂、梨等蔷薇科苹果亚科特有的果实。

2. 干果

干果果实成熟时果皮干燥（图 4-5-2），根据果皮是否开裂分为裂果和闭果。

图 4-5-2 干果

1—蓇葖果；2—荚果；3—短角果；4—颖果；5—坚果；6—双悬果；7—蒴果；8—瘦果；9—翅果

（1）裂果 果实成熟时，果皮干燥开裂，根据开裂方式不同分为四种类型，如表 4-5-1 所示。

表 4-5-1 裂果的分类

分类	特点	常见药用植物
蓇葖果	由单心皮雌蕊发育而成，成熟后果皮沿腹缝线或沿背缝线一侧开裂	淫羊藿
荚果	由单心皮雌蕊发育而成，成熟后果皮沿腹缝线和背缝线两侧开裂	甘草、黄芪等豆科植物特有
角果	由 2 心皮合生的上位子房发育而成的果实，在形成过程中，在 2 心皮边缘生出假隔膜，将子房分为 2 室，成熟后沿两侧腹缝线自下而上开裂成两片，种子着生在假隔膜的两边，假隔膜仍留在果柄上。若角果长度是宽度的几倍，称为长角果；若长度和宽度近相等，称为短角果	长角果：萝卜、油菜；短角果：独行菜、菥蓂。十字花科植物特有
蒴果	由 2 到多心皮合生雌蕊子房发育而成的果实，子房一室或多室，每室含种子多数。裂果中最普遍、最多的一类	马兜铃、牵牛

知识链接

荚果是豆科植物特有的果实；有的荚果成熟时不开裂，如落花生、皂荚；有的荚果成熟时在种子间节节断裂，每节含1粒种子，不开裂，这类荚果称节荚，如含羞草、山蚂蟥、决明；有的荚果呈螺旋状，并具有刺毛，如苜蓿；还有的荚果呈肉质念珠状，如槐。

（2）闭果（不裂果） 果实成熟时，果皮不开裂或分离成几部分，但种子仍被果皮包住，常见类型如表 4-5-2 所示。

表 4-5-2　闭果的分类

分类	特点	常见药用植物
瘦果	果实内含一粒种子，果皮薄，成熟后果皮和种皮较易分离	白头翁、向日葵
颖果	果实内含一粒种子，成熟后果皮和种皮愈合，常被误认为是种子	薏米、玉米等禾本科植物的果实
坚果	果实内含一粒种子，果皮坚硬，果皮和种皮分离，有的果实成熟后，分离成特小的分果，称为小坚果；有的坚果外常有壳斗包围	益母草、薄荷、板栗
翅果	果实内含一粒种子，果皮向外延伸成翅状	榆树、杜仲
双悬果	果实由2心皮雌蕊合生发育而来，成熟后形成两个分果，悬挂于果柄上端	小茴香、胡萝卜等伞形科植物的果实

（二）聚合果和聚花果

1. 聚合果

聚合果是由一朵花中多个离生心皮雌蕊形成的果实，每个雌蕊形成一个单果，聚生于同一花托上或与花托一同发育成果实。如八角茴香、厚朴、芍药等为聚合蓇葖果；白头翁、毛茛、金樱子等为聚合瘦果；莲是聚合坚果；悬钩子、覆盆子是聚合核果；五味子是聚合浆果等（图 4-5-3）。

图 4-5-3　聚合果

1—聚合蓇葖果；2—聚合瘦果；3—聚合坚果；4—聚合核果；5—聚合浆果

2. 聚花果

聚花果是由整个花序发育而成的果实，如凤梨是整个花序发育成的肉质果实；无花果是由隐头花序形成的复果；桑葚是开花后花被变得肥厚多汁形成的果实等（图 4-5-4）。

图 4-5-4　聚花果

1—凤梨；2—无花果；3—桑葚

任务实施

一、任务描述

用专业语言描述果实的外部形态及其类型。

二、任务准备

（1）用具　解剖镜、解剖针、放大镜、刀片、镊子等。

（2）材料　枸杞、黄瓜、荠菜、柑橘、榆钱、覆盆子、小茴香、苹果、榛子、薏米、桑葚、金樱子、八角茴香等。

三、操作步骤

1. 识别真果和假果

根据果实的发育特点，判定果实为真果还是假果，填入"工作手册"。

2. 观察单果

取所观察果实，挑选出单果，并依据果皮的性质、开裂方式，判定果实的具体类型，记录结果，填入"工作手册"。

3. 观察聚合果

取所观察果实，挑选出聚合果，依据聚合果上每个小单果的类型，判断出该聚合果的类型，记录结果，填入"工作手册"。

4. 观察聚花果

取所观察果实，挑选出聚花果，描述聚花果各部分特征，记录结果，填入"工作手册"。

四、任务评价

见"工作手册"。

五、任务自测

果实的前身是花，试探讨分析花中雌蕊的类型与果实类型之间的关系。

目标检测

PPT 课件

任务六　种子的识别

必备知识

种子是种子植物特有的器官，由胚珠发育而来，与植物繁殖密切相关。许多植物的种子还可供药用，如马钱子、槟榔、苦杏仁、桃仁等。

一、种子的形态与组成

种子的形状、大小、色泽、表面纹理等常随植物的种类不同而各异，但在结构上却基本相同，一般由种皮、胚和胚乳三部分组成。

（一）种皮

种皮是种子最外层的保护层，由胚珠的珠被发育而来，常分为外种皮和内种皮两层。有的种子在种皮外尚有假种皮，由珠柄或胎座部位的组织延伸而成；有的为肉质，如龙眼、荔枝等；有的为膜质，如砂仁、豆蔻等。典型的种皮上常有下列构造，如表 4-6-1 所示。

表 4-6-1　种皮的构造

构造	特点
种脐	种子成熟后从种柄或胎座上脱落后在种皮上留下的疤痕，常呈圆形或椭圆形
种孔	由胚珠上的珠孔发育而成，为种子萌发时吸收水分和胚根伸出的部位，常为不易观察的小孔
合点	由胚珠上的合点发育形成，是种皮上维管束的汇集点
种脊	来源于珠脊，是种脐到合点之间隆起的脊棱线，内含维管束
种阜	有些植物的种皮在珠孔处有一个由珠被延伸而成的海绵状隆起物，有吸水来帮助种子萌发的作用，称种阜，如蓖麻

（二）胚

胚由卵细胞和一个精子受精后发育而成，其组成包括以下几部分，如表 4-6-2 所示。

表 4-6-2　胚的组成

组成	特点
胚根	正对种孔，种子萌发时，胚根从种孔伸出，将来发育成植物的主根
胚轴	向上生长，成为根与茎的连接部位
胚芽	为胚顶端未发育的地上枝，在种子萌发后发育成植物的主茎及叶
子叶	为胚吸收养料和贮藏养料的器官，在种子萌发后变绿进行光合作用，通常在真叶长出后枯萎。通常单子叶植物具有一枚子叶，双子叶植物具有两枚子叶；裸子植物具有多子叶

（三）胚乳

胚乳是极核细胞和一个精子受精后形成的，是种子内的营养组织，位于胚的周围，呈白色，含有淀粉、蛋白质、脂肪等营养物质。

二、种子的类型

被子植物的种子可依据胚乳的有无，分为有胚乳种子（图 4-6-1）和无胚乳种子（图 4-6-2）。也可根据种子中子叶数目分为双子叶植物和单子叶植物。常见的有胚乳种子具有发达的胚乳，胚相对较小，子叶很薄，如蓖麻、玉米种子。无胚乳种子常具有发达的子叶，如大豆、杏仁等。

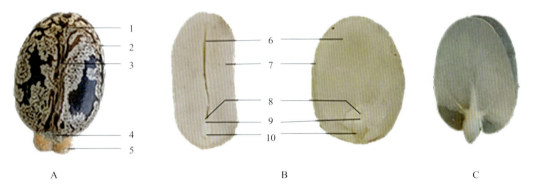

图 4-6-1 有胚乳种子（蓖麻种子）

A—外形；B—去种皮后的断面；C—子叶；1—合点；2—种皮；3—种脊；
4—种脐；5—种阜；6—子叶；7—胚乳；8—胚芽；9—胚轴；10—胚根

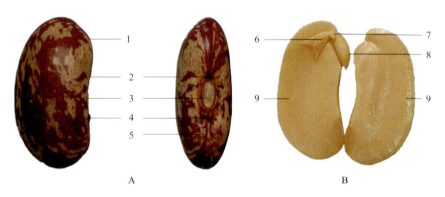

图 4-6-2 无胚乳种子（菜豆种子）

A—外形；B—菜豆组成部分；1—种皮；2—种孔；3—种脐；
4—种脊；5—合点；6—胚芽；7—胚轴；8—胚根；9—子叶

 任务实施

一、任务描述

观察种子外部形态及内部构造，识别种子的类型。

二、任务准备

（1）用具　放大镜、解剖镜、解剖针、刀片、镊子等。
（2）材料　蓖麻、槟榔、玉米、大豆种子。

三、操作步骤

（1）观察蓖麻、槟榔、玉米、大豆种子，描述其形态、大小、色泽。

（2）观察内部构造，判定种子的类型。

（3）绘制蓖麻子、玉米内部构造，记录结果，填入"工作手册"。

四、任务评价

见"工作手册"。

五、任务自测

种子在中草药种植中至关重要，试阐述种子萌发的内在因素和外在条件。

课堂活动

植物在自然界中生存，会为适应环境而变化其各器官，请列举你家乡的代表性植物，描述其形态特征，并试联想其与家乡人文情怀之间的联系以及给予你的人生启示。

目标检测

PPT 课件

项目五

常见低等药用植物分类及识别

学习目标

知识目标：熟知低等植物与高等植物的区别；掌握重点科的特征及重点药用植物的来源、形态特征。

能力目标：能够说明低等植物类群的特征，能够识别常见藻类和菌类药用植物。

思政与职业素养目标：培养学生合理利用资源、保护环境、建设生态文明的意识。

必备知识

低等植物包括藻类、菌类和地衣类植物。它们的共同特征是：植物体外部形态上无根、茎、叶等器官的分化；内部构造上一般无组织分化，生殖器官通常为单细胞；个体发育不经过胚的阶段，由合子直接发育成新植物体。

任务　低等药用植物的识别

一、藻类植物

藻类是含有光合色素的自养性原始低等植物。本类植物大多数生活在水中，少数生于潮湿的土壤、岩石或树皮上。藻类的植物体统称藻体，藻体有单细胞的，如小球藻、衣藻；群体的，如团藻；多细胞丝状体的，如水绵、刚毛藻；枝状体的，如轮藻、海蒿子；叶状体的，如海带、甘紫菜等。

根据藻类细胞内所含色素、贮藏物、藻体的形态构造、繁殖方式以及细胞壁成分的不同，将其分为裸藻门、绿藻门、轮藻门、金藻门、甲藻门、褐藻门、红藻门和蓝藻门 8 门。已知全球藻类 3 万余种。我国藻类植物有数千种，其中药用藻类资源共计 42 科、53 属、114 种，主要分布于蓝藻门、绿藻门、红藻门以及褐藻门。

常见药用植物举例如下。

海带　*Laminaria japonica* Aresch.，为多年生大型褐藻。藻体分三部分：基部为根状分枝的固着器，固着器上接细长的带柄，柄上方为叶状带片，长可达 7m、宽达 50cm，中部较厚，边缘皱波状（图 5-1-1）。分布于我国北部沿海，北部及东南部沿海有人工养殖。生于低潮线以下高 2～3m 处的岩礁上。海带除作副食外，其干燥叶状体作"昆布"入药，能消痰软坚散结，利水消肿。

图 5-1-1　海带
1—带片；2—带柄；3—固着器

藻类药用植物尚有：葛仙米 *Nostoc commune* Vauch.、石莼 *Ulva lactuca* L.、甘紫菜 *Porphyra tenera* Kjellm. 等。

二、菌类植物

菌类植物不含叶绿素，为营寄生或腐生生活的异养植物。菌类植物的种类极多，形态结构上变化很大，常分为 3 个门：细菌门、黏菌门和真菌门。黏菌一般无药用价值。细菌和真菌中的某些种类可用来制作菌苗、疫苗以及制取抗生素。其中药用种类最多、应用价值最大的是真菌。

真菌的植物体除少数种类是单细胞外，绝大多数是由分枝或不分枝、分隔或不分隔的菌丝交织在一起组成的菌丝体。真菌的菌丝在正常生长时期，一般是很疏松的，但在环境条件胁迫或繁殖的时候，菌丝体会出现一些变化，常见类型如表 5-1-1 所示。

表 5-1-1　菌丝体的类型及特点

菌丝体类型	特点	举例
菌索	菌丝平行结合在一起，外面有菌鞘	蜜环菌索
菌核	菌丝密集成颜色深、质地坚硬的核状体	茯苓
子实体	高等真菌在生殖时期形成有一定形状和结构、能产生孢子的菌丝体	灵芝、蘑菇、马勃
子座	容纳子实体的菌丝褥座状结构	冬虫夏草上的棒状物

根据真菌生殖方式的不同，可将真菌分为 5 个亚门，即鞭毛菌亚门、接合菌亚门、子囊菌亚门、担子菌亚门、半知菌亚门。药用价值较大的为子囊菌亚门和担子菌亚门。

（一）子囊菌亚门

子囊菌亚门是真菌中种类最多的一个亚门，除少数子囊菌为单细胞外，大多数有发达的菌丝，菌丝具有横隔，并且紧密结合成一定的形状。其主要特征是有性繁殖产生子囊，内生子囊孢子。具有子囊的子实体称为子囊果。

常见药用植物举例如下。

冬虫夏草 *Cordyceps sinensis* (Berk.) Sacc.，为麦角菌科真菌冬虫夏草菌寄生在蝙蝠蛾科昆虫的幼虫上的子座及幼虫尸体的复合体。夏秋季节，冬虫夏草菌侵入虫体内，发育成菌丝体，幼虫染病后钻入土中越冬，菌丝继续蔓延，破坏虫体组织，仅留外皮，最后菌丝体变硬成为菌核越冬。第二年入夏，自幼虫头部长出棒状子座，露于地表，故称"冬虫夏草"（图5-1-2）。冬虫夏草主产于我国西南部及青海、甘肃。分布于海拔3000m以上的高山草甸带子座的菌核入药，具有补肾益肺、止血化痰功效，用于肺结核咳嗽、虚喘、咯血等症。所含的冬虫草素有抗癌活性。

图 5-1-2　冬虫夏草
A—冬虫夏草全形；B—子座横切面；C—子囊壳；1—子座上部；2—子座柄；3—菌核

课堂思政

冬虫夏草采挖与生态文明建设

冬虫夏草是一种名贵中药材，与天然人参、鹿茸并列为三大滋补品，具有补肾益肺、止血化痰功效，尚有减缓衰老与疾病发生的保健作用。由于其生长在高寒草甸地带，人工培植困难，因此，在人参、鹿茸被大量人工培育的今天，野生的冬虫夏草就显得更为珍贵。也正是由于利益的驱使，每年有数十万人到虫草产区进行采挖，使虫草濒临灭绝。此外，虫草的采挖季节正是高原草甸的恢复成长期，每采集一根虫草，至少会破坏30cm^{2}的草皮，裸露的泥土极易引起水土流失、草场退化甚至沙化；与此同时，采挖者在草甸上搭帐篷住宿，砍伐灌木生火做饭，必然会对高原环境造成破坏，专家估计，一名虫草采挖者一年就要破坏数千平方米的草地，这给草甸的恢复造成了巨大的影响。

在人与自然和谐发展的生态文明建设下，只有采取有效的采挖措施，才能实现人类社会的可持续发展。

（二）担子菌亚门

担子菌亚门是一群寄生或腐生的陆生高等真菌，多数可供食用或药用，也有一些是植物的病原菌或有剧毒的真菌。担子菌都是由具有横隔并且具有分枝的菌丝组成。在整个发育过程中，产生两种形式不同的菌丝：一种是由担孢子萌发成具有单核的菌丝，称初生菌丝；另一种是通过单核菌丝的质配结合（细胞质结合而细胞核不结合），而保持双核状态的菌丝，称次生菌丝。次生菌丝双核时期相当长，这是担子菌的特点之一。担子菌最大特点是形成担子、担孢子。在形成担子和担孢子的过程中，菌丝顶端细胞壁上生出一个喙状突起，向下弯曲，形成一种特殊的结构，称锁状联合。在此过程中，细胞内二核经过一系列变化由分裂到融合，形成1个二倍体的核，此核经减数分裂，产生4个单倍体子核。这时顶端细胞膨大成为担子，担子上生出4个小梗，同时4个小核分别移入小梗内，发育成4个担孢子。产生担孢子的复杂结构的菌丝体称担子果，即担子菌的子实体。其形态、大小，颜色各不相同，有伞状、扇状、球状、头状、笔状等形状。

常见药用植物举例如下。

茯苓 *Poria cocos*（Schw.）Wolf，为多孔菌科腐寄生真菌。菌核近球形、椭圆形或不规则块状；表面粗糙，呈瘤状皱缩，灰棕色或黑褐色。内部白色或略带粉红色，粉粒状，由无数菌丝及贮藏物质聚集而成（图5-1-3）。全国大部分地区均有分布，现多栽培。寄生于赤松、马尾松等松科植物的根上。菌核入药，可利水渗湿、健脾、宁心。所含的茯苓多糖具有较强的抗癌作用。

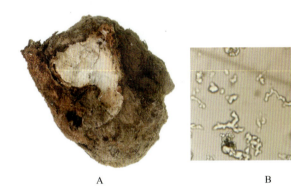

图 5-1-3　茯苓
A—茯苓菌核；B—茯苓菌丝

灵芝（赤芝）*Ganoderma lucidum*（Leyss. ex Fr.）Karst.，为多孔菌科腐生真菌。子实体木栓质伞状，由菌盖和菌柄组成。菌盖半圆形或肾形，具同心圆环和辐射状皱纹，初黄色后渐变成红褐色，外表有漆样光泽，菌盖下有无数细密管孔，孔壁白色或淡黄色；菌柄生于菌盖侧下方，红栗褐色，光亮（图5-1-4）。孢子卵形，褐色，内壁有无数小疣。我国大部分地区均有分布，生于栎树及其他阔叶树的腐木上。现多人工栽培。子实体入药作"灵芝"，具有补气安神、止咳平喘的功效。

菌类药用植物尚有：麦角菌 *Claviceps purpurea*（Fr.）Tul.、脱皮马勃 *Lasiosphaera fenzlii* Reich.、猴头菌 *Hericium erinaceus*（Bull.）Pers.、猪苓 *Polyporus umbellatus*（Pers.）Fries 等。

图 5-1-4　灵芝

三、地衣植物

地衣是真菌和藻类高度结合的共生复合体。组成地衣的真菌绝大多数为子囊菌，少数为担子菌，与其共生的藻类是蓝藻和绿藻。蓝藻中常见如念珠藻属，绿藻有共球藻属、橘色藻属等。真菌是地衣体的主导部分。地衣复合体的大部分由菌丝交织而成，中间疏松，表层紧密，藻类细胞在复合体的内部，进行光合作用，为整个地衣植物体制造有机养分；菌类则吸收水分和无机盐，为藻类植物进行光合作用提供原料，使植物体保持一定的湿度。此外，地衣对岩石的分化和土壤的形成具有一定的作用，是自然界的先锋植物之一。地衣含地衣淀粉、地衣酸及多种独特的化学成分，有的可以食用或作为饲料，有的可供药用或作试剂、香精的原料。地衣根据形态，可分为3种类型，如表5-1-2所示。

表5-1-2　地衣的类型

类型	特点	举例
壳状地衣	植物体具各种颜色的壳状物，菌丝与树干或石壁紧贴，不易分离	茶渍衣、文字衣
叶状地衣	植物体扁平叶片状，有背腹性，以假根或脐固着在基物上，易采下	石耳、梅衣
枝状地衣	植物体树枝状、丝状，直立或悬垂，仅基部附着在基物上	石蕊、松萝

知识链接

地衣——环境监测使者

地衣的耐旱性和耐寒性很强。干旱时休眠，雨后即恢复生长。全球地衣植物约有500属，26000种。地衣的分布极为广泛，从南北两极到赤道，从高山到平原，从森林到荒漠，都有分布。地衣是喜光植物，要求空气新鲜，在人口稠密、污染严重的地方，往往见不到地衣。因此，地衣是检测环境污染程度的指示植物。

常见药用植物举例如下。

松萝（节松萝、破茎松萝）*Usnea diffracta* Vain.。植物体丝状，长15～30cm，二叉分枝，下垂，基部较粗，分枝少，先端分枝多。表面淡灰绿色，具光泽，有明显的环状裂沟。内部中央有弹性丝状的中轴，可拉长，由菌丝组成，易与皮部分离；其外为藻环，常由环状沟纹分离或呈短筒状。菌层产生少数子囊果，子囊果盘状，褐色，子囊棒状，内生8个椭圆形子囊孢子（图5-1-5）。全国大部分省区有分布。生于深山老林的树干上或岩壁上。含有松萝酸、环萝酸、地衣聚糖。松萝酸有抗菌作用。全草入药，能止咳平喘、活血通络、清热解毒。所含的地衣酸具有抗菌作用。

图5-1-5　松萝

长松萝 Usnea longissima Ach. 与节松萝同属。全株细长不分枝，体长 20～120cm，两侧密生细而短的侧枝，形似蜈蚣。分布于全国大部分地区，功效同节松萝。

任务实施

一、任务描述

观察藻类、菌类植物，明确两类植物的主要特征，识别常用藻类及真菌类代表药用植物。

二、任务准备

（1）用具　显微镜、解剖镜、解剖针、放大镜、载玻片、盖玻片、水合氯醛等。

（2）材料　海带、冬虫夏草、茯苓、猪苓、灵芝的新鲜植物或标本，以及茯苓和猪苓粉末。

三、操作步骤

（1）取海带、冬虫夏草、猪苓、茯苓、灵芝的新鲜植物或标本，描述植株形态特征、功效。

（2）观察茯苓、猪苓的显微特征，记录结果，填入"工作手册"。

四、任务评价

见"工作手册"。

五、任务自测

猪苓与茯苓均为菌类植物，如何在外部形态和内部显微上区分两者？

课堂活动

植物由简单到复杂、由水生到陆生，由低等到高等，这是植物进化的整体趋势。试分析讨论，此规律体现了怎样的哲学思想；其与人类社会发展有何关系；我们应如何做，才能适应社会的发展。

目标检测

PPT 课件

项目六

常见高等药用植物分类及识别

学习目标

知识目标：熟知高等植物类群特征，明确双子叶植物与单子叶植物的区别；掌握重点科的特征及重点药用植物的来源、形态特征。

能力目标：能够说明高等植物中各类群的特征；能通过植物形态构造准确判定植物分类；能识别常见重点药用植物。

思政与职业素养目标：培养学生用药安全意识和与时俱进、求实创新的科学精神。

任务一　苔藓与蕨类植物的识别

必备知识

高等植物包括苔藓植物门、蕨类植物门、裸子植物门和被子植物门。植物体除苔藓植物外，都有根、茎、叶等器官的分化；内部构造从蕨类植物开始出现维管组织；生殖器官为多细胞；合子（受精卵）经过胚的阶段发育成新个体，所以高等植物又称有胚植物。绝大多数高等植物为陆生植物。

一、苔藓植物

苔藓植物是构造最简单的高等植物，虽脱离水生环境进入陆地生活，但大多数均需生活在潮湿地区。植株结构简单而矮小，较低等的苔藓植物常为扁平的叶状体，较高等的有茎叶的分化，无真根，仅有假根（为单细胞或单列细胞的丝状分枝结构），无维管束。

苔藓植物有明显的世代交替，配子体发达，具有叶绿体，自养生活；而孢子体不发达，需寄生在配子体上，由配子体供给营养。有性生殖器为多细胞构成的精子器和颈卵器，分别产生精子和卵细胞。精子具鞭毛，借水游到颈卵器内与卵结合成受精卵。受精卵在颈卵器内萌发成胚。胚依靠配子体的营养发育成孢子体。孢子体由孢蒴、蒴柄和基足三部分组成，寄生在配子体上。孢蒴内产生孢子，孢子成熟后散落在适宜的环境中萌发而成新配子体。其中，配子体产生雌雄配子，这一阶段为有性世代；从受精卵发育成胚，由胚发育成孢子体的阶段，称无性世代。有性世代和无性世代互相交替完成了世代交替。

苔藓植物约23000种，遍布世界各地，我国有2800多种，具有药用价值的约50种。根据营养体的形态构造不同，将苔藓植物分为苔纲和藓纲两类，如表6-1-1所示。

表 6-1-1　苔藓的类型

类型	特点	举例
苔纲	较低级种类，呈扁平的叶状体，叶多数只有一层细胞，无中肋，假根为单细胞构造	地钱、蛇地钱
藓纲	较高级的种类，有类似茎、叶的分化，茎内多有中轴，叶常具有中肋，假根由单列细胞构成，分枝或不分枝，具有吸收水分、无机盐和固着植物体的作用	葫芦藓、金发藓

常见药用植物举例如下。

地钱 Marchantia polymorpha L.，属于苔纲，地钱科。配子体绿色，扁平，多回二叉分枝，分枝阔带状，边缘波曲，上面通常有孢芽杯，下面具紫色鳞片和假根。雌雄异株。配子器托有柄，生于分叉处；雄托圆盘状，7~8 波状浅裂，精子器生于托上的孔穴内；雌托 9~11 深裂，裂片条形、下垂，颈卵器生于托下面，倒置（图 6-1-1）。广泛分布于全国各地，生于阴湿土地和岩石上。全株含莽草酸，其叶状体可清热解毒、祛瘀生肌，用于治疗黄疸型肝炎、疮痈肿毒、毒蛇咬伤等。

图 6-1-1　地钱
A—雌株；B—雄株；1—雌托；2—孢芽杯；3—雄托；4—假根

金发藓 Polytrichum commune Hedw.，属于藓纲，金发藓科。植物体（配子体）幼时深绿色，老时黄褐色，常聚生成大片群落。有茎、叶分化。茎直立，下部有多数假根。叶丛生于茎上部，向下逐渐稀疏且变小，鳞片状，长披针形，边缘有齿，中肋突出，由几层细胞构成，叶缘则由一层细胞构成，叶基部鞘状。雌雄异株。孢子体生于雌株顶端；蒴柄长，棕红色；蒴帽被棕红色毛，复罩孢蒴；孢蒴四棱柱形，棕红色（图 6-1-2）。广泛分布于全国各地，生于阴湿的土坡及森林沼泽中。全株含脂类化合物，全草入药，可清热解毒、凉血止血。

图 6-1-2　金发藓
A—雌株；B—雄株；1—孢蒴；2—蒴柄；3—拟叶

二、蕨类植物

蕨类植物是一群既古老而又庞杂的植物，过去称羊齿植物，为维管隐花植物，是具有维管组织的最低等的高等植物。属于高等的孢子植物，原始的维管植物。

蕨类植物的孢子体即植物体，一般为多年生草本植物，有根、茎、叶等器官的分化，其各部分特点如表 6-1-2 所示。

表 6-1-2　蕨类植物各器官特点

器官	特点		
根	多为不定根，着生在根状茎上，呈须根状		
茎	多为根状茎，匍匐生长或横走，少数具有地上茎，直立成乔木状（如桫椤）。茎上通常被有膜质鳞片或毛茸，鳞片上常有粗或细的筛孔，毛茸有单细胞毛、腺毛、节状毛、星状毛等。茎内有由木质部和韧皮部组成的维管束，木质部中有管胞，韧皮部中有筛胞，较苔藓植物进化		
叶	多从根状茎上长出，有簇生、近生或远生的，幼嫩时多呈拳曲状，是原始的性状		
	按起源和形态分类	小型叶：较原始，没有叶隙和叶柄，仅具 1 条不分枝的叶脉，如石松科、卷柏科、木贼科等植物的叶	
		大型叶：有叶柄，有或无叶隙，具多分枝的叶脉，是进化类型的叶，如真蕨类植物的叶，有单叶和复叶两类	
	按功能分类	孢子叶（能育叶）：指能产生孢子囊和孢子的叶	
		营养叶（不育叶）：仅能进行光合作用的叶	
		同型叶：有些蕨类植物的孢子叶和营养叶不分，既能进行光合作用，制造有机物，又能产生孢子囊和孢子，叶的形状也相同，如常见的粗茎鳞毛蕨、石韦等	
		异型叶：在同一植物体上，具有两种不同形状和功能的叶，即营养叶和孢子叶，称异型叶，如荚果蕨、槲蕨、紫萁等	

蕨类植物的孢子成熟后从孢子囊内散布出来，在适宜的环境里萌发成一片很小的、有多种形状的绿色叶状体，称原叶体，即配子体。配子体能独立生活，但生存期短。其上产生颈卵器。精子具多数鞭毛，需借助水与卵细胞结合，受精卵在颈卵器内发育成胚，胚发育成孢子体（即常见的植物体）。

蕨类植物的孢子体和配子体均能独立生活（区别于苔藓植物和种子植物），具有明显的世代交替。但有性生殖依然离不开水，故常生长在森林下层的阴暗而潮湿的环境中，只有少数生长于干旱的荒坡、路旁及房屋前后。

蕨类植物的化学成分较复杂，现代研究主要包括生物碱类、黄酮类、甾体类、酚类、三萜皂苷类等化合物。

蕨类植物约有 1.2 万种，广布于全世界，尤以热带、亚热带最丰富。我国有 61 科 223 属约 2600 种，主要分布在西南地区和长江流域以南各地，仅云南一省就有 1000 余种，已知可供药用的蕨类植物有 39 科 300 余种。

1. 卷柏科

卷柏科 Selaginellaceae，陆生，多年生小型草本，茎背腹扁平，匍匐或直立。单叶，鳞片状，同型或异型，背腹各两列，交互对生，背叶（侧叶）较大而阔，近平展，腹叶（中叶）贴生并指向枝的顶端，腹面基部有一叶舌，通常在成熟时即脱落。孢子叶穗四棱柱形或扁圆形，生于枝顶。孢子囊异型，单生于叶基部，孢子异型。

本科仅1属，约700种，多分布在热带、亚热带。我国各省均有分布，约50种，可药用的有25种，化学成分多为双黄酮类。

常见药用植物举例如下。

卷柏 Selaginella tamariscina（Beauv.）Spring，多年生常绿草本，高5～15cm，主茎短而直立，分枝多丛状呈莲座形，干旱时枝叶卷缩如拳，遇雨舒展。叶二型，鳞片状，背腹各两列，腹叶斜向上，不平行；背叶较大，斜展，长卵圆形，孢子叶穗生于枝顶，四棱形，孢子囊圆肾形，孢子异型，有大小之分（图6-1-3）。分布于全国各地。生于向阳山坡或岩石上裂缝中。全草入药，生用能活血通经，炒炭后具有化瘀止血之功。

2. 木贼科

木贼科 Equisetaceae，多年生草本。根状茎横走，棕色。地上茎细长，直立，节明显，节间常中空，表面有纵棱，粗糙，富含硅质。叶小，鳞片状，轮生，基部连合呈鞘状，边缘齿状。孢子叶盾形，聚生于枝顶呈穗状；孢子圆球形，孢壁有十字形弹丝4条。

本科有1属25余种，分布于热、温、寒三带，我国有1属，约10种，供药用的8种。化学成分含有生物碱类、黄酮类、皂苷类、酚酸类等。

常见药用植物举例如下。

木贼 Equisetum hyemale L.，多年生草本。茎直立，单一不分枝、中空，有棱脊20～30条，棱脊上疣状突起2行，极粗糙。叶鞘基部和鞘齿呈黑色两圈。孢子叶穗生于茎顶，长圆形，孢子同型（图6-1-4）。分布于我国东北、华北、西北、西南等地区。生于山坡湿地或疏林下。地上部分入药，能疏散风热、明目退翳。

图6-1-3　卷柏

A　　　　　　　　B

图6-1-4　木贼

A—植株全形；B—孢子叶穗；1—节间；2—叶

3. 海金沙科

海金沙科 Lygodiaceae，陆生多年生攀缘植物。根状茎颇长，横走，有毛而无鳞片。叶轴细长，缠绕攀缘，羽片一至二回二叉状或一至二回羽状复叶，近二型，不育羽片生于叶轴下部，能育羽片生于叶轴上部，孢子囊生于能育羽片边缘的小脉顶端，排成两行，流苏状；孢子囊有纵向开裂的顶生环带。孢子四面形。

本科1属45种，分布于热带、亚热带。我国有10种，可药用的有5种。

常见药用植物举例如下。

海金沙 Lygodium japonicum (Thunb.) Sw.,多年生攀缘草质藤本。根状茎横生,有黑褐色节毛。叶二型,纸质,对生于茎上短枝的两侧,具均疏松短毛;不育羽片尖三角形,二至三回羽状,小羽片掌状2~3对,边缘具不规则浅钝齿;能育羽片卵状三角形,孢子囊穗生于羽片的边缘,暗褐色,表面有瘤状突起(图6-1-5)。分布于长江流域及南方各省区。多生于山坡林边、灌木丛、草地。干燥成熟孢子入药,作"海金沙",能清利湿热、通淋止痛。

图 6-1-5　海金沙
1—地上茎及孢子叶;2—孢子囊穗放大

4.蚌壳蕨科

蚌壳蕨科 Dicksoniaceae,陆生,大型树状蕨类,主干粗壮,直立或平卧,密被金黄色长柔毛,无鳞片。叶大型,丛生,三至四回羽状,革质;孢子囊群生于叶的背面边缘,囊群盖裂成两瓣呈蚌壳状,革质;孢子囊梨形,有柄,环带稍斜生,孢子四面形。

本科有5属,40余种,分布于热带及南半球,我国1属2种,药用1种。

常见药用植物举例如下。

金毛狗脊 Cibotium barometz (L.) J. Sm.,植株树状,高2~3m,根状茎短而粗壮,木质,密生金黄色长柔毛。叶簇生,有长柄,三回羽状分裂,末回裂片狭披针形;侧脉单一或二分叉,孢子囊群生于侧脉顶端,每裂片1~5对,囊群盖二瓣裂蚌壳状(图6-1-6)。分布于我国南部及西南地区各省。生于山脚沟边及林下阴湿酸性土壤中。根茎入药,作"狗脊",能祛风湿、补肝肾、强腰脊。

图 6-1-6　金毛狗脊
1—地上;2—地下根茎;3—孢子囊群着生部位及孢子囊群盖开裂

5. 水龙骨科

水龙骨科 Polypodiaceae，陆生或附生。根状茎长而横走，被鳞片。叶一型或二型；叶柄基部具关节；单叶，全缘或肾裂，或羽状分裂，网状脉。孢子囊群圆形或线形，或有时布满叶背，无囊群盖；孢子囊梨形或球状梨形；孢子两面形。

本科有 40 余属 600 余种，主要分布于热带、亚热带。我国有 25 属 272 种，主产于长江以南，已知药用的有 86 种。

常见药用植物举例如下。

石韦 Pyrrosia lingua (Thunb.) Farwell，多年生草本，高 10～30cm。根状茎长而横走，密生褐色披针形鳞片。叶革质，远生，披针形，下面密被灰棕色星状毛；叶柄基部具关节。孢子囊群在侧脉间紧密而整齐地排列，初为星状毛包被，成熟时露出。分布于长江以南各省，附生于岩石或树干上。干燥叶入药，作"石韦"，能利尿通淋、清肺止咳、凉血止血。

📋 任务实施

一、任务描述

观察苔藓类、蕨类植物，明确两类植物的主要特征，识别常用苔藓类和蕨类代表药用植物。

二、任务准备

（1）用具　解剖镜、解剖针、放大镜等。
（2）材料　地钱、金发藓、卷柏、木贼、海金沙、金毛狗脊、石韦的新鲜植物或标本。

三、操作步骤

取地钱、金发藓、卷柏、木贼、海金沙、金毛狗脊、石韦的新鲜植物或标本，描述植株形态特征、功效，记录结果，填入"工作手册"。

四、任务评价

见"工作手册"。

五、任务自测

阐述苔藓植物与蕨类植物的主要特征。

目标检测

PPT 课件

任务二　裸子植物的识别

必备知识

裸子植物是较低等的种子植物。其孢子体非常发达，一般为常绿木本。维管束具有次生构造，但木质部中多数只有管胞，极少数具有导管；韧皮部中只有筛胞，无筛管及伴胞。叶多为针形、条形或鳞片形。花单性，无花被或仅具原始的花被；雄蕊（小孢子叶）多有花药（小孢子囊）。聚生成雄球花（小孢子叶球）；心皮丛生或聚生成雌球花（大孢子叶球），胚珠裸生于心皮（大孢子叶）边缘，配子体极微小，寄生在孢子体上。雄配子体是由花粉（小孢子）萌发形成的花粉管，内有两个精子。雌配子体是藏于胚珠内的胚囊。顶端具2至多个颈卵器，每个颈卵器中有一个卵细胞，卵受精后发育成胚，雌配子体的其他部分发育成胚乳，珠被发育成种皮，整个胚珠发育成种子。种子无果皮包被，子叶2至多枚。

裸子植物多数种类已经灭绝，现存近800种。我国约有300种（包括引种栽培品），已知药用者有100余种。

裸子植物的化学成分较多，主要包括黄酮类、生物碱类、萜类及挥发油、树脂等。

1. 银杏科

银杏科Ginkgoaceae，落叶乔木，具长枝和短枝。叶扇形，2裂，二叉脉，于长枝上螺旋状散生，短枝上簇生。球花生于短枝上，单性异株，雄球花为葇荑花序，雄蕊多数，各具2药室；雌球花有长柄，柄端生两个杯状心皮（珠托），各裸生一个直立胚珠，常只一个发育。种子核果状，外种皮肉质，成熟时橙黄色，中种皮白色，骨质，内种皮棕红色，纸质；胚乳肉质，子叶2枚。

本科仅有1属，1种。

常见药用植物举例如下。

银杏（白果、公孙树）*Ginkgo biloba* L.，我国特产，现全国普遍栽培，野生品种已列为国家保护树种。其形态特征与科相同。种子及叶均可入药，种子入药，作"白果"，能敛肺定喘，止带缩尿。叶入药，作"银杏叶"，能活血化瘀、通络止痛、敛肺平喘、化浊降脂（图6-2-1）。

图6-2-1　银杏
1—雌株；2—胚珠生于杯状心皮上；3—雄花序

现代药理学研究表明，银杏中内酯和黄酮类成分是主要活性成分，在临床上主要用于周围血管疾病、心脑血管疾病，还可以抗衰老、抗肿瘤等。

> **知识链接**
>
> 银杏是裸子植物中最古老的"活化石"，最早出现在3.45亿年前的石炭纪，曾广泛分布于北半球的欧洲、亚洲、美洲，白垩纪晚期开始衰退。至50万年前，发生了第四纪冰川运动，地球突然变冷，绝大多数银杏类植物在欧洲、北美洲和亚洲绝大部分地区灭绝，只有中国自然条件优越，才奇迹般地被保存下来。研究发现，银杏具有多纤毛的精子，胚珠里面有适应精子游动的花粉腔，这种原始性状进一步证明了高等植物的祖先是由水生过渡到陆生的。此外，由于银杏树生长缓慢、寿命极长，从栽培到结果需要20多年，40年后才能大量结果，因此又称"公孙树"，有"公种而孙得食"的含义，是树中的老寿星。

2. 柏科

柏科 Cupressaceae，常绿乔木或灌木。叶交互对生或轮生，鳞片状或针状。或同一株兼有二型叶。球花小，单性，同株或异株，单生枝顶。雄球花交互对生，雌球花有3～6枚交互对生的珠鳞组成，珠鳞的基部与苞鳞合生，每珠鳞有1至多枚直立胚珠。球果木质或革质，成熟时开裂，有时浆果状不开裂。种子具有窄翅或无翅，有胚乳，子叶2枚。

本科有22属，约150种，广泛分布于世界各地。我国8属，约36种（包括变种），分布几遍全国，已知药用有20种。本科植物成分主要含有挥发油、树脂、双黄酮类及香豆素类等。

常见药用植物举例如下。

侧柏（扁柏）*Platycladus orientalis*（L.）Franco，常绿乔木，小枝扁平，排成一平面，伸展。叶鳞片状交互对生，贴伏于小枝上。球花单性同株。球果成熟时开裂；具种鳞4对，近扁平，木质，背部顶端下有反曲尖头，中部2对种鳞发育，各具1～2枚种子，种子卵形，无翅（图6-2-2）。我国特有种，除新疆、青海外，分布遍及全国。干燥枝梢和叶，作"侧柏叶"，能凉血止血、化痰止咳、生发乌发；成熟种仁，作"柏子仁"，能养心安神、润肠通便、止汗。

图 6-2-2　侧柏
1—果枝；2—雌球花；3—雄球花；4—种

3. 红豆杉科（紫杉科）

红豆杉科（紫杉科）Taxaceae，常绿乔木或灌木。树皮红褐色；叶条形或披针形，螺旋状排列或交互对生，基部扭转成2列，叶脉中脉凹陷，叶背有两条气孔带。球花单性异株，稀同株。雄球花常单生于叶腋或苞腋，或呈穗状花序状球序，雄蕊多数，具3～9个花药，花粉粒无气囊；雌球花单生或2～3对组成球序，生于叶腋或苞腋；胚珠1枚，基部具盘状或漏斗状珠托。种子浆果状或核果状，全部或部分包于杯状肉质假种皮中。

本科有5属23种，主要分布在北半球。我国有4属12种，已知药用10种。本科植物多含紫杉醇、金松双黄酮、紫杉宁、紫杉素等化学成分，亦含有挥发油、草酸、鞣质等。

常见药用植物举例如下。

东北红豆杉（紫杉）*Taxus cuspidata* Sieb. et Zucc.，常绿乔木。小枝红棕色，叶线形排列成2列，不弯曲，有显著的叶柄。种子卵形，具有3～4棱，外有红色杯状假种皮包围（图6-2-3）。分布于东北地区，山东、江苏、江西等省亦有栽培。枝、叶能利尿、通经，茎皮含紫杉酚，具有抗白血病和抗肿瘤作用。

图6-2-3 东北红豆杉
1—植株全形；2—种子及假种皮

榧树 *Torreya grandis* Fort.，常绿乔木，树皮有条状纵裂，小枝近对生或轮生。叶基部螺旋状排列，扭曲成2列，条形，革质，先端有刺状短尖，上面深绿色，无明显中脉，下面淡绿色，有2条粉白色气孔带。雌雄异株；雄球花单生叶腋，圆柱状，雄蕊多数，各有4个药室；雌球花对生于叶腋。种子椭圆形或卵形，成熟时核果状，被珠托发育的假种皮所包被，假种皮淡紫红色，肉质。我国特有种，分布于江苏、浙江、安徽南部、福建西北部、江西和湖南等省区，常见栽培。种子作"榧子"，能杀虫消积、润肺止咳、润燥通便。

4. 麻黄科

麻黄科 Ephedraceae，小灌木或亚灌木，小枝对生或轮生，节明显，节间有多条细纵槽纹，茎的木质部内有导管。叶鳞片状，对生或轮生，基部合生成鞘状。球花单性异株，稀同株。雄球花由数对苞片组合而成，每苞片中有雄花1朵，花中有2～8枚雄蕊，每雄蕊具2花药，单体雄蕊，雄花外包有膜质假花被；雌球花由多数苞片组成，仅顶端的 1～3 枚苞片内生有雌花，雌花被顶端开口的囊状革质的假花被包围，胚珠 1 枚，具 1 层珠被。种子浆果状，假花被围种子，在外为红色肉质苞片。

本科仅 1 属约 40 种，分布于亚洲、美洲、欧洲东南部及非洲北部等干旱荒漠地区。我国有 12 种 4 变种，分布于东北、西北、西南等地区。已知药用 15 种。含多种生物碱，主含麻黄碱、伪麻黄碱、挥发油等化学成分。

常见药用植物举例如下。

草麻黄 *Ephedra sinica* Stapf，亚灌木，木质茎短，匍匐或横卧。草质茎绿色，小枝基部丛生，节明显，节间长 2～6cm。叶鳞片状，膜质，先端 2 裂，裂片锐三角形，常向外反曲；基部合生成鞘状。雌雄异株，雄球花 2～3 个生于节上，由 5～7 片交互对生或轮生的苞片组成，雄蕊 5～8，花丝合生或先端微分离；雌球花 2～3 个生于节上，由 3～5 个交互对生或轮生的苞片组成，仅最上 1 对或 1 轮苞片各有 1 雌花，珠被管直立，成熟时苞片肉质，红色，包裹种子呈浆果状（图 6-2-4）。分布于东北地区，以及内蒙古、河北、山西、陕西等地。生于山坡、平原干燥荒地及河床、草原等地，有固沙作用。草质茎能发汗散寒、宣肺平喘、利水消肿。根和根茎能固表止汗。

图 6-2-4　草麻黄
1—雌株；2—雄球花；3—雌球花

任务实施

一、任务描述

观察裸子植物，明确裸子植物的主要特征，识别该类植物中代表性药用植物。

二、任务准备

（1）用具　解剖镜、解剖针、放大镜等。
（2）材料　银杏、侧柏、东北红豆杉、麻黄的新鲜植物或标本。

三、操作步骤

取银杏、侧柏、东北红豆杉、麻黄的新鲜植物或标本，描述植株形态特征、功效，记录结果，填入"工作手册"。

四、任务评价

见"工作手册"。

五、任务自测

阐述裸子植物的主要特征。

目标检测

PPT 课件

任务三　被子植物的识别

被子植物和裸子植物相比，器官更加复杂。除有乔木、灌木外，尚有草本。在韧皮部有筛管和伴胞，在木质部有导管；有真正的花，心皮形成封闭的子房，胚珠被包于子房内，具有双受精现象；子房壁发育成果皮，胚珠发育成种子，并被包围在密闭的果皮之中；是植物界中发展到最高级的一个类群。其种类繁多，分布广泛，全世界约 25 万种，占植物界总数的半数以上。此外，被子植物也是药用最多的类群。

本门分为双子叶植物纲和单子叶植物纲，两者主要区别如表 6-3-1 所示。

表 6-3-1　被子植物双子叶植物纲与单子叶植物纲的主要区别

器官	双子叶植物纲	单子叶植物纲
根	直根系	须根系
茎	维管束环列，具形成层	维管束散生，无形成层
叶	具网状脉	具平行脉
花	花冠通常为 5 或 4 基数， 花粉粒具 3 个萌发孔	花冠 3 基数， 花粉粒具单个萌发孔
胚	具 2 片子叶	具 1 片子叶

在表中主要区别中，另有少数植物例外。如双子叶植物纲中毛茛科、车前科、菊科等科中，部分植物具有须根系；胡椒科、毛茛科、睡莲科、石竹科等具有散生维管束；樟科、小檗科、木兰科、毛茛科中部分植物花冠 3 基数；毛茛科、小檗科、睡莲科、伞形科等少数植物具 1 枚

子叶。单子叶植物纲中天南星科、百合科、薯蓣科等科中,部分植物为网状脉;百合科、百部科、眼子菜科等科中,部分植物花冠4基数。

子任务1 双子叶植物纲——离瓣花亚纲植物的识别

必备知识

双子叶植物纲(Dicotyledoneae)分为离瓣花亚纲(原始花被亚纲)和合瓣花亚纲(后生花被亚纲)。

离瓣花亚纲植物是比较原始的被子植物,花无花被,或具单被或重被,花瓣彼此分离。

1. 三白草科

$\male \; *P_0 A_{3\sim 8} \underline{G}_{3\sim 4:1:2\sim 4,(3\sim 4:1:\infty)}$

三白草科 Saururaceae,多年生草本。单叶互生;托叶与叶柄常合生或缺。花小,两性,无花被;花呈穗状或总状花序,在花序基部常有总苞片;雄蕊3~8;心皮3~4,子房上位,离生或合生,合生者为侧膜胎座。蒴果或浆果。

本科有4属,约7种,分布于东亚和北美。我国约有3属,4种,分布于东南至西南部;所有品种均可供药用。

本科植物组织中常有分泌组织、油细胞、腺毛、分泌道。本科所含化学成分主要为挥发油,亦含有黄酮类及芸香苷等。

常见药用植物举例如下。

蕺菜 *Houttuynia cordata* Thunb.,多年生草本,全草有鱼腥臭气。单叶互生,心形,有细腺点,下面常带紫色;托叶膜质条形,下部与叶柄合生成鞘。穗状花序顶生,花序基部有总苞片4,白色花瓣状;花小,两性,无花被;雄蕊3,花丝下部与子房合生;雌蕊3心皮,下部合生,子房上位。蒴果顶端开裂(图6-3-1)。分布于长江流域各省。生于湿地和水旁等。全草入药,作"鱼腥草",能清热解毒、消痈排脓、利尿通淋。

图6-3-1 蕺菜

三白草 *Saururus chinensis* (Lour.) Baill. 多年生草本。地下根状茎较粗,白色多节。茎直立,下部匍匐状。叶互生,长卵形,基部心形或耳形。茎梢常有2~3叶在开花时呈白色,总状花序顶生。雄蕊6,雌蕊由4心皮合生。蒴果,球形。分布于长江以南各省区。生于沟边、池塘边等近水处。全草能利尿消肿、清热解毒。

2. 桑科

♂ $P_{4\sim6}A_{4\sim6}$； ♀ $P_{4\sim6}\underline{G}_{(2:1:1)}$

桑科 Moraceae，木本，稀草本和藤本。常有乳汁。单叶互生或对生，托叶早落。花小，单性，雌雄同株或异株；集成荑荑、穗状、头状或隐头花序；单被花，花被片常 4～6；雄蕊与花被片同数且对生；雌花花被有时肉质；子房上位，2 心皮合生，常 1 室 1 胚珠。常为聚花果，由瘦果、坚果组成。

本科约有 53 属 1400 余种，分布于热带和亚热带。我国有 12 属 153 种，分布于全国，已知药用有 15 属约 80 种。

本科植物内部构造常在内皮层或韧皮部有乳汁管，叶内常有钟乳体。本科主要含有黄酮类、生物碱类、强心苷类、酚类、昆虫变态激素等化学成分。

常见药用植物举例如下。

桑 *Morus alba* L.，落叶乔木，有乳汁。单叶互生，卵形，有时分裂，托叶早落。花单性，雌雄异株。荑荑花序，雄花花被片 4，中央有退化雌蕊；雌花 1 室 1 胚珠。瘦果包于肉质化的花被片中，组成聚花果，黑紫色或白色（图 6-3-2）。分布于全国，野生或栽培。根皮入药，作"桑白皮"，能泻肺平喘、利水消肿；干燥嫩枝入药，作"桑枝"，能祛风湿、利关节；叶入药，作"桑叶"，能疏散风热、清肺润燥、清肝明目。

图 6-3-2 桑
1—雌株一部分；2—桑叶；3—雌花；4—雄花

本科药用植物尚有：**大麻** *Cannabis sativa* L.，果实作"火麻仁"，能润肠通便。**构树** *Broussonetia papyrifera*（L.）Vent.，果实作"楮实子"，能补肾清肝、明目、利尿。

3. 马兜铃科

♀ * ↑ $P_{(3)}A_{6\sim12}\overline{G}_{(4\sim6:4\sim6:\infty)}$ $\overline{G}_{(4\sim6:4\sim6:\infty)}$

马兜铃科 Aristolochiaceae，多年生草本或藤本。单叶互生，叶多心形，全缘或 3～5 裂，无托叶。花两性，辐射对称或两侧对称，单被花，顶端 3 裂或向一方扩大；雄蕊 6～12，花丝短，离生或与花柱合生；雌蕊 4～6，合生；子房下位或半下位，4～6 室；中轴胎座，胚珠多数；蒴果，种子多数，有胚乳。

本科约有 8 属 600 种，分布于热带和亚热带。我国有 4 属 70 余种，分布全国。几乎全部可供药用。

本科植物茎的髓射线宽而长，使维管束互相分离。本科主要含有挥发油类、生物碱类化学成分，马兜铃酸是本科特征性成分。

常见药用植物举例如下。

北细辛（辽细辛） *Asarum heterotropoides* Fr. Schmidt var. *mandshuricum* （Maxim.） Kitag.，多年生草本。根状茎横走，生有多数细长须根，有强烈辛香气。叶 2 枚，基生，有长柄，叶片心形至肾状心形，全缘，两面有毛。花单生叶腋；花被钟形或壶形，紫棕色，顶端 3 裂，裂片向下反卷；雄蕊 12；子房半下位，花柱 6，蒴果半球形，浆果状（图 6-3-3）。分布于东北。生于林下阴湿处。根及根茎入药，作"细辛"，能解表散寒、祛风止痛、通窍、温肺化饮。

图 6-3-3　北细辛
1—植株全形；2—花；3—根

细辛（华细辛） *Asarum sieboldii* Miq. 与上种主要区别为花被裂片直立或平展，开花时不反折，叶背无毛或仅脉上有毛。分布于华东地区及河南、湖北、陕西、四川等省。生活环境、入药部位、功效均同北细辛。

马兜铃 *Aristolochia debilis* Sieb. et Zucc.，多年生草质藤本。根圆柱状。叶互生，三角状狭卵形，基部心形。花单生于叶腋，花被基部膨大成球状，中部管状，上部渐成偏斜的舌片；雄蕊 6，贴生于花柱顶端，子房下位，6 室。蒴果近球形，种子三角形，有宽翅。分布于黄河以南至广西。生于阴湿处及山坡灌丛。根（青木香）能平肝止痛、行气消肿；茎（天仙藤）能行气活血、利水消肿；果实（马兜铃）能清肺降气、止咳平喘、清肠消痔。

 知识链接

从药典标准中消失的马兜铃

从 1953 年中华人民共和国第一部药典颁布实施至今，有 11 版《中国药典》不断更迭。无论是中药、化学药还是生物药，各类药品收录数量均不断扩大。但在 2020 年版《中国药典》中，马兜铃、天仙藤中药材饮片标准已被删除；青木香早在 2005 年版药典中即已经删除。青木香、

马兜铃和天仙藤的基源为同一植物的不同部位，该植物存在严重的肾毒性安全风险。由此可见，《中国药典》正在不断完善，为人民安全用药保驾护航。同时，含有这三种药材的中成药未来也极有可能被退出药典。

4. 蓼科

☿ *$P_{3\sim 6,(3\sim 6)}$ $A_{3\sim 9}$ $\underline{G}_{(2\sim 4:1:1)}$

蓼科 Polygonaceae，多为草本。茎节常膨大。单叶互生，托叶膜质，包于茎节基部成托叶鞘。花多两性，常排成穗状、圆锥状或头状花序；单被花，花被片 3～6，呈花瓣状，宿存；雄蕊常 6～9；子房上位，2～4 心皮合生成 1 室，1 胚珠，基生胎座。瘦果或小坚果，三棱形或凸镜形，包于宿存花被内，多有翅，种子有胚乳。

本科约有 50 属 1150 种，世界各地均有分布。我国有 13 属 230 余种，分布全国；已知药用有 10 属 120 余种。

本科植物内常含草酸钙簇晶，地下部分的根或根状茎有异型维管束。本科主要含有蒽醌类、黄酮类、鞣质类、苷类等化学成分。

常见药用植物举例如下。

掌叶大黄 *Rheum palmatum* L.，多年生高大草本。根及根状茎粗壮，断面黄色。基生叶宽卵形或近圆形，掌状浅裂至半裂，裂片多呈窄三角形；茎生叶较小，有短柄，托叶鞘膜质长筒状。大型圆锥花序顶生；花小，紫红色；花被片 6，2 轮；瘦果具 3 棱翅，暗紫色。分布于西南、西北各省区。生于高寒山区，多有栽培。根状茎及根入药，能泻下攻积、清热泻火、凉血解毒、逐瘀通经、利湿退黄。

唐古特大黄 *Rheum tanguticum* Maxim. ex Balf. 与掌叶大黄主要区别为叶掌状深裂，裂片三角状披针形或窄条形；茎基部散生紫色斑点。分布于青海、西藏、甘肃等省区。功效同掌叶大黄。

药用大黄 *Rheum officinale* Baill. 与上种主要区别为基生叶掌状浅裂，裂片大齿形或宽三角形，花白色（图 6-3-4）。分布于湖北、四川、陕西等省。功效同掌叶大黄。

图 6-3-4　药用大黄

何首乌 *Polygonum multiflorum* Thunb.，多年生缠绕草本。块根肥厚，暗褐色，断面有异型维管束形成的"云锦花纹"。叶卵状心形，有长柄，托叶鞘短筒状。大型圆锥花序，分枝极多；花小，白色，花被 5；瘦果椭圆形，具 3 棱（图 6-3-5）。分布全国，生于灌丛、山坡阴处或石隙中。块根入药，能解毒、消痈、截疟、润肠通便。制何首乌能补肝肾、益精血、乌须发、强筋骨、化浊降脂。藤茎入药，作"首乌藤"，能养血安神、祛风通络。

图 6-3-5 何首乌
1—植株；2—根横断面

本科药用植物尚有：**虎杖** Polygonum cuspidatum Sieb. et Zucc.，分布于我国除东北以外的各省区，根和根状茎能利湿退黄、清热解毒、散瘀止痛、止咳化痰。**萹蓄** Polygonum aviculare L.，分布于全国各地，药用干燥地上部分，能利尿通淋、杀虫、止痒。**拳参** Polygonum bistorta L.，分布于东北、华北、华东、华中等地，根茎能清热解毒、消肿、止血。**金荞麦** Fagopyrum dibotrys（D.Don）Hara，分布于华中、华东、华南、西南等地区，根茎能清热解毒、排脓祛瘀。

5. 苋科

$♀ *P_{3\sim5}A_{3\sim5}\underline{G}_{(2\sim3:1:1\sim\infty)}$

苋科 Amaranthaceae，多为草本。单叶互生或对生，无托叶。花小，常两性，排成穗状、圆锥状或头状聚伞花序；花单被，花被片 3~5，干膜质；每花下常有 1 枚干膜质苞片和 2 枚小苞片；雄蕊常与花被片对生，多为 5 枚；子房上位，2~3 心皮合生，1 室，胚珠 1 枚，稀多数。胞果，稀浆果或坚果。

本科约有 60 属 850 种，分布于热带和温带。我国有 13 属 39 种，分布全国。已知药用有 9 属 28 种。

本科植物根中常有同心环状异型维管束；含砂晶、簇晶、针晶等草酸钙晶体。本科主要含三萜皂苷类、生物碱类、黄酮类、甾类等化学成分。

常见药用植物举例如下。

牛膝 Achyranthes bidentata Bl.，多年生草本。根长圆柱形，土黄色。茎四棱形，节部膝状膨大。叶对生，椭圆形至椭圆状披针形，全缘。穗状花序；花后长轴伸长，花向下反折；苞片宽卵形，小苞片刺状；花被片 5，披针形，膜质；雄蕊 5，花丝下部合生。胞果长圆形，包于宿萼内（图 6-3-6）。分布全国，栽培品主产于河南。根入药，能逐瘀通经、补肝肾、强筋骨、利尿通淋、引血下行。

川牛膝 *Cyathula officinalis* Kuan，多年生草本。根圆柱形；茎中部以上近四棱形，多分枝，被糙毛；叶对生，椭圆形或长椭圆形，两面被毛。花小，绿白色，密集成圆头状；苞片干膜质，顶端刺状；两性花居中，不育花居两侧；花被 5，不育的花被片多退化成钩状芒刺；雄蕊 5，与花被片对生；子房 1 室，胚珠 1；胞果（图 6-3-7）。分布于四川、贵州、云南等省。生于林缘或山坡草丛中，多为栽培。根入药，能逐瘀通经、通利关节、利尿通淋。

图 6-3-6　牛膝
1—植株地上部分；2—花序

图 6-3-7　川牛膝
1—花枝；2—茎上的节

青葙 *Celosia argentea* L.，一年生草本。全株无毛。叶互生，长圆状披针形或披针形。穗状花序呈圆锥状或塔状；花着生甚密，初为淡红色，后变为银白色；花被片白色或粉白色，干膜质。胞果卵圆形。种子扁圆形，黑色，光亮。全国各地均有野生或栽培。种子作"青葙子"，能清肝泻火、明目退翳。

鸡冠花 *Celosia cristata* L.，一年生草本，单叶互生。穗状花序顶生，呈扁平肉质鸡冠状、卷冠状或羽毛状；中部以下多花；花被片淡红色至紫红色、黄白或黄色。胞果卵形。全国各地均有栽培。花序作"鸡冠花"，能收敛止血、止带、止痢。

6. 睡莲科

$♀ *K_{3\sim\infty} C_{3\sim\infty} A_\infty \underline{G}_{3\sim 8,(3\sim 8)} \overline{G}_{3\sim 8,(3\sim 8)}$

睡莲科 Nymphaeaceae，多年生水生草本。根状茎横走，粗大。叶基生，常盾状近圆形，漂浮于水面。花单生，两性，辐射对称；萼片 3 至多数；花瓣 3 至多数；雄蕊多数；雌蕊由 3 至多数离生或合生心皮组成，子房下位或上位，胚珠多数。坚果埋于膨大的海绵状花托内或为浆果状。

本科有 8 属约 100 种，分布全球。我国有 5 属 15 种，分布全国。已知药用有 5 属 8 种。

本科植物维管束散生，无形成层，似单子叶植物构造。主要含多种生物碱，如莲心碱、荷叶碱、厚荷叶碱等；另含黄酮类成分，如木犀草苷、金丝桃苷、芸香苷等。

常见药用植物举例如下。

莲 *Nelumbo nucifera* Gaertn.，多年生水生草本，具肥大的根状茎（藕）。叶片盾圆形，柄长，有刺毛。花单生；萼片4～5，早落；花瓣多数，粉红色或白色；雄蕊多数，离生。坚果椭圆形，嵌生于海绵状花托内（图6-3-8）。全国各地均有栽培，生于水泽、池塘、湖沼或水田内。根茎节部入药，作"藕节"，能收敛止血、化瘀；叶入药，作"荷叶"，能清暑化湿、升发清阳、凉血止血；花托入药，作"莲房"，能化瘀止血；雄蕊入药，作"莲须"，能固肾涩精；种子入药，作"莲子"，能补脾止泻、止带、益肾涩精、养心安神；莲子中的绿色胚入药，作"莲子心"，能清心安神、交通心肾、涩精止血。

图6-3-8 莲

本科药用植物尚有：**芡** *Euryale ferox* Salisb.，分布于中部及南方各省，生于湖塘池沼中，种仁作"芡实"，能益肾固精、补脾止泻、除湿止带。

7. 毛茛科

☿ * ↑ $K_{3\sim\infty} C_{3\sim\infty, 0} A_\infty \underline{G}_{(1\sim\infty:1:1\sim\infty)}$

毛茛科 Ranunculaceae，草本，少数为灌木或木质藤本。叶互生或基生，少对生。单叶或复叶。花多两性，辐射对称或两侧对称；单生或排列成总状、聚伞、圆锥花序；重被花或单被花，萼片3至多数，呈花瓣状，花冠3至多数或缺失；雄蕊及心皮多数，离生，螺旋状排列，子房上位，1室，胚珠1至多数。聚合蓇葖果或聚合瘦果，少数为浆果。

本科约有50属2000种，北温带分布较多。我国有42属720余种，各省均有。已知药用有30属近500种。

本科植物维管束常具有"V"字形排列的导管，根和根茎中有皮层厚壁细胞，内皮层明显等。在部分植物中，维管束散生，有类似单子叶植物的构造。本科植物多含生物碱类、黄酮类、皂苷类、强心苷类、香豆素类等化学成分。

常见药用植物举例如下。

乌头 *Aconitum carmichaelii* Debx.，多年生草本。块根纺锤形或倒圆锥形，棕黑色，常数个连生。叶互生，3深裂，两侧裂片再2深裂，中央裂片3深裂。总状花序轴密生反曲柔毛；萼片5，蓝紫色，上萼片盔帽状；花冠2，有距；雄蕊多数；心皮3～5，离生。聚合蓇葖果。分布于长江中下游，华北、西南亦产。生于山坡草地、灌丛中。四川、陕西大量栽培，栽培品的母根作"川乌"，有大毒，能祛风除湿、温经止痛，一般炮制后药用。其子根作"附子"入药，能回阳救逆、补火助阳、散寒止痛。

北乌头 *Aconitum kusnezoffii* Reichb. 叶3全裂，中裂片菱形，近羽状分裂。花序无毛（图6-3-9）。分布于东北、华北。块根入药，作"草乌"，有大毒，能祛风除湿、温经止痛。叶入药，作"草乌叶"，能燥湿行气、温中止呕。

图6-3-9　北乌头
1—花果枝；2—花；3—根

一药双面

乌头是一味具有双面性的中药，即药性和毒性，李时珍在《本草纲目》中述及："乌附毒药，非危病不用"。可见其毒性之强。若使用不当，会出现口舌、四肢及全身发麻，及头晕、耳鸣、言语不清、心悸气短、面色苍白、四肢厥冷、腹痛、腹泻等中毒症状。

此药虽有毒，但几千年前，我国劳动人民就已掌握了减毒的办法。乌头经繁杂炮制后，其毒性可大大降低，但其药效依然存在。现代药理研究表明，乌头主要毒性成分为双酯型生物碱，经过水处理和加热处理后，可使双酯型生物碱水解为毒性较低的苯甲酰单酯型生物碱，再进一步水解为毒性极小的氨基醇类生物碱。因此乌头一般不生用，需炮制加工后，方可入药。

此外乌头应用时也要严格控制剂量、注意药物配伍等问题，以保证用药安全。

威灵仙 *Clematis chinensis* Osbeck 藤本，茎、叶干后变黑色。根须状丛生于根状茎上；茎具条纹；叶对生，羽状复叶，小叶5枚，狭卵形；圆锥花序；萼片4，白色；外面边缘密生短柔毛。无花冠；雄蕊多数；心皮多数，离生。聚合瘦果，宿存花柱羽毛状。分布于长江中下游及以南地区。生于山区林缘或灌丛。根及根状茎入药，能祛风湿、通经络。

本科药用植物尚有：**升麻** *Cimicifuga foetida* L.，根能发表透疹、清热解毒、升举阳气。**芍药** *Paeonia lactiflora* Pall.，根能养血调经、敛阴止汗、柔肝止痛、平抑肝阳。**牡丹** *Paeonia suffruticosa* Andr.，根皮作"牡丹皮"入药，能清热凉血、活血化瘀。**白头翁** *Pulsatilla chinensis*（Bge.）Regel，根能清热解毒、凉血止痢。**黄连** *Coptis chinensis* Franch.，根茎入药，能清热燥湿、泻火解毒。

8. 木兰科

♀ *$P_{6\sim12}A_\infty\underline{G}_{(\infty:1:1\sim2)}$*

木兰科 Magnoliaceae，木本，稀藤本。具油细胞，有香气。单叶互生，常全缘；常具托叶，包被幼芽，早落，脱落后在节上留下环状托叶痕。花单生，多两性，稀单性，辐射对称；花被片 3 基数，多为 6～12 枚，排成数轮，每轮 3 片；雄蕊与雌蕊多数，分离，常螺旋状排列在伸长的花托上。子房上位，每心皮含胚珠 1～2 个。聚合蓇葖果或聚合浆果。

本科约有 18 属约 335 种，分布于美洲和亚洲的热带和亚热带地区。我国约有 14 属约 165 种，分布于西南和南部各地。已知药用的有 8 属约 90 种。

本科植物常有油细胞、石细胞和草酸钙方晶。植物均含挥发油；另有生物碱类，如木脂素类等化学成分。

常见药用植物举例如下。

厚朴 *Magnolia officinalis* Rehd. et Wils.，落叶乔木。树皮棕褐色，具椭圆形皮孔。叶大，革质，倒卵形，密生于小枝顶端。花白色，花被片 9～12 或更多。聚合蓇葖果长椭圆状卵形，木质（图 6-3-10）。分布于陕西、甘肃、河南、湖北等地区，多栽培。干皮、根皮及枝皮入药，能燥湿消痰、下气除满。花蕾作"厚朴花"，能芳香化湿、理气宽中。

图 6-3-10　厚朴
1—植株全形；2—果实

五味子 *Schisandra chinensis*（Turcz.）Baill.，落叶木质藤本。叶纸质或近膜质，阔椭圆形或倒卵形，先端急尖，基部楔形，边缘具有腺齿。单性花，多雌雄异株；花被片 6～9，乳白色至红色；雄蕊 5；雌蕊 17～40。聚合浆果排成穗状，红色（图 6-3-11）。分布于东北、华北及宁夏、甘肃等地。生于山林中。果实入药，能收敛固涩、益气生津、补肾宁心。

图 6-3-11　五味子
1—植株全形；2—花；3—果实

本科常见的药用植物尚有：**华中五味子** Schisandra sphenanthera Rehd. et Wils.，分布于河南、安徽、湖北等省，果实（南五味子）功同五味子。**凹叶厚朴**（庐山厚朴）Magnolia officinalis Rehd. et Wils.Var. biloba Rehd. et wils，功效与厚朴相同。**望春花** Magnolia biondii Pamp.，花蕾作"辛夷"入药，能散风寒、通鼻窍；同属植物**玉兰** Magnolia denudata Desr.、**武当玉兰** Magnolia sprengeri Pamp. 亦作"辛夷"入药。**八角茴香** Illicium verum Hook. f. 果实入药，能温阳散寒、理气止痛。

9. 樟科

☿ *P$_{(6～9)}$A$_{3～12}$G$_{(3:1:1)}$

樟科 Lauraceae，多木本，具有油细胞，全株有香气。单叶，多互生，革质，全缘，羽状脉或三出脉，无托叶。花小，常两性，辐射对称；花单被，多3基数，2轮排列；雄蕊常9枚，排成3～4轮，花药瓣裂；子房上位，3心皮合生1室，1顶生胚珠。核果或浆果状，有时被宿存的花被筒包围基部。种子1粒。

本科约有45属2000余种，分布热带、亚热带地区。我国有20属400多种，主要分布于长江以南各省区。已知药用有13属120余种。

本科植物具油细胞；叶下表皮通常呈乳头状突起；茎的维管柱鞘部位常有纤维状石细胞环。本科主要化学成分为挥发油类，亦有生物碱类、黄酮类等。

常见药用植物举例如下。

肉桂 Cinnamomum cassia Presl，常绿乔木，有香气。树皮灰褐色，幼枝略呈四棱状。叶互生，长椭圆形，革质，全缘，具离基三出脉。圆锥花序腋生或顶生；花小，黄绿色，花被6；能育雄蕊9，排列成3轮。子房上位，1室，1胚珠。核果浆果状，椭圆形，紫黑色，宿存的花被管（果托）呈浅杯状（图6-3-12）。分布于广东、广西、福建、云南。多为栽培。树皮能补火助阳、引火归元、散寒止痛、温通经脉；嫩枝作"桂枝"，能发汗解肌、温通经脉、助阳化气、平冲降气。

本科常见的药用植物尚有：**樟树**（香樟）Cinnamonum.camphora（Linn）Presl，根、木材及叶的挥发油主含樟脑，内服开窍辟秽，外用除湿杀虫、温散止痛。**乌药** Lindera aggregata（Sims）Kos-term，根能行气止痛、温肾化痰。

10. 罂粟科

☿ * ↑ K$_{2～3}$C$_{4～6}$A$_{4～6,∞}$G$_{(2～∞:1:∞)}$

罂粟科 Papaveraceae，草本，多含白色乳汁或有色汁液。基生叶具长柄，茎生叶多互生，无托叶。花两性，辐射对称或两侧对称，单生或呈总状、聚伞、圆锥花序；萼片常2，早落；花冠4～6；雄蕊多数，离生；或6枚合生成2束；子房上位，2至多心皮，1室，侧膜胎座，胚珠多数。蒴果孔裂或瓣裂。种子细小。

本科约有38属700种，主要分布于北温带。我国有18属362种，分布全国。已知药用有15属130余种。

本科植物含白色乳汁或有色汁液，常具有节乳管或特殊的乳囊组织。化学成分多含有生物碱类，如罂粟碱、吗啡、白屈菜碱、可待因、四氢帕马丁等。

常见药用植物举例如下。

延胡索 Corydalis yanhusuo W.T.Wang，多年生草本。块茎球状。叶二回三出全裂，二回裂片近无柄或具有短柄，末回裂片披针形。总状花序顶生；苞片全缘或有少数牙齿；萼片2，极小，早落；花冠 4，紫红色，上面 1 片基部有长距；雄蕊 6，花丝合生成 2 束；子房上位，2 心皮，1 室，侧膜胎座。蒴果条形（图 6-3-13）。分布于安徽、浙江、湖北、江苏等地。生于丘陵林荫下，多栽培。块茎入药，能活血、行气、止痛。

本科常见的药用植物尚有：**白屈菜** Chelidonium majus L.，全草有毒，能解痉止痛、止咳平喘。**罂粟** Papaver somniferum L.，果壳入药，作"罂粟壳"，能敛肺、涩肠、固肾、止痛；罂粟果提取物为镇痛药。

图 6-3-12　肉桂
1—花枝；2—果实

图 6-3-13　延胡索
1—植株全形；2—块茎

11. 十字花科

$\male\female *K_{2+2}C_4A_{2+4}\underline{G}_{(2:1\sim2:1\sim\infty)}$

十字花科 Cruciferae，草本。单叶互生，无托叶。花两性，辐射对称，多成总状或圆锥花序；萼片 4，2 轮；花冠 4，十字形排列；雄蕊 6，4 长 2 短，雄蕊旁常生有 4 个蜜腺；子房上位，2 心皮合生，中间被假隔膜隔成 2 室，侧膜胎座，每室胚珠 1 至多数。长角果或短角果。

本科约有 300 属 3200 种，广布全球，以北温带居多。我国约有 95 属 425 种，全国各地均有分布。已知药用有 30 属 103 种。

本科植物常含分泌细胞，毛茸为单细胞非腺毛，形式多样；气孔为不等式气孔器。化学成分多含硫苷类、吲哚苷类、强心苷类、脂肪油等。

常见药用植物举例如下。

菘蓝 Isatis indigotica Fort.，一至二年生草本。主根圆柱形，灰黄色。基生叶有柄，圆状椭圆形；茎生叶较小，长圆状披针形，基部垂耳圆形，半抱茎；圆锥花序；花黄色，花梗细；短角果扁平，顶端钝圆或截形，边缘有翅，紫色，内含 1 粒种子（图 6-3-14）。全国各地均有栽培。根作"板蓝根"，能清热解毒、凉血利咽。叶作"大青叶"，能清热解毒、凉血消斑；茎叶加工品制成青黛，能清热解毒、凉血消斑、泻火定惊。

本科常见的药用植物尚有：**萝卜** Raphanus sativus L.，种子作"莱菔子"，能消食除胀、降气化痰。**独行菜** Lepidium apetalum Willd.、**播娘蒿** Descurainia sophia (L.) webb ex Prantl 的种子

均作"葶苈子",能泻肺平喘、行水消肿。**白芥** *Sinapis alba* L. 种子作"芥子",能温肺豁痰利气、散结通络止痛。

图 6-3-14　菘蓝
1—一年生植株；2—花；3—果实；4—根

12. 杜仲科

♂ $P_0A_{4\sim10}$；♀ $P_0\underline{G}_{(2:1:2)}$

杜仲科 Eucommiaceae，落叶乔木。枝、叶折断时有银白色胶丝。单叶互生，无托叶。花雌雄异株，无花被；先叶或与叶同时开放；雄花簇生成头状花序状，具苞片；雄蕊 4~10，常为 8；雌花单生于小枝下部，具短梗；子房上位，2 心皮合生，1 室，胚珠 2。翅果扁平，种子 1 粒。

本科有 1 属 1 种；我国特有。分布于我国中部及西南各省区，各地有栽培。

本科植物韧皮部有 5~7 条石细胞环带，韧皮部中有橡胶细胞，内有橡胶质。主要化学成分为杜仲胶、木脂素类、环烯醚萜类、三萜类等。

常见药用植物举例如下。

杜仲 *Eucommia ulmoides* Oliv.，形态特征与科相同（图 6-3-15）。树皮能补肝肾、强筋骨、安胎。

图 6-3-15　杜仲

13. 蔷薇科

♀ $*K_5C_5A_{4\sim\infty}\underline{G}_{1\sim\infty:1:1\sim\infty}\overline{G}_{(2\sim5:2\sim5:2)}$

蔷薇科 Rosaceae，草本、灌木或乔木，常具刺。单叶或复叶，多互生，常有托叶。花两性，辐射对称；单生或排成伞房、圆锥状花序，花托凹陷或凸起；花被与雄蕊常合成杯状、坛状或壶状的托杯（又称被丝托），萼片、花冠和雄蕊均着生在托杯边缘。萼片 5、花冠 5，离生；雄蕊常多数，心皮 1 至多数，离生或合生；子房上位至下位，每室含 1 至多数胚珠。蓇葖果、瘦果、梨果或核果。

本科有 124 属 3300 多种，广布全球。我国有 51 属 1000 余种，全国各地均有分布。已知药用有 48 属 400 余种。

本科植物常具有单细胞的非腺毛；常具草酸钙簇晶和方晶；蜜腺存在于某些种类的叶表面、叶齿或叶柄上；气孔多为不定式气孔器。所含化学成分为氰苷类、多元酚类、黄酮类、二萜生物碱类、有机酸类等。

蔷薇科分为四个亚科，为蔷薇亚科 Rosoideae、李亚科 Prunoideae、苹果亚科 Maloideae、绣线菊亚科 Spiraeoideae。含有药用植物的亚科为：蔷薇亚科、李亚科和苹果亚科。

（1）蔷薇亚科 灌木或草本。多为羽状复叶，有托叶。子房上位或周位，心皮 1 至多枚，离生；胚珠 1～2。多为聚合瘦果。

常见药用植物举例如下。

地榆 Sanguisorba officinalis L.，多年生草本。根粗壮，多呈纺锤形，表面暗棕红色。奇数羽状复叶，小叶 5～19 片，卵形或长卵形。穗状花序椭圆形，紫色至暗紫色；花小，萼片 4，无花冠；雄蕊 4，花药黑紫色；子房上位。瘦果褐色（图 6-3-16）。全国大部分地区有分布。生于山坡、草地。根能凉血止血、解毒敛疮。

同属变种**长叶地榆** Sanguisorba. officinalis L.var.longifolia (Bert.)Yü et Li 的根，也作"地榆"药用。

金樱子 Rosa laevigata Michx.，常绿攀缘有刺灌木。三出羽状复叶，近革质。花大，白色，单生于侧枝顶端。蔷薇果，熟时红色，倒卵形，外有刺毛，顶端具宿存萼片（图 6-3-17）。分布于华东、华中、华南各省区。生于向阳山野。果实能固精缩尿、固崩止带、涩肠止泻。

蔷薇亚科常见的药用植物尚有：**华东覆盆子** Rubus chingii Hu，果实作"覆盆子"，能益肾、固精、缩尿；根能止咳、活血消肿。**委陵菜** Potentilla chinensis Ser. 和**翻白草** Potentilla. discolor Bge.，全草或根均能清热解毒、止血、止痢。**月季** Rosa chinensis Jacq.，花能活血调经。**玫瑰** Rosa

图 6-3-16 地榆

图 6-3-17 金樱子

1—果枝；2—花

rugosa Thunb.，花能行气解郁、和血、止痛。**龙牙草** *Agrimonia pilosa* Ledeb.，全草作"仙鹤草"，能收敛止血、截疟、止痢、解毒、补虚。

（2）李亚科　木本。单叶，有托叶。子房上位，周位花，心皮1，少数2或5；胚珠多为2，稀1或为多数，核果。

常见药用植物举例如下。

杏 *Prunus armeniaca* L.，落叶小乔木。单叶互生，叶片卵圆形或宽卵形。花单生枝顶，先叶开放；萼片5；花冠5，白色或粉红色；雄蕊多数；雌蕊心皮1。核果，球形。种子1，扁心形（图6-3-18）。主产于我国北部，均为栽培。种子入药，作"苦杏仁"，能降气止咳平喘、润肠通便。

梅 *Prunus mume* (Sieb.) Sieb. et Zucc.，落叶小乔木。小枝细长，先端刺状。单叶互生，叶片椭圆状宽卵形。春季先叶开花，有香气，1～3簇生；萼片红褐色；花冠5，白色或淡红色；果实近球形，黄色或绿白色，外有绒毛（图6-3-19）。主产于我国长江以南，各地多栽培。近成熟的果实经过熏焙后作"乌梅"入药，能敛肺、涩肠、生津、安蛔。

李亚科常见的药用植物尚有：**山杏** *Prunus armeniaca* L. var. ansu Maxim、**西伯利亚杏** *Prunus sibirica* L.、**东北杏** *Prunus mandshurica* (Maxim.) Koehne，它们的种子亦作"苦杏仁"入药。**桃** *Prunus persica* (L.) Batsch，全国广为栽培，种子作"桃仁"，能活血祛瘀、润肠通便。**郁李** *Prunus japonica* Thunb.，种子能润肠通便、下气利水。同属植物国产约50种，其中欧李 *Prunus humilis* Bge. Sok. 的成熟种子也作"郁李仁"入药。

（3）苹果亚科　木本植物。单叶，有托叶。子房下位，心皮2～5，与壶形或杯状花托内壁连合；胚珠1～2，稀例外。梨果。

图6-3-18　杏
1—果枝；2—花

图6-3-19　梅
1—枝叶；2—花；3—果实

常见药用植物举例如下。

山里红 *Crataegus pinnatifida* Bge. var. *major* N.E.Br.，落叶小乔木。分枝多，无刺或少数短刺。叶羽状深裂，边缘有重锯齿；托叶镰形。伞房花序，有毛；萼齿裂；花冠5，白色或带红色。梨果近球形，直径达2.5cm，熟时深亮红色，有斑点（图6-3-20）。我国东北、华北普遍栽培。

果实（北山楂），能消食健胃、行气散瘀。

图 6-3-20　山里红
1—植株；2—花；3—果实

苹果亚科常见的药用植物尚有：**枇杷** *Eriobotrya japonica*（Thunb.）Lindl.，叶作"枇杷叶"，能清肺止咳、降逆止呕。**山楂** *Crataegus pinnatifida* Bge.，果实亦称北山楂，功效同山里红。**皱皮木瓜**（贴梗海棠）*Chaenomeles speciosa*（Sweet）Nakai，成熟果实入药，能舒筋活络、和胃化湿。

14. 豆科

☿ * ↑ K$_{5,(5)}$ C$_5$ A$_{(9)+1, 10, \infty}$ G$_{(1:1:1\sim\infty)}$

豆科 Leguminosae，草本、木本或藤本。叶互生，多为羽状或掌状复叶，有托叶。花两性，辐射对称或两侧对称；萼片 5；花冠 5，多为蝶形花；雄蕊 10，二体，少数下部合生或分离，稀多数；子房上位，1 心皮，1 室，胚珠 1 至多数；边缘胎座；荚果；种子无胚乳。

本科是种子植物的第三大科，约有 650 属 18000 种，广布全球。我国有 172 属约 1500 种，分布全国。已知药用有 109 属 600 余种。

本科植物常含有草酸钙方晶。化学成分较多，主要药用成分以黄酮类和生物碱类最为主要。另外还含有蒽醌类、三萜皂苷类、香豆素、鞣质等。

根据花的特征，本科分为含羞草亚科 Mimosoideae、云实亚科 Caesalpinioideae、蝶形花亚科 Papilionoideae 三个亚科。

（1）**含羞草亚科**　木本或草本，叶多二回羽状复叶。花辐射对称，萼片下部多少联合；花冠与萼片同数，雄蕊多数，稀与花瓣同数。荚果，有的具次生横隔膜。

常见药用植物举例如下。

合欢 *Albizia julibrissin* Durazz.，落叶乔木，树皮灰棕色，有密生椭圆形横向皮孔。二回偶数羽状复叶，小叶镰刀状，主脉偏向一侧。头状花序呈伞房状排列，花淡红色，辐射对称，花萼筒状；花冠漏斗状；雄蕊多数，花丝细长，淡红色，基部连合。荚果扁条形（图 6-3-21）。全国各地均有分布，多栽培。树皮入药，作"合欢皮"，能解郁安神、活血消肿。花作"合欢花"，能解郁安神。

含羞草亚科常用药用植物尚有：**儿茶** *Acacia catechu*（L.f.）Willd.，心材或去皮枝干煎制的浸膏，能活血止痛、止血生肌、收湿敛疮、清肺化痰。**含羞草** *Mimosa pudica* Linn.，全草能安神、散瘀止痛。

（2）云实亚科　木本或草本。花两侧对称，萼片5，常分离，花冠5，假蝶形；雄蕊10或较少，分离或各式联合；子房有时有柄，荚果，常有隔膜。

常见药用植物举例如下。

决明 *Cassia tora* L.，一年生草本。上部多分枝。偶数羽状复叶，互生，小叶三对，倒卵形或倒卵状长圆形。花成对腋生；萼片5，分离；花冠黄色，最下面的两片较长；雄蕊10，发育雄蕊7。荚果细长，近四棱形。种子多数，菱柱形，淡褐色或绿棕色，有光亮（图6-3-22）。全国各地均有栽培或野生。种子作"决明子"入药，能清热明目、润肠通便。

图 6-3-21　合欢
1—花枝；2—果实

图 6-3-22　决明
1—植株；2—花；3—果实；4—种子

云实亚科常见的药用植物尚有：**苏木** *Caesalpinia sappan* L.，心材入药，能活血祛瘀、消肿定痛。**紫荆** *Cercis chinensis* Bunge.，树皮入药，能行气活血、消肿止痛、祛瘀解毒。**皂荚** *Gleditsia sinensis* Lam.，果实作"大皂角"入药，能润燥、通便、消肿；刺作"皂角刺"入药，能消肿托毒、排脓、杀虫；干燥不育果实作"猪牙皂"入药，能祛痰开窍、散结消肿。

（3）蝶形花亚科　草本或木本，单叶、三出复叶或羽状复叶；常有托叶和小托叶。花两侧对称；花萼5裂；花冠5，蝶形；雄蕊10，联合成二体雄蕊或单体雄蕊，或全部分离。荚果，有时为有节荚果。

常见药用植物举例如下。

蒙古黄芪 *Astragalus.membranaceus*（Fisch.）Bge.var.*mongolicus*（Bge.）Hsiao，多年生草本。主根长呈圆柱形。奇数羽状复叶，小叶12～18对，椭圆形或长卵形。总状花序腋生；萼片5；花冠蝶形，黄色；雄蕊10，二体；子房无毛。荚果膜质，膨胀，卵状长圆形，有长柄（图6-3-23）。分布于内蒙古、吉林、河北、陕西。生于向阳山坡、草丛或灌丛中。根入药，能补气升阳、固表止汗、利水消肿、生津养血、行滞通痹、托毒排脓、敛疮生肌。

槐 *Sophora japonica* L.，落叶乔木。奇数羽状复叶，小叶7～15，卵状长圆形。圆锥花序顶生；花萼钟状；花冠乳白色；雄蕊10，分离，不等长。荚果肉质，串珠状，黄绿色，无毛，不裂，种子间极细缩，种子1～6枚。我国南北各地普遍栽培。花作"槐花"，花蕾作"槐米"，能凉血止血、清肝泻火；果实作"槐角"，能清热泻火、凉血止血。

甘草 Glycyrrhiza uralensis Fisch.，多年生草本。根及根状茎粗壮，味甜。全体密被短毛和刺毛状腺体。奇数羽状复叶，小叶 7～17。卵形至宽卵形。总状花序腋生，花冠蝶形，蓝紫色；二体雄蕊。荚果呈镰刀状弯曲。主产于我国华北、东北、西北等地区。根状茎及根入药，能补脾益气、清热解毒、祛痰止咳、缓急止痛、调和诸药（图 6-3-24）。同属植物国产 10 余种，其中**光果甘草** Glycyrrhiza glabra L.和**胀果甘草** Glycyrrhiza inflata Bat.的根和根茎也作为"甘草"药材用。

苦参 Sophora flavescens Ait.，落叶半灌木。根圆柱形，外皮黄白色。奇数羽状复叶；小叶 11～25，披针形至线状披针形；托叶线形。总状花序顶生；花冠淡黄白色；雄蕊 10，分离。荚果条形，先端有长喙，呈不明显的串珠状，疏生短柔毛。根能清热燥湿，杀虫，利尿。

蝶形花亚科常见药用植物尚有：**扁茎黄芪** Astragalus complanatus R.Br.，种子作"沙苑子"，能益肾固精、补肝明目。**补骨脂** Psoralea corylifolia L.，果实能温肾助阳、纳气平喘、温脾止泻；外用消风祛斑。**密花豆** Spatholobus suberectus Dunn，藤茎作"鸡血藤"药用，能补血、活血、通络。**野葛** Pueraria lobata（Willd.）Ohwi，块根作"葛根"，能解肌退热、生津、透疹、升阳止泻。

图 6-3-23 蒙古黄芪
1—花枝；2—果实

图 6-3-24 甘草
1—植株；2—花枝；3—果序

15. 芸香科

☿ *$K_{3\sim 5}C_{3\sim 5}A_{3\sim \infty}\underline{G}_{(2\sim \infty:2\sim \infty:1\sim 2)}$

芸香科 Rutaceae，乔木或灌木，稀草本，有时具刺。叶、花、果常有透明的油腺点。叶常互生，多为复叶或单身复叶，无托叶。花常两性，辐射对称，单生或排成各种花序；萼片 3～5；花冠 3～5；雄蕊与花冠同数或是其倍数，生于环状或杯状花盘基部；子房上位，心皮 2 至多数，多合生。每室胚珠 1～2。多柑果、蒴果、核果、蓇葖果，稀翅果。

本科约有 150 属 1600 种，广布于热带和温带。我国有 28 属 150 多种，分布全国。已知药用有 23 属 105 种。

本科植物多含油室，果皮中常有橙皮苷结晶，维管束外方常有环状或成束的纤维；部分植物含有草酸钙方晶、棱晶、簇晶。化学成分多样，主要含挥发油类、生物碱类、黄酮类、香豆素等。

常见药用植物举例如下。

橘 Citrus reticulata Blanco，常绿小乔木，多具有枝刺。叶互生，叶片披针形或椭圆形，单身复叶，有半透明油点。花单生或数朵丛生于枝端或叶腋；萼片 5；花冠 5，黄白色；雄蕊

15～30，常联合成3～5体。心皮7～15。柑果球形或扁球形，种子卵圆形。长江以南各省广泛栽培。成熟果皮入药，作"陈皮"，能理气健脾、燥湿化痰；种子作"橘核"，能理气、散结、止痛；幼果或未成熟果皮作"青皮"，能疏肝破气、消积化滞。

黄檗 *Phellodendron amurense* Rupr.，落叶乔木，树皮淡黄褐色，木栓层发达，有纵沟裂，内皮鲜黄色。奇数羽状复叶对生，小叶5～15。披针形至卵状长圆形，边缘有细钝齿，齿缝有腺点。雌雄异株；圆锥状聚伞花序；萼片5；花冠5，黄绿色；雄蕊5；雌蕊柱头5浅裂。浆果状核果，球形，紫黑色，内有种子2～5。分布于华北及东北。生于山区杂木林中。除去栓皮的树皮作"关黄柏"入药，能清热燥湿、泻火除蒸、解毒疗疮。

同属**黄皮树** *Phellodendron. chinense* Schneid. 与上种的主要区别为树皮的木栓层薄，小叶7～15片，下面密被长柔毛。分布于四川、贵州、云南、陕西、湖北等省。树皮作"川黄柏"，功效同关黄柏。

白鲜 *Dictamnus dasycarpus* Turcz.，多年生草本，奇数羽状复叶互生；小叶9～13，卵形或椭圆形，边缘有细锯齿，叶轴两侧有狭翅。总状花序顶生，淡红色，有紫色条纹；萼片5，花冠5，雄蕊10，子房5室；蒴果（图6-3-25）。分布于东北至西北，根皮作"白鲜皮"，能清热燥湿、祛风解毒。

图6-3-25 白鲜
1—植株全形；2—果实

本科常见的药用植物尚有：**香圆** *Citrus wilsonii* Tanaka，果实作"香橼"，能疏肝理气、宽中化痰。**花椒**（川椒、蜀椒）*Zanthoxylum bungeanum* Maxim.，果皮作"花椒"，能温中止痛、杀虫止痒，种子作"椒目"，能利水消肿、祛痰平喘。**酸橙** *Citrus.aurantium* L.，未成熟横切两半的果实作"枳壳"，能理气宽中、行滞消胀；幼果作"枳实"，能破气消积、化痰散痞。**吴茱萸** *Euodia rutaecarpa*（Juss.）Benth.，未成熟果实药用能散寒止痛、降逆止呕、助阳止泻。

16. 大戟科

♂ $*K_{0～5}C_{0～5}A_{1～\infty}$；♀ $*K_{0～5}C_{0～5}\underline{G}_{(3:3:1～2)}$

大戟科 Euphorbiaceae，草本、灌木或乔木，常含乳汁。单叶互生，叶基部常具腺体，有托叶。花单性，同株或异株，辐射对称，常为聚伞、总状、穗状、圆锥花序或杯状聚伞花序；花被单被、重被或无；雄蕊1至多数，离生或合生；雌蕊常3心皮合生；子房上位，3室，中轴胎座，每室胚珠1～2；蒴果，稀为浆果或核果。

本科约有 300 属 5000 余种，广布全球。我国有 70 多属约 460 种，分布于全国各地。已知药用有 39 属 160 种。

本科植物常具有节乳汁管。植株多有不同程度的毒性，化学成分复杂，主要有生物碱、氰苷、硫苷、二萜、三萜类化合物。生物碱类有一叶萩碱等。

常见药用植物举例如下。

大戟 *Euphorbia pekinensis* Rupr.，多年生草本，具白色乳汁。根圆锥形。茎直立，被短柔毛；叶互生，长圆形至披针形。总花序常 5 歧聚伞状，基部有 5 枚叶状苞片；每伞梗又作一至数回分叉，最后小伞梗顶端着生一杯状聚伞花序；杯状总苞顶端 4 裂，腺体 4。蒴果，表皮有疣状突起（图6-3-26）。我国各省区均有分布。生于山坡、旷野、路旁。根作"京大戟"，有毒，能泻水逐饮、消肿散结。

巴豆 *Croton tiglium* L.，常绿灌木或小乔木，幼枝、叶有星状毛。叶互生，卵形至长圆卵形，叶基两侧近叶柄处各有一无柄腺体。花小，单性同株；总状花序顶生，雄花在上，雌花在下；萼片 5；花冠 5，反卷；雄蕊多数；雌花常无花瓣，子房上位，3 室，每室有 1 胚珠。蒴果卵形，有 3 钝棱。分布于长江以南，野生或栽培（图 6-3-27）。种子作"巴豆"，有大毒，外用可蚀疮；炮制加工品巴豆霜能峻下冷积、逐水退肿、豁痰利咽；外用蚀疮。

图 6-3-26 大戟

图 6-3-27 巴豆
1—果枝；2—种子

蓖麻 *Ricinus communis* L.，一年生草本。在南方常成灌木。叶互生，盾状，掌状分裂，叶柄有腺体。花单性同株，圆锥花序，下部生雄花，上部生雌花；花萼 3～5 裂；无花冠；雄花雄蕊多数，花丝树状分枝；雌花子房上位，3 室，花柱 3，各 2 裂。蒴果常有软刺（图 6-3-28）。种子有种阜。全国均有栽培。种子作"蓖麻子"，有毒，能消肿拔毒、泻下通滞；蓖麻油为刺激性泻药。

本科常见药用植物尚有：**续随子** *Euphorbia lathyris* L.，原产欧洲，我国有栽培，种子作"千金子"有毒，能逐水消肿、破血消癥。**地锦** *Euphorbia. humifusa* Willd.，分布于我国大部分地区，全草作"地锦草"，能清热解毒、凉血止血。**铁苋** *Acalypha australis* L.，全草能清热解毒、止血、止痢。

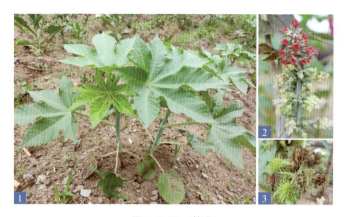

图 6-3-28 蓖麻
1—植株；2—花序；3—果实

17. 葡萄科

♀ * K$_{(4\sim5)}$ C$_{4\sim5}$ A$_{4\sim5}$ G$_{(2\sim6:2\sim6:1\sim2)}$

葡萄科 Vitaceae，多木质藤本，常以卷须攀缘他物上升，卷须与叶对生。单叶互生，常掌状分裂，少为复叶。花小，两性或单性，有时杂性；辐射对称，花集成聚伞花序，花序常与叶对生；花萼不明显，4~5 裂；花冠 4~5，镊合状排列，分离或基部联合，有时顶端黏合成帽状而整个脱落；雄蕊 4~5，生于花盘周围，与花冠同数对生；子房上位，常 2 心皮 2 室，每室胚珠 1~2。浆果。

本科约有 16 属 700 余种，广布于热带、温带。我国有 9 属约 150 种，分布于南北各地。已知药用有 7 属 100 种。

本科植物常具黏液细胞，内含淡黄色黏液质。有的含草酸钙针晶束，薄壁细胞中含草酸钙簇晶。主要化学成分含有甾醇、有机酸、黄酮类、糖类和鞣质等。

常见药用植物举例如下。

白蔹 *Ampelopsis japonica*（Thunb.）Makino，攀缘藤本，全体无毛。根块状，常纺锤形。掌状复叶，小叶 3~5，小叶片羽状分裂至羽状缺刻，叶轴有阔翅。聚伞花序；花小，黄绿色，浆果球形，熟时白色或蓝色（图 6-3-29）。分布于东北南部、华北、华东、中南地区。生于山坡林下。根能清热解毒、消痈散结、敛疮生肌。

图 6-3-29 白蔹
1—植株；2—块状根

18. 锦葵科

♀ *K$_{5,(5)}$C$_5$A$_{(\infty)}$$\underline{G}$$_{(3\sim\infty:3\sim\infty:1\sim\infty)}$

锦葵科 Malvaceae，草本、灌木或乔木。幼枝、叶表面常有星状毛。单叶互生，常掌状分裂，有托叶。花两性，辐射对称，单生或成聚伞花序；常有副萼；萼片5，分离或合生，宿存；花冠5；雄蕊多数，单体，包住子房和花柱，花药1室，花粉有刺；雌蕊3至多心皮合生，3至多室，中轴胎座。蒴果，稀浆果。

本科约有50属1000余种，广布于温带、热带。我国有16属约80种，分布于南北各地。已知药用有12属60种。

本科植物具有黏液细胞，韧皮纤维发达，花粉粒大、有刺。主要活性成分有黄酮苷、生物碱、酚类、黏液质和多糖等。

常见药用植物举例如下。

苘麻 *Abutilon theophrasti* Medic.，一年生草本，全株有星状毛。单叶互生，圆心形。花单生于叶腋，黄色；花萼5裂；无副萼。花冠5；单体雄蕊；心皮15～20，轮状排列。蒴果半球形，分果瓣15～20，每果瓣顶端有2长芒。种子三角状肾形，灰黑色或暗褐色（图6-3-30）。全国有分布。种子作"苘麻子"，能清热解毒、利湿退翳。全草能解毒祛风。

图 6-3-30　苘麻
1—植株；2—花；3—果实；4.种子

本科常见的药用植物尚有：**冬葵** *Malva verticillata* L.，全国各地多栽培，果实作"冬葵果"，能清热利尿、消肿。**木芙蓉** *Hibiscus mutabilis* L.，干燥叶作"木芙蓉叶"，能凉血、解毒、消肿、止痛。

19. 五加科

♀ *K$_5$C$_{5\sim10}$A$_{5\sim10}$$\overline{G}$$_{(2\sim15:2\sim15:1)}$

五加科 Araliaceae，多木本，稀多年生草本。茎常有刺。叶多成单叶、羽状或掌状复叶，常互生。花两性，稀单性，辐射对称；伞形花序或头状花序，常排列成圆锥状；花萼小，萼齿5，花冠5～10，分离，雄蕊与花瓣同数，生于花盘边缘，花盘生于子房顶部；子房下位，由2～15

心皮合生，通常2～5室，每室胚珠1。浆果或核果。

本科约有80属约900种，广布于热带、温带。我国有22属约160种，除新疆外，全国均有分布。已知药用有19属112种。

本科植物根和茎的皮层、韧皮部、髓部常具有分泌道。主要化学成分为三萜皂苷类，如人参皂苷、楤木皂苷等，亦含有黄酮、香豆素、二萜类、酚类等化合物。

常见药用植物举例如下。

人参 *Panax ginseng* C.A.Mey.，多年生草本。主根圆柱形或纺锤形，上部有环纹，下面常有分枝及细根，细根上有小疣状突起，顶端根状茎短，结节状，上有茎痕，其上常生有不定根，习称"芦"。茎单一，掌状复叶轮生茎端，一年生者具1枚三出复叶，二年生者具1枚掌状复叶，以后逐年增加1枚掌状复叶，最多可达6枚，小叶椭圆形或卵形，上面脉上疏生刚毛，下面无毛。伞形花序单个顶生；花小，淡黄绿色；花5基数；子房下位，2室，花柱2。浆果状核果，红色扁球形（图6-3-31）。分布于东北，现多栽培。根能大补元气、复脉固脱、补脾益肺、生津养血、安神益智；叶能清肺、生津、止渴；花有兴奋功效。

图6-3-31 人参
1—植株；2—花序；3—果实；4——年生人参；5—根及根茎

西洋参 *Panax quinquefolium* L.，形态和人参相似，区别在于本种小叶倒卵形，先端突尖，脉上几无刚毛，边缘的锯齿不规则且较粗大而容易区别。原产于加拿大和美国，现我国北京、黑龙江、吉林、陕西等地有引种栽培。根能补气养阴、清热生津。

本科常见的药用植物尚有：**三七** *Panax notoginseng*（Burk.）F. H.Chen ex C.Y.Wu&K.M.Feng，干燥根和根茎能散瘀止血、消肿定痛。**刺五加** *Acanthopanax senticosus*（Rupr. et Maxim.）Harms，根及根状茎或茎皮，有人参样功效，能益气健脾、补肾安神。**细柱五加** *Acanthopanax gracilistylus* W.W.Smith，根皮作"五加皮"，能祛风除湿、补益肝肾、强筋壮骨、利水消肿。**通脱木** *Tetrapanax papyrifer*（Hook.）K.Koch，茎髓作"通草"，能清热利尿、通气下乳。

20.伞形科

$\male ^{*}K_{(5)}, _{0}C_{5}A_{5}\overline{G}_{(2:2:1)}$

伞形科 Umbelliferae，草本。多含挥发油而具有香气。茎常中空，有纵棱。叶互生，多分裂，常为一至多回三出复叶或羽状复叶；叶柄基部膨大成鞘状。花小，两性，辐射对称，复伞形或伞形花序，各级花序基部常有总苞或小总苞；花萼 5 齿裂或不明显；花冠 5，先端常内卷；雄蕊 5，与花冠互生；子房下位，2 心皮合生成 2 室，每室胚珠 1，子房顶端有盘状或短圆锥状的花柱基（上位花盘），花柱 2。双悬果。

本科约有 200 属 2500 种，主要分布于北温带。我国约有 90 属 540 种，全国各地均产。已知药用有 55 属 234 种。

本科植物根和茎内具有分泌道，含挥发油而有香气。偶见草酸钙晶体。主要化学成分包括挥发油、香豆素类、黄酮类、三萜皂苷、生物碱等。

常见药用植物举例如下。

当归 *Angelica sinensis*（Oliv.）Diels，多年生草本。主根粗短，有数条分枝，根头部有环纹，具有特异香气。叶二至三回三出复叶或羽状全裂，最终裂片卵形或狭卵形，3 浅裂，有尖齿。复伞形花序；总苞片无或 2；小总苞片 2～4；花冠 5，绿白色；雄蕊 5；子房下位。双悬果椭圆形，分果有 5 棱，侧棱延展成薄翅（图 6-3-32）。分布于西北、西南地区，多为栽培。根能补血活血、调经止痛、润肠通便。

图 6-3-32　当归
1—果枝；2—根

柴胡 *Bupleurum chinense* DC.，多年生草本。主根较粗，少分枝，黑褐色，质硬。茎多丛生，上部多分枝，略成"之"字弯曲。基生叶早枯，中部叶倒披针形或披针形，全缘，具平行脉 7～9 条。花序复伞形；无总苞或有 2～3 片，小总苞片 5，花黄色。双悬果宽椭圆形，两侧略扁，棱狭翅状（图 6-3-33）。分布于东北、华北、华东、中南、西南等地。生于向阳山坡。根习称"北柴胡"，能疏散退热、疏肝解郁、升举阳气。

狭叶柴胡 *Bupleurum scorzonerifolium* Willd. 与柴胡不同点，根皮红棕色，叶线状披针形，有 3～5 条平行脉，具白色骨质叶缘。分布于东北、西北、华北、华东及西南等地，根习称"南柴胡"，亦作"柴胡"入药。注意：大叶柴胡 *Bupleurum longiradiatum* Turcz. 根表面密生环节，有毒，不能作"柴胡"入药。

川芎 *Ligusticum chuanxiong* Hort.，多年生草本。根状茎呈不规则结节状的拳形团块，黄棕色，具浓香气。地上茎丛生，茎基部节膨大成盘状。叶二至三回羽状复叶，小叶 3～5 对，不整齐羽状分裂。复伞形花序；花白色。双悬果卵形（图 6-3-34）。主产于四川、云南、贵州等地。多栽培。根茎入药，能活血行气、祛风止痛。

图 6-3-33　柴胡　　　　　　　　　图 6-3-34　川芎
1—植株；2—根　　　　　　　　　1—植株；2—花序；3—果序；4—根茎

防风 *Saposhnikovia divaricata*（Trucz.）Schischk.，多年生草本。根长圆锥形，根头有细密环纹，其上密被褐色纤维状叶柄残基。茎二叉状分枝。基生叶二至三回羽状全裂，最终裂片条形至倒披针形。复伞形花序，花白色。双悬果矩圆状宽卵形，幼时具瘤状凸起（图 6-3-35）。分布于东北、华东等地。生于草原或山坡。根作"防风"，能祛风解表、胜湿止痛、止痉。

白芷 *Angelica dahurica*（Fisch.ex Hoffm.）Benth.et Hook.f.，多年生高大草本。根长圆锥形，黄褐色。茎极粗壮，叶及叶鞘暗紫色。叶二至三回羽状分裂，最终裂片椭圆状披针形，基部下延成翅；上部叶简化成囊状叶鞘。花白色。双悬果椭圆形或近圆形（图 6-3-36）。分布于东北、华北。多栽培。生于沙质土壤及石砾质土壤中。根能解表散寒、祛风止痛、宣通鼻窍、燥湿止带、消肿排脓。

同属植物变种**杭白芷** *Angelica dahurica*（Fisch.ex Hoffm.）Benth.et Hook.f.var.*formosana*（Boiss.）Shan et Yuan 植株较矮，根肉质，圆锥形，具四棱。茎基及叶鞘黄绿色。叶三出二回羽状分裂；最终裂片卵形至长卵形。小花黄绿色。双悬果长圆形至近圆形。主产于福建、台湾、浙江、江苏等地。多栽培。根亦作"白芷"入药。

本科常见的药用植物尚有：**野胡萝卜** *Daucus carota* L.，果实作"南鹤虱"，有小毒，能杀虫消积。**重齿毛当归** *Angelica pubescens* Maxim. f.biserrata Shan et Yuan，根作"独活"，能祛风除湿、通痹止痛。**明党参** *Changium smyrnioides* Wolff，根能润肺化痰、养阴和胃、平肝、解毒。**羌活** *Notopterygium incisum* Ting ex H.T.Chang，根茎及根能散寒、祛风、除湿、止痛。**茴香** *Foeniculum vulgare* Mill.，果实作"小茴香"，能散寒止痛、理气和胃。**珊瑚菜** *Glehnia littoralis* Fr. Schmidt ex Miq.，根作"北沙参"，能养阴清肺、益胃生津。**蛇床** *Cnidium monnieri*（L.）Cuss.，果实作"蛇床子"，能温肾壮阳、燥湿、祛风、杀虫。**藁本** *Ligusticum sinense* Oliv.，根能祛风散寒、除湿、止痛。

图 6-3-35　防风
1—植株全形；2—根

图 6-3-36　白芷

任务实施

一、任务描述

观察双子叶植物，明确离瓣花亚纲植物中各科的主要特征；识别离瓣花亚纲植物重点科的代表性药用植物；会使用被子植物分科检索表。

二、任务准备

（1）用具　解剖镜、解剖针、放大镜等。
（2）材料　虎杖、白头翁、玉兰、菘蓝、决明、三七、当归带花果的新鲜植物或标本。

三、操作步骤

（1）取虎杖、白头翁、玉兰、菘蓝、决明、三七、当归的新鲜植物或标本，描述植株形态特征、药用部位及功效，记录结果，填入"工作手册"。
（2）利用被子植物分科检索表检索虎杖到科，填入"工作手册"。

四、任务评价

见"工作手册"。

五、任务自测

简述蓼科、毛茛科、豆科、十字花科、五加科、伞形科植物的主要特征。

子任务 2 双子叶植物纲——合瓣花亚纲植物的识别

必备知识

合瓣花亚纲又称后生花被亚纲。花瓣多少连合成各种形状的花冠,如漏斗状、钟状、唇形、管状、舌状等,由辐射对称发展到两侧对称。花冠各式的连合增强了对昆虫传粉的适应性及对雄蕊、雌蕊的保护。合瓣花类群较离瓣花类群进化。

21. 木犀科

$⚥ *K_{(4)} C_{(4)} {}_0 A_2 \underline{G}_{(2:2:2)}$

木犀科 Oleaceae,灌木、乔木或攀缘藤本。叶常对生,单叶、三出复叶或羽状复叶。花两性,稀单性异株,辐射对称,花序圆锥状、聚伞形或簇生;花萼、花冠常4裂,稀无花冠;雄蕊常2,稀4;子房上位,2室,每室胚珠2。核果、蒴果、浆果、翅果。

本科约有27属400余种,广布于温带、亚热带地区。我国有12属近178种,各地均有分布。药用有8属89种。

本科植物叶上有盾状毛茸,叶肉中常有草酸钙针晶和柱晶。含酚类、苦味素类、苷类、香豆素类、挥发油等化学成分。

常见药用植物举例如下。

连翘 *Forsythia suspensa* (Thunb.) Vahl,落叶灌木。茎直立,嫩枝具四棱,小枝节间中空。单叶或羽状三出复叶,对生,卵形或长椭圆状卵形。春季先叶开花,花冠黄色,深4裂,花冠管内有橘红色条纹;雄蕊2,子房上位,2室。蒴果狭卵形,木质,表面有瘤状皮孔。种子多数,有翅(图6-3-37)。分布于东北、华北等地。生于荒野山坡或栽培。果实能清热解毒、消肿散结、疏散风热。

图 6-3-37 连翘

女贞 *Ligustrum lucidum* Ait.,常绿乔木,全体无毛。单叶对生,革质,卵形或椭圆状卵形,全缘。花小,密集成圆锥花序,顶生。花冠白色,漏斗状,先端4裂,雄蕊2;子房上位。核果长圆形,微弯曲,熟时黑色,被白粉。分布于长江流域以南,生于混交林或林缘、谷地,多栽培。果实作"女贞子",能滋补肝肾、明目乌发;枝、叶、树皮能祛痰止咳。

本科常见的药用植物尚有：**白蜡树** *Fraxinus chinensis* Roxb.，干燥枝皮或干皮作"秦皮"，能清热燥湿、收涩止痢、止带、明目。

22. 龙胆科

♀ *K$_{(4\sim5)}$C$_{(4\sim5)}$A$_{4\sim5}$G$_{(2:1:\infty)}$

龙胆科 Gentianaceae，草本，茎直立或攀缘。单叶对生，全缘，无托叶。花常两性，辐射对称，聚伞花序或单生；花萼筒状，常4～5裂，花冠筒状、漏斗状或辐射状，常4～5裂，多旋转排列；雄蕊4～5，生于花冠管上；子房上位，2心皮合生成1室，侧膜胎座，胚珠多数。蒴果2瓣裂。

本科有80属700余种，广布全球。我国约有22属427种，已知药用有15属约108种。

本科植物根的内皮层由多层细胞组成，茎内常具双韧型维管束，多具有草酸钙针晶、砂晶。主要含有裂环烯醚萜苷类、生物碱类等化学成分。

常见药用植物举例如下。

龙胆 *Gentiana scabra* Bge.，多年生草本。根细长，簇生。单叶对生，无柄，卵形或卵状披针形，全缘，主脉3～5条。聚伞花序密生于茎顶或叶腋；萼5深裂；花冠蓝紫色，钟状，5浅裂，裂片间具短三角状的褶；雄蕊5，花丝基部有翅；子房上位，1室。蒴果长圆形，种子有翅（图6-3-38）。主要分布于东北、华北等地。根及根状茎能清热燥湿、泻肝胆火。

图 6-3-38　龙胆
1—花枝；2—根

同属植物**条叶龙胆** *Gentiana manshurica* Kitag.、**三花龙胆** *Gentiana triflora* Pall.、**坚龙胆** *Gentiana rigescens* Franch. 的根和根状茎亦作"龙胆"入药。

本科常用的药用植物尚有：**秦艽** *Gentiana macrophylla* Pall.，根能祛风湿、清湿热、止痹痛、退虚热。**青叶胆** *Swertia mileensis* T.N.Ho et W.L.Shih，全草能清肝利胆、清热利湿。

23. 夹竹桃科

♀ *K$_{(5)}$C$_{(5)}$A$_5$G$_{(2:1\sim2:1\sim\infty)}$ $\overline{G}_{(2:1\sim2:1\sim\infty)}$

夹竹桃科 Apocynaceae，多木本，少草本，常蔓生。具白色乳汁或水液。单叶对生或轮生，少互生，全缘。无托叶或退化成腺体，稀有假托叶。花两性，辐射对称，单生或多朵组成聚伞花序，顶生或腋生；花萼合生成筒状或钟状，常5裂，基部内面常有腺体；花冠合瓣，高脚碟状、漏斗状、坛状，常5裂，稀4，裂片旋转状排列，喉部常有副花冠或附属体（鳞片或毛状附属物）；雄蕊5，贴生，花药常呈箭头形，具花盘；子房上位，稀半下位，心皮2，离生或合生成1～2室，中轴胎座或侧膜胎座，胚珠1至多数。蓇葖果、浆果、核果或蒴果。种子常一端被毛。

本科有250属2000余种，分布于热带、亚热带地区。我国有46属176种33变种，主要分布于长江以南各省区。已知药用有15属95种。

本科植物茎常具双韧型维管束。主要含吲哚类生物碱、强心苷类等化学成分。

常见药用植物举例如下。

罗布麻 *Apocynum venetum* L.，半灌木，具乳汁。枝条常对生，光滑无毛，带红色。叶对生，叶椭圆状披针形至卵圆状长圆形，叶缘有细齿。花冠圆筒状钟形，紫红色或粉红色，筒内基部具副花冠。雄蕊5，花药箭形，基部具耳；花盘肉质环状；心皮2，离生；蓇葖果叉生，下垂（图6-3-39）。分布于北方各省区及华东等地。叶能平肝安神、清热利水。

图6-3-39　罗布麻

本科常用的药用植物尚有：**络石** *Trachelospermum jasminoides*（Lindl.）Lem.，带叶藤茎作"络石藤"，能祛风通络、凉血消肿。**萝芙木** *Rauvolfia verticillata*（Lour.）Baill.，分布于西南、华南地区；全株能镇静、降压、活血止痛，为提取"降压灵"和"利血平"的原料；同科属植物**蛇根木** *Rauvoltia. serpentina*（L.）Benth.ex Kurz 等也有同样作用。**长春花** *Catharanthus roseus*（L.）G. Don，原产非洲东部，我国中南、华东、西南等地有栽培，全株有毒，能抗癌、抗病毒、利尿、降血糖，是提取长春碱和长春新碱的原料。

24. 萝藦科

☿ *K$_{(5)}$ C$_{(5)}$ A$_5$ $\underline{G}_{2:1:\infty}$

萝藦科Asclepiadaceae，草本、灌木或藤本，有乳汁。单叶对生，少轮生或互生，全缘，无托叶；叶柄顶端常有腺体。花两性，坛状，辐射对称，5基数；聚伞花序，稀总状花序；花萼筒短，5裂；具副花冠，由5枚离生或基部合生的裂片或鳞片组成，生于花冠管上或雄蕊背部或花蕊冠上；雄蕊5，与雌蕊贴生成中心柱，称合蕊柱；花丝常合生成管包围雌蕊，称合蕊冠，或花丝离生；

花药合生成一环而贴生于柱头基部的膨大处；花粉常黏合成花粉块；子房上位，心皮2，离生；花柱2，合生。蓇葖果双生，或因一个不育而单生。种子多数，顶端具白色丝状长毛。

本科约有180属2200余种，分布于全球，主产于热带。我国有44属245种33变种，主要分布于西南、东南部，少数分布在西北、东北各省区。已知药用有33属112种。

本科植物茎具双韧维管束。含有强心苷、生物碱、酚类等化学成分。

常见药用植物举例如下。

白薇 *Cynanchum atratum* Bge.，多年生直立草本，有乳汁，全株被绒毛。根须状，有香气。茎中空。叶对生，长卵形或卵状长圆形。聚伞花序，无花序梗，花深紫色。蓇葖果单生，种子一端有长毛（图6-3-40）。全国大部分地区有分布。根及根状茎作"白薇"入药，能清热凉血、利尿通淋、解毒疗疮。同属植物**蔓生白薇** *Cynanchum versicolor* Bge.的根及根茎也作"白薇"入药。

图 6-3-40　白薇
1—植株；2—根及根茎

本科药用植物尚有：**柳叶白前** *Cynanchum stauntonii*（Decne.）Schltr. ex Lévl.，根及根状茎作"白前"入药，能降气、消痰、止咳。**徐长卿** *Cynanchum paniculatum*（Bge.）Kitag.，根及根状茎能祛风、化湿、止痛、止痒。**杠柳** *Periploca sepium* Bge.，根皮作"香加皮"，能利水消肿、祛风湿、强筋骨。

25. 旋花科

☿ *$K_5C_{(5)}A_5\underline{G}_{(2:1\sim4:1\sim2)}$

旋花科 Convolvulaceae，常为缠绕性草质藤本，稀木本，有时具乳汁。单叶互生，全缘或分裂，无托叶。花两性，辐射对称，漏斗状、钟状、坛状等，冠檐全缘或微5裂，裂片在花蕾期呈旋转状；花单生或成聚伞花序；萼片5，常宿存；雄蕊5，着生于花冠管上；子房上位，常为花盘包围，心皮2，稀3~5，合生成2室，稀3~5，每室胚珠1~2。蒴果，稀浆果。

本科约有56属1800种，广泛分布于世界各地。我国有22属约125种，南北均有，主产于西南、华南。已知药用有16属54种。

本科的茎常具双韧维管束。含莨菪烷类生物碱、香豆素类、黄酮类等化合物。

常见药用植物举例如下。

圆叶牵牛 *Pharbitis purpurea*（L.）Voigt，一年生缠绕草本，全株被长硬毛。叶圆心形或宽卵状心形，通常全缘，偶有3裂；花腋生，单一或2~5朵着生于花序梗顶端形成伞形聚伞花序；花冠漏斗状，紫红色、红色或白色，花冠管通常白色；雄蕊与花柱内藏；雄蕊不等长，花丝基部被柔毛；子房无毛，3室，每室2胚珠，柱头头状；蒴果近球形，3瓣裂。种子卵状三棱形，黑褐色或米黄色，被极短的糠秕状毛（图6-3-41）。全国大部分地区有分布。种子作"牵牛子"，能泻水通便，消痰涤饮，杀虫攻积。

图6-3-41 圆叶牵牛
1—植株；2—果实；3—种子

同属植物**裂叶牵牛** *Pharbitis nil*（L.）Choisy 的种子亦作"牵牛子"入药。

本科药用植物尚有：**菟丝子** *Cuscuta chinensis* Lam.，一年生缠绕寄生草本，种子能补益肝肾、固精缩尿、安胎、明目、止泻，外用能消风祛斑。**丁公藤** *Erycibe obtusifolia* Benth.，藤茎作"丁公藤"，有小毒，能祛风除湿、消肿止痛。

26. 马鞭草科

$\male \uparrow K_{(4\sim5)} C_{(4\sim5)} A_4 \underline{G}_{(2:4:1\sim2)}$

马鞭草科 Verbenaceae，木本，稀草本，常具特殊气味。单叶或复叶，多对生，稀轮生。花两性，多两侧对称；穗状或聚伞花序；花萼4~5裂，宿存；花冠常裂为二唇形或4~5不等分裂；雄蕊常4枚，2强；子房上位，2心皮合生，因假隔膜而成4室，每室胚珠1~2，花柱顶生，柱头2裂。浆果或蒴果状核果。

本科有80余属3000余种，主要分布于热带和亚热带地区，少数延至温带；我国现有21属175种31变种10变型，主要分布在长江以南各省。已知药用有15属101种。

本科植物常具各种腺毛、非腺毛及钟乳体。主要含黄酮类、环烯醚萜类、醌类及挥发油等化学成分。

常见药用植物举例如下。

马鞭草 *Verbena officinalis* L.，多年生草本。茎四方形。叶对生，卵形至长卵形；基生叶边缘常有粗锯齿和缺刻；茎生叶常 3 深裂，裂片作不规则羽状分裂或具粗锯齿，两面均被粗毛。穗状花序细长如马鞭；花小，花萼、花冠均 5 齿裂，花冠淡紫色，略成二唇形，雄蕊 4，二强；子房上位，4 室，每室胚珠 1。果实包于萼内，熟时分裂为 4 枚小坚果（图 6-3-42）。分布于全国各地。地上部分入药，能活血散瘀、解毒、利水、退黄、截疟。

图 6-3-42 马鞭草

本科药用植物尚有：**蔓荆** *Vitex trifolia* L.，果实作"蔓荆子"，能疏风散热、清利头目。

27. 唇形科

$\male \uparrow K_{(5)} C_{(5)} A_{4,2} \underline{G}_{(2:4:1)}$

唇形科 Labiatae，草本，稀木本。多含挥发性芳香油。茎四棱，单叶对生或轮生。花两性，两侧对称；常为腋生聚伞花序排列成轮伞花序，或再聚合成总状、穗状、圆锥等复合花序；花萼 5，宿存；花冠 5 裂，唇形，通常上唇 2 裂，下唇 3 裂；雄蕊 4，二强，或仅 2 枚；2 心皮合生，子房上位，通常 4 深裂形成假四室，每室胚珠 1，着生于四裂子房的底部；果为 4 枚小坚果。

唇形科与马鞭草科、紫草科易混淆。紫草科茎圆形，叶互生，花辐射对称。马鞭草科花柱顶生，子房不深 4 裂，不形成轮伞花序，果实为核果或蒴果状。

本科约有 220 属 3500 余种。我国有 99 属，800 余种。已知药用有 75 属 436 种。

本科植物茎叶具多种类型的毛茸，气孔器直轴式；茎的角隅处具有发达的厚角组织。主要含挥发油、二萜类、黄酮类、生物碱类等成分。

常见药用植物举例如下。

薄荷 *Mentha haplocalyx* Briq.，多年生草本，有清凉香气。茎四棱。叶对生，卵形或长圆形，两面均有腺鳞及毛茸。轮伞花序腋生；花冠淡紫色或白色，4 裂，上唇裂片较大，顶端 2 裂，下唇 3 裂，近相等。雄蕊 4，二强。小坚果椭圆形（图 6-3-43）。全国各地均有分布，多栽培。地上部分入药，能疏散风热、清利头目、利咽、透疹、疏肝行气。

图 6-3-43 薄荷　　　　　图 6-3-44 丹参
　　　　　　　　　　　1—植株；2—根

丹参 *Salvia miltiorrhiza* Bge.，多年生草本，全株密被长柔毛及腺毛，触手有黏性。根圆柱形，砖红色。茎四棱形。单数羽状复叶对生，小叶常 3～5，卵圆形或椭圆状卵形。轮伞花序呈假总状排列；萼片二唇形；花冠蓝紫色，二唇形，上唇略呈盔状，下唇 3 裂；能育雄蕊 2；小坚果长圆形（图 6-3-44）。全国大部分地区有分布。根及根茎能活血祛瘀、通经止痛、清心除烦、凉血消痈。

黄芩 *Scutellaria baicalensis* Georgi，多年生草本，主根肥厚，断面黄绿色，茎基部多分枝，叶对生，有短柄，披针形至条状披针形，下面被下陷的腺点。总状花序顶生，苞片叶状，雄蕊 4，二强，小坚果卵球形（图 6-3-45）。分布于北方地区，生于向阳山坡、草原。根入药，能清热燥湿、泻火解毒、止血、安胎。

图 6-3-45 黄芩
1—植株；2—根；3—花；4—果实；5—种子

本科药用植物尚有：**紫苏** *Perilla frutescens*（L.）Britt.，果实作"紫苏子"，能降气化痰、止咳平喘、润肠通便；叶或带嫩枝作"紫苏叶"入药，能解表散寒、行气和胃；茎作"紫苏梗"，能理气宽中、止痛、安胎。**夏枯草** *Prunella vulgaris* L.，果穗入药，能清肝泻火、明目、散结消肿。**广藿香** *Pogostemon cablin*（Blanco）Benth.，地上部分入药，能芳香化浊、和中止呕、发表解暑。**荆芥** *Schizonepeta tenuifolia* Briq.，地上部分能解表散风、透疹、消疮；炒炭用于收敛止血。**半枝莲** *Scutellaria barbata* D.Don，全草能清热解毒、化瘀利尿。**益母草** *Leonurus japonicus* Houtt.，地上部分入药，能活血调经、利尿消肿、清热解毒；果实作"茺蔚子"，能活血调经、清肝明目。

28. 茄科

♀ $*K_5C_{(5)}A_5\underline{G}_{(2:2:\infty)}$

茄科 Solanaceae，草本、灌木或小乔木。单叶或复叶，互生，无托叶。花两性，稀杂性，辐射对称，单生、簇生或成聚伞花序；花萼常 5 裂，宿存，果期常增大；花冠合瓣呈辐射状、钟状、漏斗状，5 裂；雄蕊常与花冠裂片同数且互生；子房上位，2 心皮合生成 2 室或假 4 室，中轴胎座，胚珠多数。浆果或蒴果。种子盘形或肾形。

本科约有 30 属 3000 种，分布于温带、热带地区，美洲热带种类最为丰富。我国有 24 属 105 种 35 变种，各省区均有。已知药用有 25 属 84 种。

本科植物茎具双韧维管束。主要含生物碱类成分，如莨菪碱、山莨菪碱、东莨菪碱、颠茄碱、烟碱、胡芦巴碱等，尚含吡咯啶类、吲哚类、黄酮类等化合物。

常见药用植物举例如下。

宁夏枸杞 *Lycium barbarum* L.，有刺灌木，主枝数条，粗壮，果枝细长。叶互生或丛生，长椭圆状披针形。花数朵簇生于短枝上，花冠漏斗状，5 裂，粉红色或淡紫色，花冠管长于裂片。浆果倒卵形，熟时红色（图 6-3-46）。分布于西北、华北地区，主产于宁夏、甘肃。果实作"枸杞子"，能滋补肝肾、益精明目。根皮作"地骨皮"，能凉血除蒸、清肺降火。同属植物**枸杞** *Lycium chinense* Mill. 的根皮亦作"地骨皮"入药。

图 6-3-46　宁夏枸杞

白花曼陀罗 *Datura metel* L.，一年生草本。单叶互生，于茎上部假对生，卵形或宽卵形，先端渐尖或锐尖。基部楔形，全缘或有稀疏锯齿。花单生枝杈间或叶腋；花萼筒状，先端 5 裂；花冠漏斗状，白色；雄蕊 5；子房不完全，4 室；蒴果近球形，表面有稀疏短刺，熟时 4 瓣裂（图 6-3-47）。我国各地均有分布。花作"洋金花"，有毒，能平喘止咳、解痉定痛。

图 6-3-47 白花曼陀罗

本科药用植物尚有：**颠茄** *Atropa belladonna* L.，全草能松弛平滑肌、抑制腺体分泌、加速心率、扩大瞳孔。**莨菪** *Hyoscyamus niger* L.，种子作"天仙子"，能解痉止痛、平喘、安神。**酸浆** *Alkekengi officinarum* Moench，宿萼或带果实的宿萼作"锦灯笼"，能清热解毒、利咽化痰、利尿通淋。

29. 玄参科

♀ ↑ $K_{(4\sim5)} C_{(4\sim5)} A_{4,2} \underline{G}_{(2:2:\infty)}$

玄参科 Scrophulariaceae，草本，稀灌木或乔木。叶对生，稀互生或轮生；无托叶。总状或聚伞花序；花两性，常两侧对称，稀辐射对称。花萼 4～5 裂，宿存；花冠 4～5 裂，近二唇形；雄蕊 4，二强，稀 2 或 5，着生于花冠管上；子房上位，2 心皮，2 室，中轴胎座，胚珠多数。蒴果，常具宿存花柱。种子多数。

本科约有 200 属 3000 种，广布全球各地。我国有 56 属，主产于西南地区。已知药用有 45 属 233 种。

本科植物具双韧维管束。含环烯醚萜苷、强心苷、黄酮类及生物碱等成分。

常见药用植物举例如下。

玄参 *Scrophularia ningpoensis* Hemsl.，多年生高大草本。根数条，呈纺锤状，灰黄褐色，干后变黑。茎方形，下部叶对生，上部叶有时互生；叶片卵形至披针形。聚伞花序集成疏散的圆锥花序，花萼 5 裂几达基部；花冠管部多壶状，褐紫色，顶端 5 裂，上唇长于下唇；雄蕊 4，二强。蒴果卵形（图 6-3-48）。分布于华东、中南、西南等地区。根能清热凉血、滋阴降火、解毒散结。

地黄 *Rehmannia glutinosa* Libosch.，多年生草本，全株密被灰白色长柔毛及腺毛。根肥大块状。叶丛状基生，叶片倒卵形或长椭圆形，上面绿色多皱，下面带紫色。总状花序顶生；花冠管稍弯曲，顶端 5 浅裂，近二唇形，外面紫红色，内面常有黄色带紫的条纹；雄蕊 4，二强；子房上位，2 室。蒴果卵形（图 6-3-49）。分布于华北、西北、华中、华东以及辽宁等地，各省多栽培，主产河南。块根作"生地黄"，能清热凉血、养阴生津，加工炮制后为"熟地黄"，能补血滋阴、益精填髓。

本科常用药用植物尚有：**胡黄连** *Picrorhiza scrophulariiflora* Pennell，根状茎能退虚热、除疳热、清湿热。**阴行草** *Siphonostegia chinensis* Benth.，全草作"北刘寄奴"，能活血祛瘀、通经止痛、凉血止血、清热利湿。

图 6-3-48　玄参　　　　　　　图 6-3-49　地黄
　　　　　　　　　　　　　　　1—植株；2—块根

30. 爵床科

☿ ↑ K$_{(4\sim5)}$ C$_{(4\sim5)}$ A$_{4,2}$ G$_{(2:2:1\sim\infty)}$

爵床科 Acanthaceae，草本或灌木，有时攀缘状。茎节常膨大。单叶对生。茎、叶的表皮细胞内常含有钟乳体。花两性，两侧对称，每花下常具 1 苞片和 2 小苞片，聚伞花序排列成圆锥状，少为单生或呈总状，花萼 4～5 裂，花冠 4～5 裂，二唇形；雄蕊 4 或 2，二强，子房上位，基部常具有花盘，2 心皮合生成 2 室，中轴胎座。蒴果，室背开裂，种子着生于珠柄演变成的钩状物上，成熟后弹出。

本科约有 250 属 3450 种，分布广。我国约有 68 属 311 余种，多产于长江流域以南各省区。已知药用有 32 属 70 余种。

本科植物茎、叶的表皮细胞内常含有钟乳体。主要含酚类、黄酮类、二萜类、生物碱等成分。

常见药用植物举例如下。

穿心莲 *Andrographis paniculata*（Burm.f.）Nees，一年生草本。茎四棱，下部多分枝，节膨大。叶对生，叶卵状长圆形至披针形。总状花序；苞片和小苞片微小；花冠白色，二唇形，下唇具紫色斑纹；雄蕊 2，药室一大一小。蒴果长椭圆形，中有 1 沟，2 瓣裂（图 6-3-50）。原产于热带地区，我国南方有栽培。全草作"穿心莲"，能清热解毒、凉血、消肿。

马蓝 *Baphicacanthus cusia*（Nees）Bremek.，草本或小灌木。多分枝，茎节膨大。单叶对生，叶卵形至披针形。总状花序，2～3 节，每节具 2 朵对生的花；苞片具柄，卵形，常脱落。花萼 5 裂，花冠 5 裂，淡紫色，花冠筒内有两行短柔毛；雄蕊 4，二强。蒴果棒状。分布于华北、华南、西南地区，台湾亦产。有的地区将其叶作为中药"大青叶"使用，可加工制成青黛，为中药青黛的原料来源之一，能清热解毒、凉血消斑、泻火定惊；根作"南板蓝根"，能清热解毒药、凉血消斑。

图 6-3-50 穿心莲

31. 茜草科

♀ *K$_{(4\sim6)}$ C$_{(4\sim6)}$ A$_{4\sim6}$ $\overline{G}_{(2:2:1\sim\infty)}$

茜草科 Rubiaceae，草本或木本，有时攀缘状。单叶对生或轮生，全缘；托叶 2。花两性，辐射对称，二歧聚伞花序排列成圆锥状或头状；花萼、花冠 4～5 裂，稀 6 裂；雄蕊与花冠裂片同数且互生，子房下位，2 心皮合生成 2 室，每室胚珠 1 至多数。蒴果、浆果或核果。

本科约有 500 属 6000 多种，广布于热带和亚热带。我国有 98 属 676 种，主要分布于西南至东南部。已知药用有 59 属 210 余种。

本科植物多具有分泌组织，细胞中常含有砂晶、簇晶、针晶等草酸钙晶体。化学成分主要为生物碱类、环烯醚萜类、蒽醌类等。

常见药用植物举例如下。

栀子 *Gardenia jasminoides* Ellis，常绿灌木，叶对生或三叶轮生，椭圆状倒卵形至倒阔披针形，革质。托叶鞘状。花冠白色芳香，单生枝顶；子房下位，1 室，胚珠多数。果肉质，外果皮略革质，熟时黄色，具翅状棱 5～8 条（图 6-3-51）。分布于我国南部和中部。生于山坡木林中。果实作"栀子"，能泻火除烦、清热利湿、凉血解毒；外用消肿止痛。

茜草 *Rubia cordifolia* L.，多年生攀缘草本。根丛生，橙红色。茎四棱，具倒生刺。叶 4 片轮生，卵形至卵状披针形，有长柄，下面中脉及叶柄上有倒刺。花小，5 数，黄白色，聚伞花序呈疏松的圆锥状。子房下位，2 室。浆果，熟时黑色（图 6-3-52）。全国各地均产。生于灌丛中。根作"茜草"，能凉血、祛瘀、止血、通经。

钩藤 *Uncaria rhynchophylla*（Miq.）Miq.ex Havil.，常绿木质大藤本。小枝四棱形，叶腋有钩状变态枝。叶对生，椭圆形；托叶 2 深裂。头状花序单生叶腋或顶生呈总状；花 5 数，花冠黄色；子房下位。蒴果。分布于江西、湖南、广东、广西等地；带钩茎枝作"钩藤"入药，能息风定惊、清热平肝。

本科常见的药用植物尚有：**巴戟天** *Morinda officinalis* How，根能补肾阳、强筋骨、祛风湿。**红大戟** *Knoxia valerianoides* Thorel et Pitard，块根能泻水逐饮、消肿散结。

图 6-3-51 栀子
1—花枝；2—果枝

图 6-3-52 茜草
1—植株；2—果实

32.忍冬科

$\male * \uparrow K_{(4\sim5)} C_{(4\sim5)} A_{4\sim5} \overline{G}_{(2\sim5:1\sim5:1\sim\infty)}$

忍冬科 Caprifoliaceae，木本，稀草本。多单叶对生，稀羽状复叶，常无托叶。聚伞花序，花两性，辐射对称或两侧对称；萼片 4～5 裂；花冠管状，常 5 裂，有时二唇形；雄蕊与花冠裂片同数且互生，着生在花冠管上；子房下位，2～5 心皮合生成 1～5 室，每室胚珠 1。浆果、核果或蒴果。

本科有 13 属约 500 种，主产于北温带。我国有 12 属 200 余种，全国广布。已知药用有 9 属 100 余种。

本科植物花内常具草酸钙簇晶、厚壁非腺毛、腺毛，腺毛的腺头由数十个细胞组成，腺柄由 1～7 个细胞组成。主要含酸性成分及黄酮类、三萜类、皂苷类等化学成分。

常见药用植物举例如下。

忍冬 *Lonicera japonica* Thunb.，半常绿缠绕灌木。茎多分枝，幼枝密生柔毛和腺毛，单叶对生，卵形至长卵形，幼时两面被短毛。花成对腋生，苞片叶状，花萼 5 裂，无毛；花冠二唇形，上唇 4 浅裂，下唇稍反卷，初开时白色，后变黄色，故称"金银花"；雄蕊 5，雌蕊 1，子房下位。浆果球形，熟时黑色（图 6-3-53）。全国大部分省区有分布。花蕾或带初开的花作"金银花"，能清热解毒、疏散风热；茎枝作"忍冬藤"，能清热解毒、疏风通络。

图 6-3-53 忍冬
1—花枝；2—果实

33. 葫芦科

♂ *K$_{(5)}$ C$_{(5)}$ A$_{5,(3\sim5)}$ ♀ *K$_{(5)}$ C$_{(5)}$ $\overline{G}_{(3:1:\infty)}$

葫芦科 Cucurbitaceae，草质藤本，具卷须。常单叶互生，掌状浅裂，或为鸟趾状复叶。花单性，同株或异株，辐射对称；花萼及花冠裂片5，稀为离瓣花冠；雄蕊3或5枚，分离或合生；子房下位，3心皮合生1室，有时3室，侧膜胎座。瓠果。种子常扁平。

本科约有113属800种，分布于热带、亚热带地区。我国约有32属150余种。已知药用有25属92余种。

本科植物茎中具有双韧维管束、草酸钙针晶、石细胞等。主要含葫芦素、雪胆甲素、雪胆乙素、罗汉果苷、木鳖子皂苷等成分。

常见药用植物举例如下。

栝楼 *Trichosanthes kirilowii* Maxim.，多年生草质藤本。块根肥厚，圆柱状。叶具长柄，近心形，掌状3~9浅裂至中裂，稀不裂，中裂片菱状倒卵形，边缘常再浅裂或有齿。雌雄异株；雄花成总状花序，雌花单生；花冠白色，5裂，裂片先端细裂成流苏状。雄蕊3。瓠果椭圆形，熟时果皮果瓤橙黄色。种子椭圆形，扁平，浅棕色（图6-3-54）。主产于长江以北以及江苏、浙江等地。成熟果实作"瓜蒌"入药，能清热涤痰、宽胸散结、润燥滑肠；种子作"瓜蒌子"，能润肺化痰、滑肠通便；果皮作"瓜蒌皮"，能清化热痰、利气宽胸；根作"天花粉"，能清热泻火、生津止渴、消肿排脓。同属植物**双边栝楼** *Trichosanthes rosthornii* Harms，入药部位及疗效与栝楼同。

图6-3-54 栝楼

本科常见的药用植物尚有：**木鳖** *Momordica cochinchinensis*（Lour.）Spreng.，种子作"木鳖子"，有毒，能散结消肿、攻毒疗疮。**罗汉果** *Siraitia grosvenorii*（Swingle）C.Jeffrey ex A.M.Lu et Z.Y.Zhang，果实作"罗汉果"，能清热润肺、利咽开音、润肠通便。**丝瓜** *Luffa cylindrica*（L.）Roem.，成熟果实的维管束作"丝瓜络"，能祛风、通络、活血、下乳。

34. 桔梗科

♀ * ↑ K$_{(5)}$ C$_{(5)}$ A$_5$ $\overline{G}_{(2\sim5:2\sim5:\infty)}$ $\overline{G}_{(2\sim5:2\sim5:\infty)}$

桔梗科 Campanulaceae，草本，常具乳汁。单叶互生或对生，稀轮生，无托叶。花两性，辐射对称或两侧对称，单生或成各种花序；花萼常5裂，宿存；花冠钟状或管状，5裂；雄蕊5；子房下位或半下位，心皮3（稀2~5），合生成3（稀2~5）室，中轴胎座，胚珠多数。蒴果，稀浆果。

本科约有60属2000余种。世界广布，以温带、亚热带为多。我国有16属170余种。已知药用有13属111种。

本科植物常具有菊糖、乳汁管等。主要含皂苷、生物碱、糖类等成分。

常见药用植物举例如下。

桔梗 *Platycodon grandiflorum* (Jacq.) A.DC.，多年生草本，具白色乳汁。根肉质，长圆锥形。叶对生、互生或轮生，叶片卵形至披针形。花单生或数朵生于枝顶；花萼5裂，宿存；花冠阔钟形，蓝色，5裂；雄蕊5；子房半下位，5心皮合生5室，中轴胎座，柱头5裂。蒴果倒卵形，顶部5瓣裂（图6-3-55）。广布全国。生于山地草坡或林缘。根作"桔梗"，能宣肺、利咽、祛痰、排脓。

党参 *Codonopsis pilosula* (Franch.) Nannf.，多年生缠绕草本，有白色乳汁。根圆柱状，顶端具多数瘤状茎痕，向下有环纹。叶互生，多卵形，两面有毛。花1～3朵生于枝顶；花冠阔钟形，淡绿色，略带紫晕。子房半下位，3室，蒴果3瓣裂（图6-3-56）。分布于陕西、甘肃、内蒙古，以及东北等地区。全国有栽培。根能健脾益肺、养血生津。

本科药用植物还有：**沙参** *Adenophora stricta* Miq.，根作"南沙参"，能养阴清肺、益胃生津、化痰、益气。**半边莲** *Lobelia chinensis* Lour.，全草能清热解毒、利尿消肿。

图6-3-55 桔梗
1—植株；2—蒴果；3—根

图6-3-56 党参
1—花枝；2—根

35. 菊科

$\male\female * \uparrow K_{0, \infty} C_{(3\sim 5)} A_{(4\sim 5)} \overline{G}_{(2:1:1)}$

菊科Compositae，常为草本，稀灌木。部分具乳汁或树脂道。单叶互生，稀对生或轮生。花两性或单性，辐射对称或两侧对称，头状花序外围有1至多层总苞片组成的总苞，总苞片叶状、鳞片状或针刺状；花冠合生，4～5裂，管状或舌状，形成头状花序。花序有三种类型：①全部为两性舌状花，如蒲公英；②全部为两性管状花，如红花。花萼常变态成冠毛、鳞片或刺状；③外围为舌状花（雌性不育花，称边花），中央为两性管状花（称盘花），如向日葵。雄蕊5或4，聚药雄蕊；雌蕊子房下位，2心皮合生成1室，每室胚珠1，连萼瘦果（有花托或萼管参与形成的果实），又称菊果。

菊科是被子植物第一大科，约有1000属25000～30000种，广布世界。我国约有200属

2000多种。已知药用有155属778种。通常分为舌状花亚科（Cichorioideae）和管状花亚科（Carduoideae）两个亚科。

本科植物普遍具有菊糖，常有各种腺毛、分泌道、油室、草酸钙晶体等。主要含倍半萜内酯类、黄酮类、生物碱类、香豆素类等成分。

常见药用植物举例如下。

菊花 *Chrysanthemum morifolium* Ramat.，多年生草本，基部木质，全株被白色绒毛。叶片卵形至披针形，叶缘有粗锯齿或羽状深裂。头状花序，总苞片多层，外层绿色，边缘膜质；外围为雌性舌状花；中央为两性管状花，黄色。瘦果无冠毛（图6-3-57）。全国各地均有栽培，头状花序作"菊花"入药，能散风清热、平肝明目、清热解毒。

红花 *Carthamus tinctorius* L.，一年生草本。单叶互生，近无柄，长卵形或卵状披针形，叶缘齿端有尖刺。头状花序外侧总苞2～3层，上部边缘有锐刺，内侧数列卵形，无刺；全为管状花，初开时黄色，后变为红色；瘦果白色，近卵形，具四棱，无冠毛（图6-3-58）。各地有栽培。花作"红花"，能活血通经、散瘀止痛。

图6-3-57 菊花

图6-3-58 红花

茅苍术 *Atractylodes Lancea* (Thunb.) DC.，多年生草本。根茎肥大，结节状，横断面有红棕色油点，具有香气。叶无柄，下部叶常3裂，两侧裂片较小，顶端裂片较大，卵形。头状花序直径1～2cm；花冠白色。瘦果密被柔毛，冠毛羽状（图6-3-59）。分布于山西、四川、山东、湖北、江苏、安徽、浙江。生于山坡灌丛、草丛中。根茎作"苍术"，能燥湿健脾、祛风散寒、明目。

苍耳 *Xanthium sibiricum* Patr.，一年生草本。叶三角状心形或卵形，基出三脉，被糙毛。雄头状花序球状；雌头状花序球状、椭圆状，内层总苞片结成囊状。瘦果熟时总苞变硬，外面疏生具钩的刺（图6-3-60）。全国各地均有分布。生于低山丘陵和平原。果实作"苍耳子"，有毒，能散风寒、通鼻窍、祛风湿。

牛蒡 *Arctium lappa* L.，二年生草本。根肉质。基生叶丛生，茎生叶互生，阔卵形或心形。头状花序丛生或排成伞房状；总苞片披针形，顶端钩状弯曲；全为管状花，淡紫色。瘦果扁卵形，冠毛短刚毛状（图6-3-61）。果实作"牛蒡子"，能疏散风热、宣肺透疹、解毒利咽。

蒲公英 *Taraxacum mongolicum* Hand.-Mazz.，多年生草本，有乳汁。根圆锥形。叶基生，莲座状，倒披针形，不规则羽状深裂，顶端裂片较大。花葶中空，顶生一头状花序；外层总苞片先端常有小角状突起，内层总苞片长于外层；全为舌状花，黄色。瘦果先端具长喙，冠毛白色（图6-3-62）。全国各地均有分布。全草能清热解毒、消肿散结、利尿通淋。

本科药用植物尚有：**白术** *Atractylodes macrocephala* Koidz.，根茎作"白术"，能健脾益气、燥湿利水、止汗、安胎。**茵陈蒿** *Artemisia capillaris* Thunb.，幼苗作"绵茵陈"，能清利湿热、利胆退黄。**艾** *Artemisia argyi* Levl. et Vant.，叶作"艾叶"，能温经止血、散寒止痛；外用祛湿止痒。**旋覆花** *Inula japonica* Thunb.，头状花序作"旋覆花"，能降气、消痰、行水、止呕。**祁州漏芦** *Rhaponticum uniflorum*（L.）DC.，根能清热解毒、消痈、下乳、舒筋通脉。**紫菀** *Aster tataricus* L.f.，根茎及根作"紫菀"，能润肺、祛痰、止咳。**蓟** *Cirsium japonicum* Fisch. ex DC.，全草作"大蓟"，能凉血止血、祛瘀消肿。**刺儿菜** *Cirsium setosum*（willd.）MB.，全草作"小蓟"，能凉血止血、散瘀解毒消痈。**木香** *Aucklandia lappa* Decne.，根作"木香"，能行气止痛、健脾消食。**苦苣菜** *Sonchus oleraceus* L.，全草入药，有祛湿、清热解毒功效。**苣荬菜** *Sonchus arvensis*，全草作"北败酱"，能清热解毒、消肿排脓、祛瘀止痛。

图6-3-59 苍术
1—植株；2—根及根状茎

图6-3-60 苍耳

图6-3-61 牛蒡
1—植株全形；2—头状花序；3—聚合瘦果；4—种子

图6-3-62 蒲公英

任务实施

一、任务描述

观察双子叶植物，明确合瓣花亚纲植物中各科的主要特征；识别合瓣花亚纲植物重点科的代表性药用植物；会使用被子植物分科检索表。

二、任务准备

（1）用具　解剖镜、解剖针、放大镜等。
（2）材料　益母草、酸浆、忍冬、栝楼、大蓟的带花果的新鲜植物或标本。

三、操作步骤

（1）取益母草、酸浆、忍冬、栝楼、大蓟的新鲜植物或标本，描述植株形态特征、药用部位及功效，记录结果，填入"工作手册"。
（2）利用被子植物分科检索表检索酸浆到科，填入"工作手册"。

四、任务评价

见"工作手册"。

五、任务自测

简述唇形科、茄科、忍冬科、葫芦科、菊科植物的主要特征。

子任务3　单子叶植物纲植物的识别

必备知识

1. 香蒲科

♂ $*P_0 A_{1\sim 7,(1\sim 7)}$；♀ $*P_0 \underline{G}_{1:1:1}$

香蒲科 Typhaceae，多年生沼生或水生草本，根茎横走，须根较多。地上茎直立，叶条形直立或斜上，排成2列，互生，全缘，叶鞘长，边缘膜质，抱茎或松散。花单性，雌雄同株，穗状花序，无花被。雄花序位于花序轴上部，雌花序位于花序轴下部，与雄花序紧密相连或相远离。雄蕊常3（1～7）。雌蕊子房上位，1室，胚珠1，子房柄基部至下部具白色丝状毛。小坚果。

本科有1属16种，分布于热带、亚热带。我国约有11种，主要分布于长江以北。已知药用有1属10种。

花粉粒类球形，表面有网状雕纹，单萌发孔不明显。主要含黄酮类、糖类化合物。

常见药用植物举例如下。

东方香蒲 *Typha orientalis* Presl，草本。根状茎横走细长。叶狭线形较宽，近基部鞘状。肉穗状花序蜡烛状，单一顶生；雌雄花序相连，雄花序位于上部，长3～5cm，雌花序位于下部，花序下有一叶状苞片。小坚果（图6-3-63）。分布于东北地区以及河北、安徽、浙江、湖南、陕西、云南等，生于水边湿地。花粉粒作"蒲黄"，能止血、化瘀、通淋。

同属植物**水烛香蒲** *Typha angustifolia* L. 叶狭长线形，肉穗花序，雄花序位于上部，常20～30cm，中间2～15cm无花，花粉亦作"蒲黄"入药。

2. 泽泻科

☿ *$P_{3+3} A_{6-\infty} \underline{G}_{6-\infty:1:1}$；♂ *$P_{3+3} A_{6-\infty}$；♀ *$P_{3+3}\underline{G}_{6-\infty:1:1}$

泽泻科 Alismataceae，多年生或一年生沼生或水生草本；具根状茎或球茎。单叶基生，叶片条形、椭圆形、箭形等，全缘，叶柄基部具鞘，平行脉。花两性或单性，辐射对称，常轮生于花葶上，花序总状、圆锥状或圆锥状聚伞花序。花被片6，排成2轮，覆瓦状，外轮花被片3，绿色，宿存；内轮花被片3，白色，易枯萎、凋落。雄蕊6或多数，花丝分离；心皮多数，轮生或螺旋状排列，胚珠通常1，着生于子房基部。聚合瘦果，种子无胚乳，胚马蹄形。

本科有11属约100种，广布世界各地。我国有4属20种，南北均有。已知药用有2属12种。

本科植物的块茎内皮层明显，维管束周木型，具油室。主要含四环三萜酮醇、挥发油、生物碱、糖类、有机酸、苷类等化合物。

常见药用植物举例如下。

东方泽泻 *Alisma orientale*（Sam.）Juzep.，多年生水生或沼生草本植物。具块茎。单叶基生，叶柄较长，基部鞘状，叶片椭圆形或宽卵形，叶脉常5～7条；基部心形或楔形。花葶高；花序轮生，排成圆锥状复伞花序。花被6，2轮，每轮3，外轮萼片状，内轮花瓣状，白色，较小。雄蕊6；心皮离生。聚合瘦果椭圆形，或近矩圆形，扁平，背部有1～2条不明显浅沟，种子紫褐色（图6-3-64）。广布全国，生于湖泊、水塘的浅水带，沼泽、沟渠及低洼湿地。块茎作"泽泻"入药，能利水渗湿、泄热、化浊降脂。

图 6-3-63　东方香蒲
1—肉穗花序；2—根及根茎

图 6-3-64　泽泻
1—植株；2—花；3—地下块茎

3. 禾本科

☿ *$P_{2-3} A_{3,1-6} \underline{G}_{(2-3:1:1)}$

禾本科 Gramineae，草本或木本。常具根状茎；地上茎有节与节间，中空，称"秆"，圆筒形。单叶互生，排成2列，由叶鞘、叶片和叶舌构成；叶片狭长线形，或披针形，具平行叶脉；叶鞘抱秆，开放或闭合；叶片和叶鞘连接处具膜质状或纤毛状叶舌，两侧常突出或纤毛状称叶耳。花小，通常两性，外有小苞片称为外稃和内稃；外稃厚而硬，内稃膜质，内外稃之间有2～3个透明肉质的小鳞片状物，称为浆片或鳞被；花序由小穗排列成圆锥、总状或穗状等。雄蕊常3或1～6枚，花丝细长，花药丁字形；子房上位，1室，1胚珠；花柱通常2～3，柱头多呈羽毛状。颖果，种子含有大量的淀粉质胚乳。

禾本科植物秆、小穗、小花及花的构造见图6-3-65、图6-3-66。

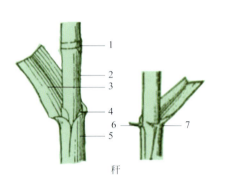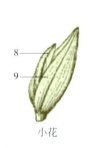

秆　　　　　　　小穗　　　小花

图 6-3-65　禾本科植物秆、小穗、小花的构造
1—节；2—节间；3—叶片；4—叶舌；5—叶鞘；
6—叶耳；7—叶颈；8—内稃；9—外稃

图 6-3-66　禾本科植物花的构造
1—鳞被；2—子房；3—花丝；
4—花柱；5—花药；6—柱头

禾本科约有700属近10000种，世界各地均有分布。本科植物分为禾亚科和竹亚科。我国有200属1500多种。已知药用有85属173种，多为禾亚科植物。

本科植物表皮细胞平行排列，每纵行为1个长细胞和2个短细胞相间排列，细胞中常含硅质体；气孔为哑铃形，两侧各有略呈三角形的副卫细胞；叶片上表皮常有运动细胞，主脉维管束具维管束鞘，叶肉细胞无海绵组织和栅栏组织的分化。主要含生物碱、三萜类、黄酮类、含氮化合物、氰苷及挥发油等化学成分。

常见药用植物举例如下。

薏米 *Coix lacryma-jobi* L.，草本，茎基部节上常生有不定根。叶条状披针形。总状花序从上部叶鞘抽出，小穗单性，花序基部有骨质总苞；内含由2～3朵雌花组成的雌小穗；花序上部生有多个雄小穗，每个小穗由2朵雄花组成。颖果成熟时包于光滑球形的骨质总苞内（图6-3-67）。我国各地均有栽培或野生；生长于河边、溪边、湿地。种仁作"薏苡仁"，能利水渗湿、健脾止泻、除痹、排脓、解毒散结。

白茅 *Imperata cylindrica*（L.）Beauv.var.major（Nees）C.E.Hubb.，草本，根状茎细长横走，节上有卵状披针形鳞片，有甜味。秆丛生，节上有柔毛。叶条状披针形，叶鞘口有纤毛，叶舌短，膜质。圆锥花序紧贴呈穗状，有白色丝状长毛；小穗基部密生丝状长柔毛，比小穗长3～5倍；小穗有2花，仅1花结实。全国均有分布；生于向阳荒坡。根状茎作"白茅根"，能凉血止血、清热利尿。

本科常见药用植物尚有：**淡竹叶** *Lophatherum gracile* Brongn.，茎叶作"淡竹叶"入药，能清热泻火、除烦止渴、利尿通淋。**淡竹** *Phyllostachys nigra*（Lodd.）Munro var.henonis（Mitf.）Stapf ex Rendle，茎秆的中间层作"竹茹"，能清热化痰、除烦、止呕。**芦苇** *Phragmites* communis Trin.，根茎作"芦根"，能清热泻火、生津止渴、除烦、止呕、利尿。**大麦** *Hordeum vulgare* L.，成熟果实经发芽干燥炮制成的加工品，能行气消食、健脾开胃、回乳消胀。

4.莎草科

☿ $*P_0A_3\underline{G}_{(2\sim3:1:1)}$；♂ $*P_0A_3$；♀ $*P_0\underline{G}_{(2\sim3:1:1)}$

莎草科 Cyperaceae，草本。多生于潮湿地或沼泽地。常具细长横走根状茎。茎特称为秆，多实心，通常三棱状。单叶基生或茎生，叶条形或线形，常排成3列，有封闭的叶鞘。2至多朵花组成小穗，再由小穗聚成各式花序。小花单生于小穗苞片的腋内，两性或单性；通常雌雄同株，花被无或退化成刚毛或鳞片，有时雌花被苞片形成的囊苞所包围；雄蕊常3；子房上位，2~3心皮组成1室，具1枚基生胚珠，花柱单一，柱头2~3裂。小坚果，有时被苞片形成的果囊包裹。

本科约有80属4000余种，广布于全世界。我国约有28属500余种，分布全国。已知药用有16属110种。

本科植物含硅质体，表皮细胞无长细胞和短细胞之分；根状茎具内皮层，周木型维管束。主要含有挥发油、生物碱、黄酮、强心苷等化合物。

常见药用植物举例如下。

莎草 *Cyperus rotundus* L.，草本。具细长横走的根状茎，末端常膨大成纺锤形块茎，黑褐色，有芳香味。秆三棱状。单叶基生，叶狭条形，叶鞘棕色，常裂成纤维状。聚伞花序，分枝在茎顶端辐射状排列，苞片叶状，2~3枚，比花序长；小穗线形、扁平、黑褐色；鳞片2列，膜质，每个鳞片着生1个无被花，花两性；雄蕊3；柱头3。小坚果有3棱（图6-3-68）。全国多地有分布，生于山坡荒地、田间。块茎作"香附"，能疏肝解郁、理气宽中、调经止痛。

图 6-3-67 薏米
1—植株；2—果实

图 6-3-68 莎草
1—植株；2—地下块茎

5.棕榈科

☿ $*P_{3+3}A_{3+3}\underline{G}_{(3:1\sim3:1)}$，♂ $*P_{3+3}A_{3+3}$，♀ $*P_{3+3}\underline{G}_{(3:1\sim3:1)}$

棕榈科 Palmae，乔木或灌木，或藤本。主干不分枝，大型叶，常绿，掌状分裂或羽状复叶，叶柄基部常扩大成纤维状叶鞘，通常聚生于茎顶；藤本类散生。大型肉穗花序，常具一至数枚佛焰苞；花小，两性或单性；花被片6，2轮，离生或合生；雄蕊6，2轮，少为3或多数；心皮3，分离或合生，子房上位，1~3室，每室胚珠1。浆果或核果，外果皮肉质或纤维质，种子胚乳丰富，均匀或嚼烂状。

本科约有210属2800种，分布于热带、亚热带。我国约有28属100余种，主产东南至西南地区。已知药用有16属25种。

本科含有硅质体；叶肉组织含有草酸钙针晶，有时为方晶或砂晶。主要化学成分为黄酮类、生物碱类、多元酚类和缩合鞣质等。

常见药用植物举例如下。

棕榈 *Trachycarpus fortunei*（Hook. f.）H.Wendl.，常绿乔木。主干不分枝，有残存的不易脱落的叶柄残基。叶大，掌状深裂，裂片条形，顶端2浅裂，集生于茎顶，叶鞘纤维质，网状，暗棕色，宿存。肉穗花序排成圆锥状，佛焰苞多数。单性花，雌雄异株，萼片、花冠各3，黄白色；雄花雄蕊6；雌花心皮3，基部合生，3室。核果肾状球形，蓝黑色（图6-3-69）。分布于长江以南，生于疏林中，栽培或野生。叶鞘纤维煅后作"棕榈炭"，能收敛止血。

图6-3-69 棕榈

槟榔 *Areca catechu* L.，常绿乔木，主干不分枝。叶大，羽状全裂，裂片狭披针形，集生茎顶。肉穗花序多分枝，排成圆锥花序状；单性花，雌雄同序，雄花生于花序上部，花被6，雄蕊6；雌花生于花序下部，子房上位，3心皮1室。核果椭圆形，红色，中果皮厚，纤维质，种子1。原产于马来西亚，我国海南、云南、台湾有栽培。种子作"槟榔"，能杀虫、消积、行气、利水、截疟；果皮作"大腹皮"，能行气宽中、行水消肿。

本科常见药用植物尚有：**麒麟竭** *Daemonorops draco* Bl.，果实渗出的树脂经加工作"血竭"，能活血定痛、化瘀止血、生肌敛疮。

6. 天南星科

♀ $*P_{4\sim6}A_{4\sim6}\underline{G}_{(1\sim\infty:1\sim\infty)}$；♂ $*P_0A_{(1\sim8),(\infty)1\sim8,\infty}$；♀ $*P_0\underline{G}_{(1\sim\infty:1\sim\infty)}$

天南星科 Araceae，多年生草本。常具块茎或根状茎。植物多含刺激性汁液。单叶或复叶，常基生，叶柄基部多具膜质叶鞘，常为网状脉，脉岛中无自由末梢。花小，两性或单性，肉穗花序，外包有一大型佛焰苞。单性花，无花被，同株或异株，同株时雌花居花序下部，雄花居花序上部，两者间常有无性花相隔或为不育部分，雄蕊 1～8，多合生；雌花序中常有不育雄蕊。两性花常具花被片 4～6，鳞片状；雄蕊常 4～6；雌蕊子房上位，1 至数心皮组成 1 至多室，每室 1 至数枚胚珠。浆果密集生于花序轴上。

本科约有 115 属 2000 余种，主要分布于热带、亚热带。我国有 35 属 205 余种，主要分布于长江以南。已知药用有 22 属 106 种。

本科植物常有黏液细胞，内含针晶束；根状茎或块茎多具周木型或有限外韧型维管束。主要含挥发油、生物碱、聚糖类、黄酮类、氰苷等化合物，多数植物有毒。

常见药用植物举例如下。

天南星 *Arisaema erubescens*（Wall.）Schott，草本。块茎扁球形。仅有 1 叶，长柄，基生，叶片 7～24 裂，放射状排列于叶柄顶端，裂片披针形，末端延伸成丝状。花单性，雌雄异株，佛焰苞绿色，顶端细丝状，花序附属器棒状；雄花雄蕊 4～6。浆果红色，排列紧密（图 6-3-70）。分布几遍全国；生于林下阴湿地。块茎作"天南星"，能散结消肿。

半夏 *Pinellia ternata*（Thunb.），Breit.，块茎扁球形。叶异型，一年生叶为单叶，卵状心形或戟形，2 年以上叶为三出复叶，基生。花单性同株。佛焰苞绿色，下部闭合成管状，附属器鼠尾状，伸出佛焰苞外。浆果红色，卵形（图 6-3-71）。分布南北各地，生于田间、林下、荒坡。块茎作"半夏"，能燥湿化痰、降逆止呕、消痞散结。

图 6-3-70　天南星

图 6-3-71　半夏

本科常见药用植物尚有：**东北天南星** *Arisaema amurense* Maxim.、**异叶天南星** *Arisaema heterophyllum* Bl.，其块茎亦作"天南星"入药，功效同天南星。**掌叶半夏** *Pinellia pedatisecta* Schott，块茎作"虎掌南星"具有燥湿化痰、祛风止痉、散结消肿的功效。**独角莲** *Typhonium giganteum* Engl.，块茎作"白附子"，能祛风痰、定惊搐、解毒散结、止痛。**千年健** *Homalomena occulta*（Lour.）Schott，根茎能祛风湿、壮筋骨。

7. 百部科

$$♀ *P_{2+2} A_{2+2} \underline{G}_{(2:1:2\sim\infty)}, \overline{\underline{G}}_{(2:1:2\sim\infty)}$$

百部科 Stemonaceae，草本或藤本。常有块根或横走根状茎。单叶对生、轮生或互生，弧形脉，有时具平行致密的横脉。花两性，辐射对称；腋生或贴生于叶片中脉；单被花，花被片4，花瓣状，二轮排列；雄蕊4，花药2室；子房上位或半下位，2心皮合生1室，胚珠2至多数，基生或顶生胎座。蒴果2瓣裂。

本科有3属约30种，主要分布于亚洲、美洲和大洋洲。我国有2属6种，分布于东南至西南部。已知药用有2属6种。

本科植物块根通常具有根被。主要含生物碱类化合物。

常见药用植物举例如下。

直立百部 Stemona sessilifolia (Miq.) Miq.，草本。块根较多。叶3~4枚轮生，卵状或卵状披针形，主脉3~7，中间3条明显，茎下部叶鳞片状。花常单生于鳞片叶腋。花两性，辐射对称；花被片4，淡绿色，内侧1/3紫红色；雄蕊4，紫红色，具披针形黄色附属体；子房上位。蒴果2瓣裂（图6-3-72）。分布于华东地区；生于山坡林下。块根作"百部"，能润肺下气止咳、杀虫灭虱。

对叶百部 Stemona tuberosa Lour.，草质藤本。叶常对生。花生于叶腋，花被片被紫红色脉纹。分布于长江以南各省区，生于山坡林下、路旁和溪边。块根作"百部"，能润肺下气止咳、杀虫灭虱。

蔓生百部 Stemona japonica (Bl.) Miq.，草质藤本。叶通常轮生。花单生或数朵贴生于叶片中脉。分布于浙江、江苏及安徽等省，生于山坡草丛、路旁或林下。块根作"百部"，能润肺下气止咳、杀虫灭虱。

8. 百合科

$$\male *P_{3+3,(3+3)} A_{3+3} G_{(3:3:\infty)}$$

百合科 Liliaceae，多年生草本，稀木本。地下部分常具鳞茎、根状茎、球茎或块根。地上茎直立或攀缘，或变态成绿色叶状枝。单叶互生、对生、轮生或退化成鳞片状。花序总状、穗状或圆锥状。花常两性，辐射对称，单被花，花被片6，分离，2轮排列，花冠状，每轮3，或花被联合，顶端6裂；雄蕊常6；子房常上位，由3心皮合生成3室，中轴胎座，每室胚珠多数。蒴果或浆果。

本科约有230属3500余种，广布全球，以温带、亚热带为多。我国约有60属560种，分布于南北各地。已知药用有52属374种。

百合科是单子叶植物纲中的一个大科，一般分为11个或12个亚科，有的系统将百合科分为若干个不同的科，或把一部分植物归入其他的科。

本科植物体常有黏液细胞，并含有草酸钙针晶束。化学成分复杂多样。已知有生物碱、强心苷、甾体皂苷、蜕皮激素、蒽醌类、黄酮类等化合物。另外还含有挥发性的含硫化合物及多糖类化合物。

常见药用植物举例如下。

百合 Lilium brownii F.E.Brown var.viridulum Baker，茎光滑有紫色条纹。叶倒卵状披针形至倒卵形，上部叶常较小，3~5脉。花喇叭状，乳白色，背面稍带紫色，顶端向外张开或稍外卷，有香味；花粉粒红褐色；子房长圆柱形，柱头3裂。蒴果矩圆形，有棱（图6-3-73）。分布于华北、华南和西南；生于山坡草地，多栽培。鳞茎的鳞叶作"百合"，能养阴润肺、清心安神。

同属植物**卷丹** Lilium lancifolium Thunb.、**山丹** Lilium pumilum DC. 的肉质鳞叶亦作"百合"入药。

川贝母 *Fritillaria cirrhosa* D.Don 鳞茎上有鳞叶 3～4 枚，叶通常对生，少互生或轮生，下部叶片狭长矩圆形至宽条形，中上部叶狭披针状条形，叶端多少卷曲。单花顶生，花被紫色具黄绿色斑纹，或黄绿色具紫色斑纹，叶状苞片通常 3，先端卷曲（图 6-3-74）。分布于四川；生于高山灌丛及草甸。鳞茎作"川贝母"，能清热润肺、化痰止咳、散结消痈。

图 6-3-72　直立百部　　　　　　图 6-3-73　百合　　　　　　图 6-3-74　川贝母
1—植株；2—花　　　　　1—植株；2—地下鳞叶及须根　　　1—植株全形；2—鳞茎

浙贝母 *Fritillaria thunbergii* Miq.，鳞茎大，由 2～3 枚鳞片组成。叶无柄，条状披针形，下部及上部叶对生或互生，中部叶轮生，上部叶先端卷曲呈卷须状。花具长柄，淡黄绿色，钟形，顶生花具 3 至数枚轮生苞片，侧生花具 2 枚苞片，花被内面具紫色方格斑纹。蒴果具 6 条宽纵翅。主要分布浙江、江苏；生于山草地，多栽培。鳞茎作"浙贝母"，能清热化痰止咳、解毒散结消痈。

暗紫贝母 *Fritillaria unibracteata* Hsiao et K.C.Hsia、**甘肃贝母** *Fritillaria przewalskii* Maxim.、**梭砂贝母** *Fritillaria delavayi* Franch. 等的鳞茎亦作"川贝母"入药。

本科常见药用植物尚有：**黄精** *Polygonatum sibiricum* Red.，根茎作"黄精"，能补气养阴、健脾、润肺、益肾。**多花黄精** *Polygonatum cyrtonema* Hua、**滇黄精** *Polygonatum kingianum* Coll.et Hemsl. 的根状茎亦作"黄精"入药。**玉竹** *Polygonatum odoratum*（Mill.）Druce，根茎能养阴润燥、生津止渴。**知母** *Anemarrhena asphodeloides* Bge.，根茎能清热泻火、滋阴润燥。**麦冬** *Ophiopogon japonicus*（L.f.）Ker-GawL.，块根能养阴生津、润肺清心。**七叶一枝花** *Paris polyphylla* Smith var. chinensis（Franch.）Hara，根茎作"重楼"，能清热解毒、消肿止痛、凉肝定惊。

9.薯蓣科

♂ $*P_{(3+3)} A_{3+3}$；♀ $*P_{3+3} \overline{G}_{(3:3:2)}$

薯蓣科 Dioscoreaceae，多年生缠绕性草质藤本。具根状茎或块茎。单叶或掌状复叶，互生，少中部以上对生，常具长柄，掌状网脉。穗状、总状或圆锥花序；花小，单性异株稀同株，辐射对称；花被 6，2 轮，基部合生；雄花具雄蕊 6，有时 3 枚退化；雌花子房下位，常 3 心皮合生成 3 室，每室胚珠 2，花柱 3，分离。蒴果具 3 棱形的翅，种子多具翅。

本科共有 9 属约 650 种，广布于热带、温带。我国仅有薯蓣属，约 49 种，主要分布于长江以南。已知药用有 37 种。

本科植物含黏液细胞及草酸钙针晶束，常有根被。特征性活性成分为甾体皂苷类，此外还含有生物碱。

常见药用植物举例如下。

薯蓣 Dioscorea opposita Thunb.，草质藤本。根状茎垂直生长，肥厚，圆柱状。基部叶互生，中部以上对生，叶腋常有小块茎（珠芽）；叶三角状至三角状卵形，基部宽心形，叶脉7～9条。穗状花序腋生；花小，雌雄异株，辐射对称，花被6，绿白色；雄花雄蕊6；雌花子房下位，柱头3裂。蒴果具3翅，被白粉，种子具宽翅（图6-3-75）。全国大部分地区有分布；生于向阳山坡及灌丛，多栽培。根状茎作"山药"，能补脾养胃、生津益肺、补肾涩精。

图6-3-75 薯蓣
1—植株；2—小块茎；3—根状茎

本科常见药用植物尚有：**绵萆薢** Dioscorea spongiosa J.Q.Xi, M.Mizuno et W.L.Zhao，根状茎作"绵萆薢"，能利湿去浊、祛风除痹。

10. 鸢尾科

$\male \, * \, \uparrow \, P_{(3+3)} \, A_3 \, \overline{G}_{(3:3:\infty)}$

鸢尾科 Iridaceae，多年生草本，稀一年生。常具根状茎或球茎。叶多基生，条形或剑形，基部对折，呈2列状套叠排列。聚伞形花序或伞房花序，两性，辐射对称或两侧对称；花被6，2轮排列，花瓣状，常基部合生成管；雄蕊3；子房下位，3心皮3室，中轴胎座，每室胚珠多数，柱头3裂，有时呈花瓣状。蒴果。

本科约有60属800种，分布于热带、温带地区。我国有11属约71种，其中我国原产有2属（鸢尾属和射干属）。已知药用有8属39种。

本科植物常有草酸钙结晶，维管束为周木型和外韧型。特征性化学成分为异黄酮、苯醌等。另外，尚含有番红花苷等多种色素。

常见药用植物举例如下。

射干 Belamcanda chinensis（L.）DC.，草本。根状茎横走，断面黄色。叶剑形，基部对折，2列排列。花两性，辐射对称；伞房状聚伞花序2～3歧分枝，顶生；花被6，橙黄色，基部合生成短管，散生暗红色斑点；雄蕊3；子房下位，柱头3裂。蒴果，倒卵圆形（图6-3-76）。

全国有分布；生于干燥山坡、草地、沟谷及滩地。根状茎作"射干"，能清热解毒、消痰、利咽。

番红花 *Crocus sativus* L.，草本。具球茎，外被褐色膜质鳞片。基生叶发达，条形。花自球茎发出，两性，辐射对称；花被6，白色、紫色、蓝色，花被管细管状；雄蕊3；子房下位，花柱细长，顶端3深裂，柱头3瓣裂略成喇叭状，顶端边缘有不整齐锯齿，一侧具1裂隙。蒴果（图6-3-77）。本品原产欧洲，我国引种栽培。柱头作"西红花"，能活血化瘀、凉血解毒、解郁安神。

图 6-3-76　射干　　　　　　　　　　　　图 6-3-77　番红花
1—植株；2—花；3—果实

本科常见药用植物尚有：**鸢尾** *Iris tectorum* Maxim.，根状茎作"川射干"，能清热解毒、祛痰、利咽。

11. 姜科

$$♀ ↑ K_{(3)} C_{(3)} A_1 \overline{G}_{(3:3:\infty)}$$

姜科 Zingiberaceae，多年生草本。具根状茎、块茎或块根，通常有芳香气或辛辣味。单叶基生或茎生，茎生者通常2列，常具叶鞘和叶舌，羽状平行脉。花两性，稀单性，两侧对称；单生或生于有苞片的穗状、总状、圆锥花序上；每苞片腋生一至数花，花被6，2轮，外轮萼状，常下部合生成管，一侧开裂，顶端齿裂，内轮花冠状，上部3裂，常后方1枚裂片较大；雄蕊变异较大，退化雄蕊2～4，外轮2枚花瓣状、齿状或缺，若存在称侧生退化雄蕊，内轮2枚联合成花瓣状显著而美丽的唇瓣，能育雄蕊1枚着生于花冠上，花丝具槽；子房下位，3心皮合生成3室，中轴胎座，稀1室（侧膜胎座），胚珠多数，花柱细长，着生于花丝槽中，柱头漏斗状。蒴果，稀浆果状，种子具假种皮。

本科约有49属1500种，主产于热带、亚热带地区。我国有19属约150种，主要分布于西南、华南至东南。已知药用有15属100余种。

本科植物含油细胞。根状茎常具明显的内皮层，最外层具栓化皮层；块根多具根被。主要含挥发油类、黄酮类、甾体皂苷等化合物。

常见药用植物举例如下。

姜 *Zingiber officinale* Rosc.，根状茎粗壮多分枝，断面淡黄色，有辛辣味。叶披针形，无柄。

苞片绿色至淡红色。花葶从根状茎抽出，花冠黄绿色，唇瓣倒卵状圆形，中裂片具紫色条纹及淡黄色斑点，侧身退化雄蕊与唇瓣联合，3 裂，药隔附属体延长于花药外成一弯喙（图 6-3-78）。原产太平洋群岛，我国广为栽培。根茎作"生姜"，能解表散寒、温中止呕、化痰止咳、解鱼蟹毒；干姜能温中散寒、回阳通脉、温肺化饮。

图 6-3-78　姜
1—植株；2—花；3—根状茎

本科常见药用植物尚有：**广西莪术** *Curcuma kwangsiensis* S.G.Lee et C. F.Liang、**蓬莪术** *Curcuma phaeocaulis* Val.、**温郁金** *Curcuma wenyujin* Y.H. Chen et C.Ling、**姜黄** *Curcuma longa* L.，它们的干燥块根作"郁金"入药，能活血止痛、行气解郁、清心凉血、利胆退黄。**阳春砂** *Amomum villosum* Lour.、**绿壳砂** *Amomum villosum* Lour.var.*xanthioides* T.L.Wu et Senjen 或 **海南砂** *Amomum longiligulare* T.L.Wu，它们的干燥成熟果实作"砂仁"，能化湿开胃、温脾止泻、理气安胎。**白豆蔻** *Amomum kravanh* Pierre ex Gagnep.，果实作"豆蔻"，能化湿行气、温中止呕、开胃消食。**草果** *Amomum tsao-ko* Crevost et Lemaire，果实能燥湿温中、截疟除痰。**高良姜** *Alpinia officinarum* Hance，根茎能温胃止呕、散寒止痛。**益智** *Alpinia oxyphylla* Miq.，果实能暖肾固精缩尿、温脾止泻摄唾。**草豆蔻** *Alpinia katsumadai* Hayata，种子能燥湿行气、温中止呕。

12. 兰科

♀ ↑ $P_{3+3}A_{1-2}\overline{G}_{(3:1:\infty)}$

兰科 Orchidaceae，多年生草本，陆生、附生或腐生。具根状茎或块茎。常单叶互生，排成 2 列，有时退化成鳞片状，常有叶鞘。穗状、总状、伞形或圆锥花序，花通常两性，两侧对称；花被 6，2 轮，花瓣状，外轮 3，上方中央 1 片称中萼片，下方两侧的称侧萼片；内轮 3，侧生的 2 片称花瓣，中间的 1 片特称为唇瓣，常有艳丽的颜色，其结构较为复杂，常 3 裂或中部缩成上、下唇，或基部有时囊状，由于子房 180°扭转使唇瓣由近轴方转至远轴方；雄蕊和雌蕊合生成半圆柱形合蕊柱，面向唇瓣；能育雄蕊通常 1，位于合蕊柱顶端，少 2，位于合蕊柱两侧，花药 2 室，花粉粒常黏合成花粉块；柱头常前方侧生于雄蕊下，多凹陷，常 2～3 裂，通常侧生的 2 个裂片能育，中央不育的 1 个裂片演变成位于柱头和雄蕊间的舌状突起，称蕊喙，其能分泌黏液。雌蕊子房下位，3 心皮组成 1 室，侧膜胎座，含多数微小胚珠；蒴果，种子极多，微小粉末状，无胚乳（图 6-3-79）。

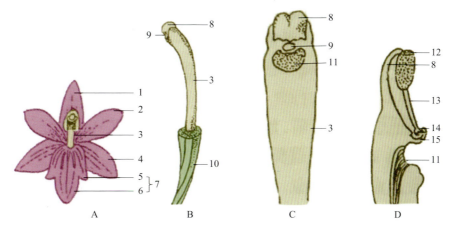

图 6-3-79 兰科植物花的构造

A—花被片各部分示意图；B—子房及合蕊柱；C—合蕊柱全形；D—合蕊柱纵切；
1—中萼片；2—花瓣；3—合蕊柱；4—侧萼片；5—侧裂片；6—中裂片；7—唇瓣；8—花药；
9—蕊喙；10—子房；11—柱头；12—花粉团；13—花粉块柄；14—粘盘；15—粘囊

本科为被子植物第二大科，约有 700 属 20000 种；广布全球。我国有 171 属 1247 种，南北均产；已知药用有 76 属 287 种。

本科植物具黏液细胞，内含草酸钙针晶；维管束为周韧型或有限外韧型。主要含倍半萜类生物碱、酚苷类等化合物，尚有吲哚苷、黄酮类、香豆素、甾醇类、芳香油和白及胶质等。

常见药用植物举例如下。

天麻 *Gastrodia elata* Bl.，腐生草本。块茎椭圆形或卵圆形，有均匀的环节，节上叶退化成膜质鳞叶。茎黄褐色或带红色，叶退化成膜质鳞片，颜色与茎色相同，下部鞘状抱茎。花淡绿黄色或橙红色，花被合生，下部壶状，上部歪斜，唇瓣白色，先端 3 裂（图 6-3-80）。主产于西南地区；生于林下腐殖质较多的阴湿处，现多栽培，与口蘑科密环菌共生。块茎作"天麻"，能息风止痉、平抑肝阳、祛风通络。

白及 *Bletilla striata*(Thunb.)Reichb.f.，陆生草本，块茎三角状扁球形，具环纹，常基生于茎基部，断面富黏性。叶 3～6 枚，带状披针形，基部鞘状抱茎。总状花序顶生，花较大，淡紫色，唇瓣 3 裂，有 5 条纵皱褶，中裂片顶端微凹，合蕊柱顶有 1 花药。蒴果圆柱形，有 6 条纵棱（图 6-3-81）。广布于长江流域；生于向阳山坡、疏林及草丛中。块茎作"白及"，能收敛止血、消肿生肌。

图 6-3-80 天麻

图 6-3-81 白及

金钗石斛 *Dendrobium nobile* Lindl.，附生草本。茎黄绿色，节明显；茎上部稍扁平面微弯，下部圆柱形，具纵沟，干后金黄色。叶互生，矩圆形，顶端钝，无柄，叶鞘紧抱节间。总状花序有花2～3朵，下垂，花被白色，先端粉红色，唇瓣近基部中央有一深紫色斑块。分布于长江以南；生于密林老树干或潮湿岩石上。全草作"石斛"入药，能益胃生津、滋阴清热。

 任务实施

一、任务描述

观察单子叶植物，明确单子叶植物中各科的主要特征；识别单子叶植物重点科的代表性药用植物；会使用被子植物分科检索表。

二、任务准备

（1）用具　解剖镜、解剖针、放大镜等。
（2）材料　淡竹叶、半夏、黄精、薯蓣、白及的带花果的新鲜植物或标本。

三、操作步骤

取淡竹叶、半夏、黄精、薯蓣、白及的新鲜植物或标本，描述植株形态特征、药用部位及功效，记录结果，填入"工作手册"。

四、任务评价

见"工作手册"。

五、任务自测

简述禾本科、天南星科、百合科、薯蓣科、兰科植物的主要特征。

目标检测

PPT 课件

视　频

项目七

药用植物标本的采集与制作

学习目标

知识目标：掌握药用植物标本的采集方法、腊叶标本的压制方法及浸制标本的制作；熟悉药用植物野外记录的方法；了解药用植物采集工具的用途。

能力目标：能熟练使用采集工具采集和制作腊叶标本与浸制标本。

思政与职业素养目标：通过药用植物标本的采集与制作，培养吃苦耐劳、安全操作的职业素养；培养环境保护意识。

项目导入

药用植物数以万计，为了鉴别其种类，需采集标本。标本是辨认药用植物的第一手资料。有关采集、制作药用植物标本的知识在岗位工作中都很需要。

任务　标本采集与制作

必备知识

药用植物包括藻类、菌类、地衣类、苔藓类、蕨类和种子植物。一般情况下，藻类、地衣类、苔藓类植物较小，容易散失，可先用小纸袋（上面注明采集号码、采集地点、采集日期、植物名称等）装好，再制成腊叶标本或浸制标本（图7-1-1）。真菌类（如灵芝、蘑菇等）采集后可阴干保存，而较柔软易碎的植物最好制成浸制标本。

A

B

图 7-1-1　腊叶标本与浸制标本

A—腊叶标本；B—浸制标本

一、腊叶标本的采集与制作

（一）采集工具

（1）标本夹　是压制标本的主要用具之一。它的作用是将吸水纸和标本置于其内压紧，使花叶不致皱缩凋落，而使枝叶平坦，容易装订于台纸上。标本夹用坚韧的木材为材料，一般长约43cm、宽30cm，中间用5～6根厚约2cm、宽约4cm的木条横列，上面再用两根硬方木钉成。

（2）采集箱、采集袋或背篓　临时收藏采集品的容器，可以防止标本日晒变蔫、干脆或受压变形。

（3）吸水纸　压制标本时吸收植物水分之用。一般能吸收水分的纸张均可。长约42cm、宽约29cm，略小于标本夹即可。

（4）枝剪　用以剪断木本或者有刺植物的茎枝。

（5）高枝剪　用以采集高大树木上的枝条。

（6）野外记录本　采集人在野外记录时使用。其格式和野外记录签基本相同，只在项目中稍有区别。

（7）野外记录签、定名签　每份标本均有一张。野外记录签可用薄纸，以便复写。定名签用于鉴定。

（8）采集号签　挂在每张标本上。一般用硬纸做成，其上穿有挂线。

（9）检索表、工具书　中国种子植物科属检索表，及《中国种子植物科属词典》《中国高等植物图鉴》《中国植物志》等工具书。

（10）其他　掘铲、砍刀、盖纸、台纸、铅笔、橡皮、镊子、放大镜、粗绳、细绳、米尺、乳白胶、大小纸袋等材料用品。根据需要还可带照相机。

部分采集工具如图7-1-2所示。

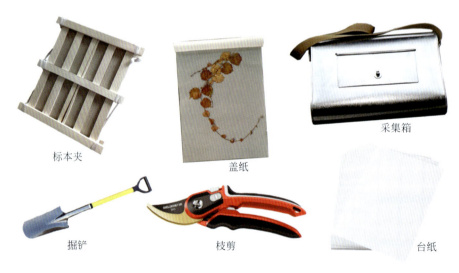

图7-1-2　采集工具

（二）采集方法

1. 确定采集的时间和地点

不同类型植物，其生长发育时期有长有短，因此必须在不同的季节和不同的时间进行采集，才可能得到植物不同时期的标本。如有些早春开花植物，在北方冰雪开始融化时就开花了。而菊科、伞形科的部分植物到深秋才开花结果，因此必须根据要采的植物确定外出采集的时间。

不同的环境植物生长类群不同，如在向阳山坡见到的植物，阴坡上一般见不到；又如，低山和平原地区环境比较简单，因而植物的种类也比较简单。但随着海拔高度的增加、地形变化的复杂，植物的种类会比平原丰富得多。

因此，我们在采集植物标本时，必须根据采集的目的和要求确定采集的时间和地点，这样才可能采到需要的和不同类群的植物标本。

2. 种子植物标本的采集

（1）标本采集应完整，剪取或挖取能代表该种植物的带花果的枝条（木本植物）或全株（草本植物），大小掌握在长40cm、宽25cm范围内。有的植物如伞形科、十字花科等，若没有花和果，在鉴定方面是非常困难的。

（2）地下茎有鳞茎、块茎、根状茎的植物，如石蒜科、百合科、天南星科等，在没有采到地下茎的情况下难以鉴定，应特别注意采集这些植物的地下部分。

（3）雌雄异株的植物，应分别采集雌株和雄株，利于研究和鉴定。

（4）采集草本植物，应采带根的全草，如发现基生叶和茎生叶不同时，要注意基生叶的采集。高大的草本植物，采下后可折成"V""N"或"W"字形，然后再压入标本夹内，也可选其形态上有代表性的部分剪成上、中、下三段，分别压在标本夹内，但要注意编写同一采集号，以备鉴定时查对。

（5）乔木、灌木或特别高大的草本植物，只能采取其植物体的一部分。但必须注意采集的标本应尽量能代表该植物的一般情况。如可能，最好拍一张该植物的全形照片，以弥补标本的不足。

（6）水生草本植物离开水后很容易缠绕成一团，不易分开。遇此情况，可用硬纸板将植物从水中托出，连同纸板一起压入标本夹内。这样，就可保持植物形态特征的完整性。

（7）有些植物一年生新枝上的叶形和老枝上的叶形不同，或新生的叶有毛茸，或者叶背有白粉，而老枝上的叶无此现象。此时，幼叶和老叶都要采。对一些先叶开花的植物，花枝采集之后，应待植物出叶时在同株植物上采集带叶和结果的标本。由于很多木本植物的树皮颜色和剥裂情况是鉴别植物种类的依据，因此，应剥取一小块树皮附在标本上。

（8）寄生植物标本采集时，应注意连同寄主一起采下，并要分别注明寄生或附生植物及寄主植物。

（9）采集标本时，一般要采2～3份，给以同一编号，每个标本上都要系上采集号签。标本除自己保存外，对一些疑难的种类，可将其中同号的一份送研究机构代为鉴定。研究机构会依据采集号签反馈一份鉴定结果，告之这些植物的学名。若遇罕见或奇异的，或有重要经济价值的植物，应在资源保护的前提下多采集样本。

3. 蕨类植物标本的采集

蕨类植物是根据孢子囊群的构造、排列方式、叶的形状和根茎特点为主要分类依据，所以要采集全株植物，包括带着孢子囊的叶和根茎，否则不容易鉴定。如果植株太大，可以采叶片的一部分（带尖端、中脉和一侧的一段）、叶柄基部和部分根茎，同时认真记下植物的实际高度、阔度、裂片数目及叶柄的长度。

4. 苔藓植物标本的采集

苔藓植物用孢子繁殖，采集时，要力求采到生有孢子囊的植株；如果有长在地面上的匍匐主茎，也一定要采下来。若长在树干、树枝上，就连同树枝、树皮一起采下。苔藓植物有的单生，有的几种混生，应尽力做到每一种做成一份标本，分别采集、分别编号。孢子囊没有成熟的、精子器和颈卵器没有长成的也应适量采集一些，这对研究形态发育是有用的。标本采集好后，要一种一种地分别用纸包好，放在软纸匣内，不要夹、不要压，保持它们的自然状态。

（三）野外记录的方法

野外采集必须有实地记录，有专门的野外记录本，随采随记。因为标本经过压制后与其处于生活状态时会有所改变。如乔木、灌木、高大草本植物，未采到部分的生长形式，植物体的大小、外形，各部分有无乳汁或有色浆汁；叶的正反两面的颜色，有没有白粉或光泽；花或花的某部分的颜色和香气，如兰科植物的唇瓣，有没有杂色、斑点和条纹；花药和花丝的颜色和形状；果实的形状和颜色；全株植物各部分的毛被着生和形状以及地下部分的情形等。药用植物更要搜集当地的土名和药用价值。采集记录式样见图 7-1-3。

采集日期：		采集地点：	省 县（市）
生态环境：		海拔：	m
习性：			
体高： m		胸径：	cm
叶：		树皮：	
花：			
果实：			
附记：			
科名：		种名：	
采集者：		采集号：	

图 7-1-3 采集记录表式样

采集标本时参考以上采集记录的格式逐项填好后，必须立即用带有采集号的小标签挂在植物标本上，同时要注意检查采集记录上的采集号数与小标签上的号数是否相符。同一采集人、采集号要连续而不重复，同种植物的复份标本要编写同一号。这点很重要，如果其中发生错误，就失去标本的价值，甚至影响到标本鉴定工作。采集号签及定名签式样如图 7-1-4 和图 7-1-5 所示。

图 7-1-4 采集号签式样

```
              植物标本定名签
    学  名：_____     别  名：_____
    拉丁名：_____
    科属名：_____
    采集人：_____  采集地点：_____  号数：_____
    鉴定人：_____  采集时间：_____
```

图 7-1-5　定名签式样

填写野外记录和标本号签时应用铅笔，不能用圆珠笔或钢笔，因圆珠笔和钢笔的笔迹久放、遇湿或在消毒处理时会褪色。

（四）植物标本的压制和整理方法

在植物标本采来后应及时进行压制操作，当天晚上就应以干纸更换一次，同时对标本进行整理。第一次整理最为重要，由于植物在标本夹内压制了一段时间，已经基本被压软了，这时标本整理最容易；若等到标本快干时再去整理，就很容易折断植株。整理时应注意：叶片不应重叠，要有正面和反面区分，以便观察叶的正、反面上的特征，如蕨类植物的部分孢子叶下面朝上；标本掉落的花、果和叶要用纸袋装起来与标本放在一起。换纸应有一定频次，一般头 3 天每天换 2 次干纸，以后每天换 1 次即可，直至标本完全干为止。

在换纸或压制标本时，以标本平整为原则。如植物的根部或粗大的部分应经常调换位置，不可集中在一端，致使高低不均；同时应尽量将标本向标本夹四周边缘放置，决不能都集中在中央，否则也会出现四周空而中央突起的现象，导致标本压制不平整。在压标本或换纸时，各标本要力争按编号顺序排列，换完一夹，应在夹上注明由几号到几号的标本、采集的日期和地点等，这样做既有利于将来查找，又可以及时发现在换纸过程中丢失的标本。换纸时还应注意，一定要换干燥而无皱褶的纸。纸不干，吸水能力差；有皱褶又会影响标本的平整。体积较小的标本可以数份压在一起（同一号的），但不能把不同种类（不同号）的放在一张纸上，以免出现混乱。

对一些肉质植物，在压制时，先放入沸水中煮 3～5min，然后再按照一般标本压制方法压制，这样处理可以防止落叶。换纸时最好把含水多的植物分开压，同时增加换纸次数。

（五）植物标本的杀虫与灭菌方法

为防止害虫蛀食标本，必须进行消毒，通常用升汞（氯化汞）配制 0.5% 的乙醇溶液，倒入平底盆内，将标本浸入溶液处理 2～5min，然后拿出夹入吸水纸内干燥；或将标本放在大盆里，用毛笔蘸上消毒液，轻轻地在标本上涂刷；或用喷雾器直接向标本上喷消毒液。需注意的是：升汞有剧毒，消毒时要避免手直接接触标本，以防中毒。此外，也可用敌敌畏、二硫化碳或其他药剂熏蒸消毒杀虫。现在大型植物标本室已改用程序控制真空熏蒸机，以硫酰氟（SO_2F_2）或溴甲烷（CH_3Br）作消毒剂进行标本消毒。

（六）植物标本的装订方法

用白色台纸（白板纸或卡片纸 8 开，约 39cm×27cm），平整地放在桌面上，然后把消毒好的标本放在台纸上，一张台纸上只能订一种植物标本，标本的大小、形状、位置要适当地修剪和安排，然后摆好位置，右下角和左上角都要留出贴定名签和野外记录签的位置。这时，可用小刀在标本的各部的适当位置上划出数个小纵口，再用具有韧性的白纸条，由纵口穿入，从背面拉紧，并用胶水在背面贴牢。也可用棉线固定标本。体积过小的标本（如浮萍）或脱落的花、果、种子等，不便固定时，可将标本装入小纸袋内，再把纸袋贴在台纸上。

（七）植物标本的入柜和保存

凡经上台纸和装入纸袋的植物标本，经正式定名后，都应放进标本柜中保存。腊叶标本在标本柜内的排列一般按分类系统排列。如可按现在一般较为完善的系统——恩格勒系统、哈钦松系统等将各科进行顺序排列，编以一个固定的号，把编号、科名及科的拉丁名标识于标本柜门上，并在此基础上按科的系统排列顺序、中文笔画顺序及拉丁文字母顺序等编成相应的标本室馆藏标本的检索表。这对一些专门研究某科的人或是学生，在整理和查找时都比较方便。目前一般较大的标本室各科的排列都是按照系统排列的。

标本在保存过程中也会发生虫害，如标本室不够干燥还会发霉，因此必须经常检查。虫害和霉变的防治可从以下三方面着手。

（1）隔绝虫源　门、窗安装纱网；标本柜的门紧密关闭；新标本或借出归还的标本入柜前严格消毒杀虫。

（2）环境条件的控制　标本室温度应控制在 20～23℃，湿度控制在 40%～60% 左右，环境应卫生。

（3）定期熏蒸　每隔 2～3 年或在发现虫害时，采用药物熏蒸的办法灭虫，常用药品有甲基溴、磷化氢、磷化铝、环氧乙烷等。但这些药品均有很强的毒性，应请专业人员操作或在其指导下进行。此外，也可用除虫菊和硅石粉混合制成的杀虫粉除虫，毒性低、不残留、比较安全。在标本柜内放置樟脑能有效地防止标本的虫害。

二、浸制标本的制作

用化学试剂制成的保存液将植物浸泡起来制成的标本称植物的浸制标本或液浸标本。植物根、茎、叶、花、果实、种子各器官均可制成浸制标本。尤其是植物的花、果实和幼嫩、微小、多肉的植物，经压干后，容易变色、变形，不易观察，而制成浸制标本后，可保持植物原有的形态和色泽，这对于教学和科研工作具有十分重要的意义。

植物的浸制标本，由于要求不同，处理方法也不同，常见有以下几种，如表 7-1-1 所示。

表 7-1-1　浸制标本类型及含义

类型	含义
整体液浸标本	将整个植物按原来的形态浸泡在保存液中
解剖液浸标本	将植物的某一器官加以解剖，以显露出主要观察的部位，并浸泡在保存液中
系统发育浸制标本	将植物系统发育（如生活史各环节）的材料放在一起浸泡在保存液中
比较浸制标本	将植物相同器官但不同类型的材料放在一起浸泡在保存液中

在制作浸制标本时，应选择发育正常，具有代表性的新鲜标本。采集后，先在清水中除去污垢，经过整形后再放入保存液中。若标本浮在液面，可用玻璃棒或玻璃板使植物固定。

浸制标本的制作，主要是保存液的配制，下面介绍几种常用的保存液的配制方法。

（一）普通浸制标本保存液的配置

普通浸制标本保存液主要用于浸泡教学用的实验材料，故方法简单，易于掌握，常用的保存液配方如表 7-1-2 所示。

表 7-1-2　普通浸制标本保存液类型、配方及优缺点

类型	配方	优缺点
甲醛液	甲醛 5～10mL，蒸馏水 100mL	最常用，价格最低；有毒
乙醇液	95% 乙醇 100mL，蒸馏水 195mL，甘油 5～10mL	价格略贵，标本易褪色
FAA固定液	甲醛 5mL，无水乙酸 5mL，70% 乙醇 90mL，甘油 5mL	较前两者好，但价格贵

（二）原色浸制标本保存液的配制

原色浸制标本主要用于科学研究和教学示范方面，因标本要保存颜色的不同，保存液配置方法亦有不同。

1. 绿色浸制标本保存法

绿色浸制标本的基本原理，是用铜离子置换叶绿素中的镁离子，它是利用酸作用把叶绿素分子中的镁分离出来，使它成为没有镁的叶绿素，即植物黑素，然后使另一种金属（醋酸铜中的铜）进入植物黑素中，使叶绿素分子中心核的结构恢复有机金属化合状态，根据这种原理，我们可以用下述几种方法制作。

（1）取醋酸铜粉末，徐徐加入 50% 的无水乙酸中，用玻璃棒搅拌至饱和状态，称为母液。将 1 份母液加 4 份水稀释，加热至 85℃时，将标本放进去，这时标本由绿色变为黄绿色，说明叶绿素已转变为植物黑素；继续加热时，标本又变成偏蓝的绿色，说明铜原子已经替代了镁原子，此时停止加热，用清水冲洗标本上的药液，然后放入 5% 的甲醛液或 70% 的乙醇中保存。因为以铜原子为核心的叶绿素不溶于甲醛或乙醇溶液，同时又很稳定，不易被分解，因此，经过这样处理过的绿色可以长久保存。

（2）比较薄嫩的植物标本，不需加热，放在下面的保存液中浸泡即可：50% 乙醇 90mL、甲醛 5mL、甘油 2.5mL、无水乙酸 2.5mL、氯化铜 10g。

（3）有些植物表面附有蜡质、不易浸泡，可用硫酸铜饱和水溶液 750mL、甲醛 50mL、蒸馏水 250mL 的混合液浸泡 2 周，然后再放入 4%～5% 的甲醛溶液中保存，效果较好。

（4）绿色果实类，可先用硫酸铜 85g、亚硫酸 28.4mL、蒸馏水 2485mL 的溶液浸泡 3 周后，再放入亚硫酸 284mL、蒸馏水 3785mL 的溶液中保存，效果较好。

2. 红色浸制标本保存法

红色浸制标本保存液配制方法见表 7-1-3。

表 7-1-3　红色浸制标本保存液配制方法

序号	保存液配制方法
1	硼酸 450g，75%～90% 乙醇 200mL，甲醛 300mL，蒸馏水 400mL
2	6% 亚硫酸 4mL，氯化钠 60g，甲醛 8mL，硝酸钾 4g，甘油 240mL，蒸馏水 3875mL

3. 黑色、紫色浸制标本保存法

黑色、紫色浸制标本保存液配制方法见表 7-1-4。

表 7-1-4　黑色、紫色浸制标本保存液配制方法

序号	保存液配制方法
1	甲醛 450mL，95% 乙醇 2800mL，蒸馏水 2000mL（此液产生沉淀，需过滤后使用）
2	甲醛 450mL，饱和氯化钠水溶液 1000mL，蒸馏水 8700mL

4. 黄色浸制标本保存法

亚硫酸 568mL、80%～90% 乙醇 568mL、蒸馏水 4500mL。

5. 白色和浅绿色浸制标本保存法

白色和浅绿色浸制标本保存液配制方法见表 7-1-5。

表 7-1-5　白色和浅绿色浸制标本保存液配制方法

序号	保存液配制方法
1	氯化锌 225g，80%～90% 乙醇 900mL，蒸馏水 6800mL
2	氯化锌 50g，甲醛 25mL，甘油 25mL，蒸馏水 1000mL
3	15% 氯化钠水溶液 1000mL，2% 亚硫酸钠 20mL，甲醛溶液 10mL，2% 硼酸 20mL

6. 无色透明浸制标本制作保存法

若需制备无色透明浸制植物标本，可将标本放入 95% 乙醇中，在强烈的日光下漂白，并不断更换乙醇，直至植物体透明坚硬为止。之后，将植物标本浸入保存液中，加盖后用溶化的石蜡将瓶口严密封闭，贴上标签（注明标本的科名、学名、中名、产地、采集时间与制作人），浸制标本和腊叶标本是同号标本，可将腊叶标本的采集号标注在浸制标本的标签上，以防混乱。浸制标本做好后，应放在阴凉不受日光照射处妥善保存。

 任务实施

一、任务描述

（1）开展野外实习，识别 100 种本地区药用植物，进一步掌握各科的特征。
（2）熟练使用采集工具采集和制作植物腊叶标本。

二、任务准备

采集箱、标本夹、吸水纸、台纸、枝剪、高枝剪、野外记录本、定名签、采集号签、铅笔、橡皮、胶水、镊子、放大镜，中国种子植物科属检索表，及《中国种子植物科属词典》《中国高等植物图鉴》《中国植物志》等。

三、操作步骤

1. 野外药用植物的识别与植物标本采集

前往本地区药用植物较为丰富的地域（如校园、公园、植物园、中药种植园等）进行药用植物的识别及采集。

2. 室内腊叶标本的制作

在室内，将采集的植物进行整理压制，制作成腊叶标本。

3. 整理采集记录

4. 结合检索表、工具书鉴定植物科属

四、任务评价

见"工作手册"。

五、任务自测

浅谈药用植物标本采制的意义。

目标检测

PPT 课件

附 录

附录1　被子植物门分科检索表

1. 子叶 2 个，极稀可分为 1 个或较多；茎具中央髓部；在多年生的木本植物且有年轮；叶片常具网状脉；花常为 5 出或 4 出数。………………………………………… 双子叶植物纲 Dicotyledoneae
 2. 花无真正的花冠（花被片逐渐变化，呈复瓦状排列成 2 至数层的，也可在此检查）；有或无花萼，有时且可类似花冠。
  3. 花单性，雌雄同株或异株，其中雄花，或雌花和雄花均可成葇荑花序或类似葇荑状的花序。
   4. 无花萼，或在雄花中存在。
    5. 雌花以花梗着生于椭圆形膜质苞片的中脉上；心皮 1 ………… 漆树科 Anacardiaceae
　　　　　　　　　　　　　　　　　　　　　　　　　　　　　　　（九子母属 Dobinea）
    5. 雌花情形非如上述；心皮 2 或更多数。
     6. 多为木质藤本；叶为全缘单叶，具掌状脉；果实为浆果……… 胡椒科 Piperaceae
     6. 乔木或灌木；叶可呈各种型式，但常为羽状脉；果实不为浆果。
      7. 旱生性植物，有具节的分枝，和极退化的叶片，后者在每节上且连合成为具齿的鞘状物……………………………………………………… 木麻黄科 Casuarinaceae
　　　　　　　　　　　　　　　　　　　　　　　　　　　　　　　（木麻黄属 Casuarina）
      7. 植物体为其他情形者。
       8. 果实为具多数种子的蒴果；种子有丝状毛茸…………………… 杨柳科 Salicaceae
       8. 果实为仅具 1 种子的小坚果、核果或核果状的坚果。
        9. 叶为羽状复叶；雄花有花被……………………………… 胡桃科 Juglandaceae
        9. 叶为单叶（有时在杨梅科中可为羽状分裂）。
         10. 果实为肉质核果；雄花无花被 ……………………… 杨梅科 Myricaceae
         10. 果实为小坚果；雄花有花被 ………………………… 桦木科 Betulaceae
   4. 有花萼，或在雄花中不存在。
    11. 子房下位。
     12. 叶对生，叶柄基部互相连合 ………………………………… 金粟兰科 Chloranthaceae
     12. 叶互生。
      13. 叶为羽状复叶 …………………………………………………… 胡桃科 Juglandaceae
      13. 叶为单叶。
       14. 果实为蒴果 ……………………………………………… 金缕梅科 Hamamelidaceae
       14. 果实为坚果。
        15. 坚果封藏于一变大呈叶状的总苞中 ……………………… 桦木科 Betulaceae

15. 坚果有一壳斗下托，或封藏在一多刺的果壳中 ············· **壳斗科 Fagaceae**
11. 子房上位。
  16. 植物体中具白色乳汁。
    17. 子房 1 室；桑葚果 ·· **桑科 Moraceae**
    17. 子房 2～3 室；蒴果 ····································· **大戟科 Euphorbiaceae**
  16. 植物体中无乳汁，或在大戟科的秋枫属 *Bischofia* 中具红色汁液。
    18. 子房为单心皮所成；秋枫雄蕊的花丝在花蕾中向内屈曲 ·····················
    ·· **荨麻科 Urticaceae**
    18. 子房为 2 枚以秋枫上的连合心皮所组成；雄蕊的花丝在花蕾中常直立（在大戟科的秋枫属 *Bischofia* 及巴豆属 *Croton* 中则向前屈曲）。
      19. 果实为 3 个（稀可 2～4 个）离果所成的蒴果；雄蕊 10 至多数，有时少于 10
      ··· **大戟科 Euphorbiaceae**
      19. 果实为其他情形；雄蕊少数至数个（大戟科的黄桐属 *Endospermum* 为 6～10），或和花萼裂片同数且对生。
        20. 雌雄同株的乔木或灌木。
          21. 子房 2 室；蒴果 ························· **金缕梅科 Hamamelidaceae**
          21. 子房 1 室；坚果或核果 ································ **榆科 Ulmaceae**
        20. 雌雄异株的植物。
          22. 草本或草质藤本；叶为掌状分裂或为掌状复叶 ········ **桑科 Moraceae**
          22. 乔木或灌木；叶全缘，或在秋枫属为 3 小叶所成的复叶
          ··· **大戟科 Euphorbiaceae**
3. 花两性或单性，但并不成为柔荑花序。
  23. 子房或子房室内有数个至多数胚珠。
    24. 寄生性草本，无绿色叶片 ···································· **大花草科 Rafflesiaceae**
    24. 非寄生性植物，有正常绿叶或叶退化而以绿色茎代行叶的功用。
      25. 子房下位或部分下位。
        26. 雌雄同株或异株，为两性花时，呈肉质穗状花序。
          27. 草本。
            28. 植物体含多量液汁；单叶常不对称 ··················· **秋海棠科 Begoniaceae**
              （秋海棠属 *Begonia*）
            28. 植物体不含多量液汁；羽状复叶 ·················· **四数木科 Tetramelaceae**
              （野麻属 *Datisca*）
          27. 木本。
            29. 花两性，呈肉质穗状花序；叶全缘 ··········· **金缕梅科 Hamamelidaceae**
              （山铜材属 *Chunia*）
            29. 花单性，呈穗状、总状或头状花序；叶缘有锯齿或具裂片。
              30. 花呈穗状或总状花序；子房 1 室 ··············· **四数木科 Tetramelaceae**
                （四数木属 *Tetrameles*）
              30. 花呈头状花序；子房 2 室 ·················· **金缕梅科 Hamamelidaceae**

（枫香树亚科 Subfam. *Liquidambaroideae*）
26. 花两性，但不呈肉质穗状花序。
   31. 子房 1 室。
      32. 无花被；雄蕊着生在子房上 ·················· 三白草科 Saururaceae
      32. 有花被；雄蕊着生在花被上。
         33. 茎肥厚，绿色，常具棘针；叶常退化；花被片和雄蕊都多数；浆果 ········
             ···································· 仙人掌科 Cactaceae
         33. 茎不呈上述形状；叶正常；花被片和雄蕊皆为五出或四出数，或雄蕊数为前
             者的 2 倍；蒴果 ···························· 虎耳草科 Saxifragaceae
   31. 子房 4 室或更多室。
      34. 乔木；雄蕊为不定数 ························ 海桑科 Sonneratiaceae
      34. 草本或灌木。
         35. 雄蕊 4 ·································· 柳叶菜科 Onagraceae
                                                     （丁香蓼属 *Ludwigia*）
         35. 雄蕊 6 或 12 ···························· 马兜铃科 Aristolochiaceae
25. 子房上位
   36. 雌蕊或子房 2 个，或更多数。
      37. 草本。
         38. 复叶或多少有些分裂，稀可为单叶（如驴蹄草属 *Caltha*），全缘或具齿裂；心
             皮多数至少数 ······························ 毛茛科 Ranunculaceae
         38. 单叶，叶缘有锯齿；心皮和花萼裂片同数 ·········· 虎耳草科 Saxifragaceae
                                                     （扯根菜属 *Penthorum*）
      37. 木本。
         39. 花的各部为整齐的三出数 ···················· 木通科 Lardizabalaceae
         39. 花为其他情形。
            40. 雄蕊数个至多数，连合成单体 ·············· 梧桐科 Sterculiaceae
                                                     （苹婆属 *Sterculia*）
            40. 雄蕊多数，离生。
               41. 花两性；无花被 ···················· 昆栏树科 Trochodendraceae
                                                     （昆栏树属 *Trochodendron*）
               41. 花雌雄异株，具 4 个小形萼片 ·········· 连香树科 Cercidiphyllaceae
                                                     （连香树属 *Cercidiphyllum*）
   36. 雌蕊或子房单独 1 个。
      42. 雄蕊周位，即着生于萼筒或杯状花托上。
         43. 有不育雄蕊；且和 8～12 能育雄蕊互生 ·········· 大风子科 Flacourtiaceae
                                                     （脚骨脆属 *Casearia*）
         43. 无不育雄蕊。
            44. 多汁草本植物；花萼裂片呈覆瓦状排列，呈花瓣状，宿存；蒴果盖裂 ······
                ·· 番杏科 Aizoaceae

（海马齿属 *Sesuvium*）

44. 植物体为其他情形；花萼裂片不呈花瓣状。

    45. 叶为双数羽状复叶，互生；花萼裂片呈覆瓦状排列；果实为荚果；常绿乔木 ·· 豆科 **Leguminosae**

（云实亚科 *Caesalpinioideae*）

    45. 叶为对生或轮生单叶；花萼裂片呈镊合状排列；非荚果。

      46. 雄蕊为不定数；子房 10 室或更多室；果实浆果状·· 海桑科 **Sonneratiaceae**

      46. 雄蕊 4～12（不超过花萼裂片的 2 倍）；子房 1 室至数室；果实蒴果状。

        47. 花杂性或雌雄异株，微小，呈穗状花序，再呈总状或圆锥状排列 ·· 隐翼科 **Crypteroniaceae**

（隐翼属 *Crypteronia*）

        47. 花两性，中型，单生至排列成圆锥花序 ·· 千屈菜科 **Lythraceae**

42. 雄蕊下位，即着生于扁平或凸起的花托上。

    48. 木本；叶为单叶。

      49. 乔木或灌木；雄蕊常多数，离生；胚珠生于侧膜胎座或隔膜上 ·· 大风子科 **Flacourtiaceae**

      49. 木质藤本；雄蕊 4 或 5，基部连合成杯状或环状；胚珠基生（即位于子房室的基底） ·· 苋科 **Amaranthaceae**

    48. 草本或亚灌木。

      50. 植物体沉没水中，常为一具背腹面呈原叶体状的构造，像苔藓 ·· 川苔草科 **Podostemaceae**

      50. 植物体非如上述情形。

        51. 子房 3～5 室。

          52. 食虫植物；叶互生；雌雄异株 ·· 猪笼草科 **Nepenthaceae**

（猪笼草属 *Nepenthes*）

          52. 非为食虫植物；叶对生或轮生；花两性 ············ 番杏科 **Aizoaceae**

（粟米草属 *Mollugo*）

        51. 子房 1～2 室。

          53. 叶为复叶或多少有些分裂 ····················· 毛茛科 **Ranunculaceae**

          53. 叶为单叶。

            54. 侧膜胎座。

              55. 花无花被 ····························· 三白草科 **Saururaceae**

              55. 花具 4 离生萼片 ······················· 十字花科 **Cruciferae**

            54. 特立中央胎座。

              56. 花序呈穗状、头状或圆锥状；萼片多少为干膜质 ·· 苋科 **Amaranthaceae**

              56. 花序呈聚伞状；萼片草质 ············ 石竹科 **Caryophytllaceae**

23. 子房或其子房室内仅有 1 至数个胚珠。
　57. 叶片中常有透明微点。
　　58. 叶为羽状复叶 ………………………………………………… 芸香科 Rutaceae
　　58. 叶为单叶，全缘或有锯齿。
　　　59. 草本植物或有时在金粟兰科为木本植物；花无花被，常呈简单或复合的穗状花序，但在胡椒科齐头绒属 *Zippelia* 则呈疏松总状花序。
　　　　60. 子房下位，仅 1 室有 1 胚珠；叶对生，叶柄在基部连合 …………………………………………………………………………………… 金粟兰科 Chloranthaceae
　　　　60. 子房上位；叶如为对生时，叶柄也不在基部连合。
　　　　　61. 雌蕊由 3～6 近于离生心皮组成，每心皮各有 2～4 胚珠 ……………………………………………………………………………………… 三白草科 Saururaceae
（三白草属 *Saururus*）
　　　　　61. 雌蕊由 1～4 合生心皮组成，仅 1 室，有 1 胚珠 …………… 胡椒科 Piperaceae
（齐头绒属 *Zippelia*，草胡椒属 *Peperomia*）
　　　59. 乔木或灌木；花具一层花被；花序有各种类型，但不为穗状。
　　　　62. 花萼裂片常 3 片，呈镊合状排列；子房为 1 心皮所成，成熟时肉质，常以 2 瓣裂开；雌雄异株 ……………………………………………… 肉豆蔻科 Myristicaceae
　　　　62. 花萼裂片 4～6 片，呈覆瓦状排列；子房为 2～4 合生心皮所成。
　　　　　63. 花两性；果实仅 1 室，蒴果状，2～3 瓣裂开 …… 大风子科 Flacourtiaceae
（脚骨脆属 *Casearia*）
　　　　　63. 花单性，雌雄异株；果实 2～4 室，肉质或革质，很晚才裂开 ……………………………………………………………………………………… 大戟科 Euphorbiaceae
（白树属 *Suregada*）
　57. 叶片中无透明微点。
　　64. 雄蕊连为单体，至少在雄花中有这现象，花丝互相连合成筒状或成一中柱。
　　　65. 肉质寄生草本植物，具退化呈鳞片状的叶片，无叶绿素 …………………………………………………………………………………………… 蛇菰科 Balanophoraceae
　　　65. 植物体非为寄生性，有绿叶。
　　　　66. 雌雄同株，雄花呈球形头状花序，雌花以 2 个同生于 1 个有 2 室而具钩状芒刺的果壳中 …………………………………………………… 菊科 Compositae
（苍耳属 *Xanthium*）
　　　　66. 花两性，如为单性时，雄花及雌花也无上述情形。
　　　　　67. 草本植物；花两性。
　　　　　　68. 叶互生 ………………………………………………… 藜科 Chenopodiaceae
　　　　　　68. 叶对生。
　　　　　　　69. 花显著，有连合成花萼状的总苞 ………………… 紫茉莉科 Nyctaginaceae
　　　　　　　69. 花微小，无上述情形的总苞 …………………………… 苋科 Amaranthaceae
　　　　　67. 乔木或灌木，稀可为草本；花单性或杂性；叶互生。
　　　　　　70. 萼片呈覆瓦状排列，至少在雄花中如此 ………… 大戟科 Euphorbiaceae

70. 萼片呈镊合状排列。
　　71. 雌雄异株；花萼常具 3 裂片；雌蕊为 1 心皮所成，成熟时肉质，且常以 2 瓣裂开 ·············· **肉豆蔻科 Myristicaceae**
　　71. 花单性或雄花和两性花同株；花萼具 4～5 裂片或裂齿；雌蕊为 3～6 近于离生的心皮所成，各心皮于成熟时为革质或木质，呈蓇葖果状而不裂开 ·············· **梧桐科 Sterculiaceae**

64. 雄蕊各自分离，有时仅为 1 个，或花丝成为分枝的簇丛（如大戟科的蓖麻属 *Ricinus*）。
　72. 每花有雌蕊 2 个至多数，近于或完全离生；或花的界限不明显时，则雌蕊多数，呈一球形头状花序。
　　73. 花托下陷，呈杯状或坛状。
　　　74. 灌木；叶对生；花被片在坛状花托的外侧排列成数层 ·············· **蜡梅科 Calycanthaceae**
　　　74. 草本或灌木；叶互生；花被片在杯状或坛状花托的边缘排列成一轮 ·············· **蔷薇科 Rosaceae**
　　73. 花托扁平或隆起，有时可延长。
　　　75. 乔木、灌木或木质藤本。
　　　　76. 花有花被 ·············· **木兰科 Magnoliaceae**
　　　　76. 花无花被。
　　　　　77. 落叶灌木或小乔木；叶卵形，具羽状脉和锯齿缘；无托叶；花两性或杂性，在叶腋中丛生；翅果无毛，有柄 ·············· **昆栏树科 Trochodendraceae**
　　　　　　　　（昆栏树属 *Trochodendron*）
　　　　　77. 落叶乔木，叶广阔，掌状分裂，叶缘有缺刻或大锯齿；有托叶围茎成鞘，易脱落；花单性，雌雄同株，分别聚成球形头状花序；小坚果，围以长柔毛而无柄 ·············· **悬铃木科 Platanaceae**
　　　　　　　　（悬铃木属 *Platanus*）
　　　75. 草本或稀为亚灌木，有时为攀缘性。
　　　　78. 胚珠倒生或直生。
　　　　　79. 叶片多少有些分裂或为复叶；无托叶或极微小；有花被（花萼）；胚珠倒生；花单生或成各种类型的花序 ·············· **毛茛科 Ranunculaceae**
　　　　　79. 叶为全缘单叶；有托叶；无花被；胚珠直生；花呈穗形总状花序 ·············· **三白草科 Saururaceae**
　　　　78. 胚珠常弯生，叶为全缘单叶。
　　　　　80. 直立草本；叶互生，非肉质 ·············· **商陆科 Phytolaccaceae**
　　　　　80. 平卧草本；叶对生或近轮生，肉质 ·············· **番杏科 Aizoaceae**
　　　　　　　　（针晶粟草属 *Gisekia*）
　72. 每花仅有 1 个复合或单雌蕊，心皮有时于成熟后各自分离。
　　81. 子房下位或半下位。
　　　82. 草本。
　　　　83. 水生或小型沼泽植物。

84. 花柱 2 个或更多；叶片（尤其沉没水中的）常呈羽状细裂或为复叶 …………… ………………………………………………………………… 小二仙草科 Haloragidaceae
84. 花柱 1 个；叶为线形全缘单叶 ………………………………… 杉叶藻科 Hippuridaceae
83. 陆生草本。
  85. 寄生性肉质草本，无绿叶。
    86. 花单性，雌花常无花被；无珠被及种皮 ………………… 蛇菰科 Balanophoraceae
    86. 花杂性，有一层花被，两性花有 1 雄蕊；有珠被及种皮 ……………………… ……………………………………………………………… 锁阳科 Cynomoriaceae
（锁阳属 *Cynomorium*）
  85. 非寄生性植物，或于百蕊草属 *Thesium* 为半寄生性，但均有绿叶。
    87. 叶对生，其形宽广而有锯齿缘 ………………………… 金粟兰科 Chloranthaceae
    87. 叶互生。
      88. 平铺草本（限于我国植物），叶片宽，三角形，多少有些肉质 …………… …………………………………………………………………… 番杏科 Aizoaceae
（番杏属 *Tetragonia*）
      88. 直立草本，叶片窄而细长 …………………………………… 檀香科 Santalaceae
（百蕊草属 *Thesium*）
82. 灌木或乔木。
  89. 子房 3～10 室。
    90. 坚果 1～2 个，同生在一个木质且可裂为 4 瓣的壳斗里 ……… 壳斗科 Fagaceae
（水青冈属 *Fagus*）
    90. 核果，并不生在壳斗里。
      91. 雌雄异株，成顶生的圆锥花序，后者并不为叶状苞片所托 ……………… ……………………………………………………………………… 山茱萸科 Cornaceae
（鞘柄木属 *Toricellia*）
      91. 花杂性，形成球形的头状花序，后者为 2～3 白色叶状苞片所托 ………… ……………………………………………………………………… 蓝果树科 Nyssaceae
（珙桐属 *Davidia*）
  89. 子房 1 或 2 室，或在铁青树科的青皮木属 Schoepfia 中，子房的基部可为 3 室。
    92. 花柱 2 个。
      93. 蒴果，2 瓣裂开 ……………………………………………… 金缕梅科 Hamamelidaceae
      93. 果实呈核果状，或为蒴果状的瘦果，不裂开 ………………… 鼠李科 Rhamnaceae
    92. 花柱 1 个或无花柱。
      94. 叶片下面多少有些具皮屑状或鳞片状的附属物 ……… 胡颓子科 Elaeagnaceae
      94. 叶片下面无皮屑状或鳞片状的附属物。
        95. 叶缘有锯齿或圆锯齿，稀可在荨麻科的紫麻属 *Oreocnide* 中有全缘者。
          96. 叶对生，具羽状脉；雄花裸露，有雄蕊 1～3 个 …………………… …………………………………………………………… 金粟兰科 Chloranthaceae
          96. 叶互生，大都于叶基具三出脉；雄花具花被及雄蕊 4 个（稀可 3 或 5 个）

　　　　　　………………………………………………………… 荨麻科 Urticaceae
　　　　95. 叶全缘，互生或对生。
　　　　　　97. 植物体寄生在乔木的树干或枝条上；果实呈浆果状 …………
　　　　　　………………………………………………… 桑寄生科 Loranthaceae
　　　　　　97. 植物体大都陆生，或有时可为寄生性；果实呈坚果状或核果状，
　　　　　　　　胚珠 1~5 个。
　　　　　　　　98. 花多为单性；胚珠垂悬于基底胎座上 …………………………
　　　　　　　　………………………………………………… 檀香科 Santalaceae
　　　　　　　　98. 花两性或单性；胚珠垂悬于子房室的顶端或中央胎座的顶端。
　　　　　　　　　　99. 雄蕊 10 个，为花萼裂片的 2 倍数… 使君子科 Combretaceae
　　　　　　　　　　　　　　　　　　　　　　　　　（诃子属 *Terminalia*）
　　　　　　　　　　99. 雄蕊 4 或 5 个，和花萼裂片同数且对生 …………………
　　　　　　　　　　………………………………………… 铁青树科 Olacaceae
81. 子房上位，如有花萼时，和它相分离，或在紫茉莉科及胡颓子科中，当果实成熟时，子房为宿存萼筒所包围。
　　100. 托叶鞘围抱茎的各节；草本，稀可为灌木…………………… 蓼科 Polygonaceae
　　100. 无托叶鞘，在悬铃木科有托叶鞘但易脱落。
　　　　101. 草本，或有时在藜科及紫茉莉科中为亚灌木。
　　　　　　102. 无花被。
　　　　　　　　103. 花两性或单性；子房 1 室，内仅有 1 个基生胚珠。
　　　　　　　　　　104. 叶基生，由 3 小叶而成；穗状花序在一个细长基生无叶的花梗上……………
　　　　　　　　　　………………………………………………… 小檗科 Berberidaceae
　　　　　　　　　　104. 叶茎生，单叶；穗状花序顶生或腋生，但常和叶相对生…… 胡椒科 Piperaceae
　　　　　　　　　　　　　　　　　　　　　　　　　　　　　　　（胡椒属 *Piper*）
　　　　　　　　103. 花单性；子房 3 或 2 室。
　　　　　　　　　　105. 水生或微小的沼泽植物，无乳汁；子房 2 室，每室内含 2 个胚珠 …………
　　　　　　　　　　………………………………………………… 水马齿科 Callitrichaceae
　　　　　　　　　　　　　　　　　　　　　　　　　　　（水马齿属 *Callitriche*）
　　　　　　　　　　105. 陆生植物；有乳汁；子房 3 室，每室内仅含 1 个胚珠… 大戟科 Euphorbiaceae
　　　　　　102. 有花被，当花为单性时，特别是雄花是如此。
　　　　　　　　106. 花萼呈花瓣状，且呈管状。
　　　　　　　　　　107. 花有总苞，有时这总苞类似花萼………………… 紫茉莉科 Nyctaginaceae
　　　　　　　　　　107. 花无总苞。
　　　　　　　　　　　　108. 胚珠 1 个，在子房的近顶端处………………… 瑞香科 Thymelaeaceae
　　　　　　　　　　　　108. 胚珠多数，生在特立中央胎座上………………… 报春花科 Primulaceae
　　　　　　　　　　　　　　　　　　　　　　　　　　　　　　（海乳草属 *Glaux*）
　　　　　　　　106. 花萼非如上述情形。
　　　　　　　　　　109. 雄蕊周位，即位于花被上。
　　　　　　　　　　　　110. 叶互生，羽状复叶而有草质的托叶；花无膜质苞片，瘦果… 蔷薇科 Rosaceae

110. 叶对生，或在蓼科的冰岛蓼属 *Koenigia* 为互生，单叶无草质托叶；花有膜质苞片。
  111. 花被片和雄蕊各为 5 或 4 个，对生；囊果；托叶膜质……………………………
                                                       石竹科 Caryophyllaceae
  111. 花被片和雄蕊各为 3 个，互生；坚果；无托叶……… 蓼科 Polygonaceae
                                                           （冰岛蓼属 *Koenigia*）
109. 雄蕊下位，即位于子房下。
  112. 花柱或其分枝为 2 或数个，内侧常为柱头面。
    113. 子房常为数个至多数心皮连合而成……………… 商陆科 Phytolaccaceae
    113. 子房常为 2 或 3（或 5）心皮连合而成。
      114. 子房 3 室，稀可 2 或 4 室……………………… 大戟科 Euphorbiaceae
      114. 子房 1 或 2 室。
        115. 叶为掌状复叶或具掌状脉而有宿存托叶 ……………… 桑科 Moraceae
                                               （大麻亚科 *Subfam. Cannabioideae*）
        115. 叶具羽状脉，或稀可为掌状脉而无托叶，也可在藜科中叶退化成鳞片或为肉质而形如圆筒。
          116. 花有草质而带绿色或灰绿色的花被及苞片……………………………
                                                              藜科 Chenopodiaceae
          116. 花有干膜质而常有色泽的花被及苞片………… 苋科 Amaranthaceae
  112. 花柱 1 个，常顶端有柱头，也可无花柱。
    117. 花两性。
      118. 雌蕊为单心皮；花萼由 2 膜质且宿存的萼片而成；雄蕊 2 个…………
                                                         毛茛科 Ranunculaceae
                                                           （星叶草属 *Circaeaster*）
      118. 雌蕊由 2 合生心皮而成。
        119. 萼片 2 片；雄蕊多数 …………………………… 罂粟科 Papaveraceae
                                                          （博落回属 *Macleaya*）
        119. 萼片 4 片；雄蕊 2 或 4 …………………… 十字花科 Cruciferae
                                                          （独行菜属 *Lepidium*）
    117. 花单性。
      120. 沉没于淡水中的水生植物；叶细裂成丝状…………………………………
                                                        金鱼藻科 Ceratophyllaceae
                                                           （金鱼藻属 *Ceratophyllum*）
      120. 陆生植物；叶为其他情形。
        121. 叶含多量水分；托叶连接叶柄的基部；雄花的花被 2 片；雄蕊多数…
                                                     假繁缕科 Theligonaceae
                                                         （假繁缕属 *Theligonum*）
        121. 叶不含多量水分；如有托叶时，也不连接叶柄的基部；雄花的花被片和雄蕊均各为 4 或 5 个，二者相对生………… 荨麻科 Urticaceae

101. 木本植物或亚灌木。
  122. 耐寒旱性的灌木，或在藜科的梭梭属 *Haloxylon* 为乔木；叶微小，细长或呈鳞片状，也可有时（如藜科）为肉质而成圆筒形或半圆筒形。
    123. 雌雄异株或花杂性；花萼为三出数，萼片微呈花瓣状，和雄蕊同数且互生；花柱1，极短，常有6～9放射状且有齿裂的柱头；核果；胚体劲直；常绿而基部偃卧的灌木；叶互生，无托叶·· 岩高兰科 Empetraceae
（岩高兰属 *Empetrum*）
    123. 花两性或单性，花萼为五出数，稀可三出或四出数，萼片或花萼裂片草质或革质，和雄蕊同数且对生，或在藜科中雄蕊由于退化而数较少，甚或1个；花柱或花柱分枝2或3个，内侧常为柱头面；胞果或坚果；胚体弯曲如环或弯曲成螺旋形。
      124. 花无膜质苞片；雄蕊下位；叶互生或对生；无托叶；枝条常具关节·· 藜科 Chenopodiaceae
      124. 花有膜质苞片；雄蕊周位；叶对生，基部常互相连合；有膜质托叶；枝条不具关节·· 石竹科 Caryophyllaceae
  122. 不是上述的植物；叶片矩圆形或披针形，或宽广至圆形。
    125. 果实及子房均为2至数室，或在大风子科中为不完全的2至数室。
      126. 花常为两性。
        127. 萼片4或5片，稀可3片，呈覆瓦状排列。
          128. 雄蕊4个，4室的蒴果·· 木兰科 Magnoliaceae
          128. 雄蕊多数，浆果状的核果·· 大风子科 Flacourtiaceae
        127. 萼片多5片，呈镊合状排列。
          129. 雄蕊为不定数；具刺的蒴果·· 杜英科 Elaeocarpaceae
（猴欢喜属 *Sloanea*）
          129. 雄蕊和萼片同数；核果或坚果。
            130. 雄蕊和萼片对生，各为3～6 ···································· 铁青树科 Olacaceae
            130. 雄蕊和萼片互生，各为4或5 ···································· 鼠李科 Rhamnaceae
      126. 花单性（雌雄同株或异株）或杂性。
        131. 果实各种；种子无胚乳或有少量胚乳。
          132. 雄蕊常8个；果实坚果状或为有翅的蒴果；羽状复叶或单叶·· 无患子科 Sapindaceae
          132. 雄蕊5或4个，且和萼片互生；核果有2～4个小核；单叶·· 鼠李科 Rhamnaceae
（鼠李属 *Rhamnus*）
        131. 果实多呈蒴果状，无翅；种子常有胚乳。
          133. 果实为具2室的蒴果，有木质或革质的外种皮及角质的内果皮·· 金缕梅科 Hamamelidaceae
          133. 果实纵为蒴果时，也不像上述情形。
            134. 胚珠具腹脊；果实有各种类型，但多为胞间裂开的蒴果·· 大戟科 Euphorbiaceae

134. 胚珠具背脊；果实为胞背裂开的蒴果，或有时呈核果状···
··黄杨科 Buxaceae

125. 果实及子房均为 1 或 2 室，稀可在无患子科的荔枝属 *Litchi* 及韶子属 *Nephelium* 中为 3 室，或在卫矛科的十齿花属 *Dipentodon* 及铁青树科的铁青树属 *Olax* 中，子房的下部为 3 室，而上部为 1 室。

  135. 花萼具显著的萼筒，且常呈花瓣状。

    136. 叶无毛或下面有柔毛；萼筒整个脱落·······················瑞香科 Thymelaeaceae

    136. 叶下面具银白色或棕色的鳞片；萼筒或其下部永久宿存，当果实成熟时，变为肉质而紧密包着子房···胡颓子科 Elaeagnaceae

  135. 花萼不是像上述情形，或无花被。

    137. 花药以 2 或 4 舌瓣裂开···樟科 Lauraceae

    137. 花药不以舌瓣裂开。

      138. 叶对生。

        139. 果实为有双翅或呈圆形的翅果···································槭树科 Aceraceae

        139. 果实为有单翅而呈细长形兼矩圆形的翅果························木犀科 Oleaceae

      138. 叶互生。

        140. 叶为羽状复叶。

          141. 叶为二回羽状复叶，或退化仅具叶状柄（特称为叶状叶柄）·············
··豆科 Leguminosae
（金合欢属 *Acacia*）

          141. 叶为一回羽状复叶。

            142. 小叶边缘有锯齿；果实有翅················马尾树科 Rhoipteleaceae
（马尾树属 *Rhoiptelea*）

            142. 小叶全缘；果实无翅。

              143. 花两性或杂性··························无患子科 Sapindaceae

              143. 雌雄异株································漆树科 Anacardiaceae
（黄连木属 *Pistacia*）

        140. 叶为单叶。

          144. 花均无花被。

            145. 多为木质藤本；叶全缘；花两性或杂性，呈紧密的穗状花序···············
··胡椒科 Piperaceae
（胡椒属 *Piper*）

            145. 乔木；叶缘有锯齿或缺刻；花单性。

              146. 叶宽广，具掌状脉及掌状分裂，叶缘具缺刻或大锯齿；有托叶，围茎成鞘，但易脱落；雌雄同株，雌花和雄花分别呈球形的头状花序；雌蕊为单心皮而成；小坚果为倒圆锥形而有棱角，无翅也无梗，但围以长柔毛··········
··悬铃木科 Platanaceae
（悬铃木属 *Platanus*）

              146. 叶椭圆形至卵形，具羽状脉及锯齿缘；无托叶；雌雄异株，雄花聚成疏松有苞片的簇丛，雌花单生于苞片的腋内；雌蕊为 2 心皮而成；小坚果扁平，具翅且有柄，但无毛·· 杜仲科 Eucommiaceae
（杜仲属 *Eucommia*）

144. 花常有花萼，尤其在雄花。
 147. 植物体内有乳汁·· 桑科 Moraceae
 147. 植物体内无乳汁。
  148. 花柱或其分枝 2 或数个，但在大戟科的核果木属 *Drypetes* 中则柱头几无柄，呈盾状或肾脏形。
   149. 雌雄异株或有时为同株；叶全缘或具波状齿。
    150. 矮小灌木或亚灌木；果实干燥，包藏于具有长柔毛而互相连合成双角状的 2 苞片中；胚体弯曲如环·· 藜科 ChenoPodiaceae
    150. 乔木或灌木；果实呈核果状，常为 1 室含 1 种子，不包藏于苞片内；胚体劲直··· 大戟科 Euphorbiaceae
   149. 花两性或单性；叶缘多有锯齿或具齿裂，稀可全缘。
    151. 雄蕊多数·· 大风子科 Flacourtiaceae
    151. 雄蕊 10 个或较少。
     152. 子房 2 室，每室有 1 个至数个胚珠；果实为木质蒴果 ·· 金缕梅科 Hamamelidaceae
     152. 子房 1 室，仅含 1 胚珠；果实不是木质蒴果·············· 榆科 Ulmaceae
  148. 花柱 1 个，也可有时（如荨麻属）不存，而柱头呈画笔状。
   153. 叶缘有锯齿；子房为 1 心皮而成。
    154. 花两性·· 山龙眼科 Proteaceae
    154. 雌雄异株或同株。
     155. 花生于当年新枝上；雄蕊多数·························· 蔷薇科 Rosaceae
（臭樱属 *Maddenia*）
     155. 花生于老枝上；雄蕊和萼片同数······················· 荨麻科 Urticaceae
   153. 叶全缘或边缘有锯齿；子房为 2 个以上连合心皮所成。
    156. 果实呈核果状或坚果状，内有 1 种子；无托叶。
     157. 子房具 2 或 2 个胚珠；果实于成熟后由萼筒包围············ 铁青树科 Olacaceae
     157. 子房仅具 1 个胚珠；果实和花萼相分离，或仅果实基部由花萼衬托之··· 山柚子科 Opiliaceae
    156. 果实呈蒴果状或浆果状，内含数个至 1 个种子。
     158. 花下位，雌雄异株，稀可杂性，雄蕊多数；果实呈浆果状；无托叶·· 大风子科 Flacourtiaceae
（柞木属 *Xylosma*）
     158. 花周位，两性；雄蕊 5~12 个；果实呈蒴果状；有托叶，但易脱落。
      159. 花为腋生的簇丛或头状花序；萼片 4~6 片······ 大风子科 Flacourtiaceae
（山羊角树属 *Carrierea*）
      159. 花为腋生的伞形花序；萼片 10~14 片················ 卫矛科 Celastraceae

（十齿花属 *Dipentodon*）
2. 花具花萼也具花冠，或有两层以上的花被片，有时花冠可为蜜腺叶所代替。
　160. 花冠常为离生的花瓣所组成。
　　161. 成熟雄蕊（或单体雄蕊的花药）多在 10 个以上，通常多数，或其数超过花瓣的 2 倍。
162. 花萼和 1 个或更多的雌蕊多少有些互相愈合，即子房下位或半下位。
　　163. 水生草本植物；子房多室·················· 睡莲科 Nymphaeaceae
　　163. 陆生植物；子房 1 至数室，也可心皮为 1 至数个，或在海桑科中为多室。
　　　164. 植物体具肥厚的肉质茎，多有刺，常无真正叶片············ 仙人掌科 Cactaceae
　　　164. 植物体为普通形态，不呈仙人掌状，有真正的叶片。
　　　　165. 草本植物或稀可为亚灌木。
　　　　　166. 花单性。
　　　　　　167. 雌雄同株；花鲜艳，多成腋生聚伞花序；子房 2～4 室··················
　　　　　　　　 ·················· 秋海棠科 Begoniaceae
　　　　　　　　　　　　　　　　　　　　　　 （秋海棠属 *Begonia*）
　　　　　　167. 雌雄异株；花小而不显著，呈腋生穗状或总状花序 ············· 四数木科 Tetramelaceae
　　　　　166. 花常两性。
　　　　　　168. 叶基生或茎生，呈心形，或在线果兜铃属 Thottea 为长形，不为肉质；花为三出数·················· 马兜铃科 Aristolochiaceae
　　　　　　　　　　　　　　　　　　　　　　 （细辛族 *Trib. Asareae*）
　　　　　　168. 叶茎生，不呈心形，多少有些肉质，或为圆柱形；花不是三出数。
　　　　　　　169. 花萼裂片常为 5，叶状；蒴果 5 室或更多室，在顶端呈放射状裂开 ···
　　　　　　　　 ·················· 番杏科 Aizoaceae
　　　　　　　169. 花萼裂片 2；蒴果 1 室，盖裂 ·················· 马齿苋科 Portulacaceae
　　　　　　　　　　　　　　　　　　　　　　 （马齿苋属 *Portulaca*）
　　　　165. 乔木或灌木（但在虎耳草科的叉叶蓝属 *Deinanthe* 及草绣球属 *Cardiandra* 为亚灌木，黄山梅属 *Kirengeshoma* 为多年生高大草本），有时以气生小根而攀缘。
　　　　170. 叶通常对生（虎耳草科的草绣球属 *Cardiandra* 为例外），或在石榴科的石榴属 *Punica* 中有时可互生。
　　　　　171. 叶缘常有锯齿或全缘；花序（除山梅花属 *Philadelphus* 外）常有不孕的边缘花 ·················· 虎耳草科 Saxifragaceae
　　　　　171. 叶全缘；花序无不孕花。
　　　　　　172. 叶为脱落性；花萼呈朱红色·················· 石榴科 Punicaceae
　　　　　　　　　　　　　　　　　　　　　　 （石榴属 *Punica*）
　　　　　　172. 叶为常绿性；花萼不呈朱红色。
　　　　　　　173. 叶片中有腺体微点；胚珠常多数·················· 桃金娘科 Myrtaceae
　　　　　　　173. 叶片中无微点。
　　　　　　　　174. 胚珠在每子房室中为多数·················· 海桑科 Sonneratiaceae
　　　　　　　　174. 胚珠在每子房室中仅 2 个，稀可较多····· 红树科 Rhizophoraceae

170. 叶互生
  175. 花瓣细长形兼长方形，最后向外翻转……………… **八角枫科 Alangiaceae**
                   （八角枫属 *Alangium*）
  175. 花瓣不呈细长形，或纵为细长形时，也不向外翻转。
    176. 叶无托叶。
      177. 叶全缘；果实肉质或木质………………………… **玉蕊科 Lecythidaceae**
                  （玉蕊属 *Barringtonia*）
      177. 叶缘多少有些锯齿或齿裂；果实呈核果状，其形歪斜…………
        …………………………………………… **山矾科 Symplocaceae**
                 （山矾属 *Symplocos*）
    176. 叶有托叶。
      178. 花瓣呈旋转状排列；花药隔向上延伸；花萼裂片中 2 个或更多个在果实上变大而呈翅状…………… **龙脑香科 Dipterocarpaceae**
      178. 花瓣呈覆瓦状或旋转状排列（如蔷薇科的火棘属 *Pyracantha*）；花药隔并不向上延伸；花萼裂片也无上述变大情形。
        179. 子房 1 室，内具 2～6 侧膜胎座，各有 1 个至多数胚珠；果实为革质蒴果，自顶端以 2～6 片裂开……… **大风子科 Flacourtiaceae**
                  （天料木属 *Homalium*）
        179. 子房 2～5 室，内具中轴胎座，或其心皮在腹面互相分离而具边缘胎座。
          180. 花呈伞房、圆锥、伞形或总状等花序，稀可单生；子房 2～5 室，或心皮 2～5 个，下位，每室或每心皮有胚珠 1～2 个，稀可有时为 3～10 个或为多数；果实为肉质或木质假果；种子无翅 ………………………………………… **蔷薇科 Rosaceae**
                  （苹果亚科 *Maloideae*）
          180. 花呈头状或肉穗花序；子房 2 室，半下位，每室有胚珠 2～6 个；果为木质蒴果；种子有或无翅……… **金缕梅科 Hamamelidaceae**
              （马蹄荷亚科 *Subfam. Exbucklandioideae*）
162. 花萼和 1 个或更多的雌蕊互相分离，即子房上位。
 181. 花为周位花。
   182. 萼片和花瓣相似，覆瓦状排列成数层，着生于坛状花托的外侧………………
    …………………………………………………… **蜡梅科 Calycanthaceae**
                 （夏蜡梅属 *Calycanthus*）
   182. 萼片和花瓣有分化，在萼筒或花托的边缘排列成 2 层。
    183. 叶对生或轮生，有时上部者可互生，但均为全缘单叶；花瓣常于蕾中呈皱褶状。
      184. 花瓣无爪，形小，或细长；浆果………… **海桑科 Sonneratiaceae**
      184. 花瓣有细爪，边缘具腐蚀状的波纹或具流苏；蒴果………… **千屈菜科 Lythraceae**
    183. 叶互生，单叶或复叶；花瓣不呈皱褶状。
      185. 花瓣宿存；雄蕊的下部连成一管……………………… **亚麻科 Linaceae**

185. 花瓣脱落性；雄蕊互相分离。
 186. 草本植物，具二出数的花朵；萼片2片，早落性；花瓣4个⋯⋯罂粟科 apaveraceae
                   （花菱草属 *Eschscholtzia*）
 186. 木本或草本植物，具五出或四出数的花朵。
  187. 花瓣镊合状排列；果实为荚果；叶多为二回羽状复叶；有时叶片退化，而叶柄发育为叶状柄；心皮1个⋯⋯⋯⋯⋯⋯⋯⋯⋯⋯⋯⋯⋯⋯⋯⋯ 豆科 Leguminosae
                  （含羞草亚科 Mimosoideae）
  187. 花瓣覆瓦状排列；果实为核果、蓇葖果或瘦果；叶为单叶或复叶；心皮1个至多数⋯⋯⋯⋯⋯⋯⋯⋯⋯⋯⋯⋯⋯⋯⋯⋯⋯⋯⋯⋯⋯⋯⋯ 蔷薇科 Rosaceae
181. 花为下位花，或至少在果实时花托扁平或隆起。
 188. 雌蕊少数至多数，互相分离或微有连合。
  189. 水生植物。
   190. 叶片呈盾状，全缘⋯⋯⋯⋯⋯⋯⋯⋯⋯⋯⋯⋯ 睡莲科 Nymphaeaceae
   190. 叶片不呈盾状，多少有些分裂或为复叶⋯⋯⋯⋯ 毛茛科 Ranunculaceae
  189. 陆生植物。
   191. 茎为攀缘性。
    192. 草质藤本。
     193. 花显著，为两性花⋯⋯⋯⋯⋯⋯⋯⋯⋯⋯ 毛茛科 Ranunculaceae
     193. 花小形，为单性，雌雄异株⋯⋯⋯⋯⋯⋯ 防己科 Menispermaceae
    192. 木质藤本或为蔓生灌木。
     194. 叶对生，复叶由3小叶所成，或顶端小叶形成卷须⋯⋯⋯⋯⋯⋯⋯⋯⋯⋯⋯⋯⋯⋯⋯⋯⋯⋯⋯⋯⋯⋯⋯⋯⋯⋯⋯⋯ 毛茛科 Ranunculaceae
                 （锡兰莲属 *Naravelia*）
     194. 叶互生，单叶。
      195. 花单性。
       196. 心皮多数，结果时聚生成一球状的肉质体或散布于极延长的花托上⋯⋯⋯⋯⋯⋯⋯⋯⋯⋯⋯⋯⋯⋯⋯⋯⋯⋯⋯⋯⋯⋯⋯⋯⋯⋯⋯⋯⋯ 木兰科 Magnoliaceae
       196. 心皮3～6，果为核果或核果状 ⋯⋯⋯⋯⋯ 防己科 Menispermaceae
      195. 花两性或杂性；心皮数个，果为蓇葖果⋯⋯⋯⋯⋯ 五桠果科 Dilleniaceae
                   （锡叶藤属 *Tetracera*）
   191. 茎直立，不为攀缘性。
    197. 雄蕊的花丝连成单体⋯⋯⋯⋯⋯⋯⋯⋯⋯⋯⋯⋯⋯⋯ 锦葵科 Malvaceae
    197. 雄蕊的花丝互相分离。
     198. 草本植物，稀可为亚灌木；叶片多少有些分裂或为复叶。
      199. 叶无托叶；种子有胚乳⋯⋯⋯⋯⋯⋯⋯⋯⋯⋯ 毛茛科 Ranunculaceae
      199. 叶多有托叶；种子无胚乳⋯⋯⋯⋯⋯⋯⋯⋯⋯⋯⋯ 蔷薇科 Rosaceae
     198. 木本植物；叶片全缘或边缘有锯齿，也稀有分裂者。
      200. 萼片及花瓣均为镊合状排列；胚乳具嚼痕⋯⋯⋯⋯ 番荔枝科 Annonaceae
      200. 萼片及花瓣均为覆瓦状排列；胚乳无嚼痕。

201. 萼片及花瓣相同，三出数，排列成 3 层或多层，均可脱落…………………… 木兰科 Magnoliaceae
201. 萼片及花瓣甚有分化，多为五出数，排列成 2 层，萼片宿存。
　　202. 心皮 3 个至多数；花柱互相分离；胚珠为不定数… 五桠果科 Dilleniaceae
　　202. 心皮 3～10 个；花柱完全合生；胚珠单生 …… 金莲木科 Ochnaceae
　　　　　　　　　　　　　　　　　　　　　　　　（金莲木属 *Ochna*）
188. 雌蕊 1 个，但花柱或柱头为 1 至多数。
　203. 叶片中具透明微点。
　　204. 叶互生，羽状复叶或退化为仅有 1 顶生小叶………………… 芸香科 Rutaceae
　　204. 叶对生，单叶…………………………………………… 藤黄科 Guttiferae
　203. 叶片中无透明微点。
　　205. 子房单纯，具 1 子房室。
　　　206. 乔木或灌木；花瓣呈镊合状排列；果实为荚果……………… 豆科 Leguminosae
　　　　　　　　　　　　　　　　　　　　　　　（含羞草亚科 Mimosoideae）
　　　206. 草本植物；花瓣呈覆瓦状排列；果实不是荚果。
　　　　207. 花为五出数；蓇葖果…………………………… 毛茛科 Ranunculaceae
　　　　207. 花为三出数；浆果…………………………… 小檗科 Berberidaceae
　　205. 子房为复合性。
　　　208. 子房 1 室，或在马齿苋科的土人参属 *Talinum* 中子房基部为 3 室。
　　　　209. 特立中央胎座。
　　　　　210. 草本；叶互生或对生；子房的基部 3 室，有多数胚珠… 马齿苋科 Portulacaceae
　　　　　　　　　　　　　　　　　　　　　　　　　（土人参属 *Talinum*）
　　　　　210. 灌木；叶对生；子房 1 室，内有成为 3 对的 6 个胚珠… 红树科 Rhizophoraceae
　　　　　　　　　　　　　　　　　　　　　　　　　（秋茄树属 *Kandelia*）
　　　　209. 侧膜胎座。
　　　　　211. 灌木或小乔木（在半日花科中常为亚灌木或草本植物），子房柄不存在或极短；果实为蒴果或浆果。
　　　　　　212. 叶对生；萼片不相等，外面 2 片较小，或有时退化，内面 3 片呈旋转状排列
　　　　　　　　…………………………………………………… 半日花科 Cistaceae
　　　　　　　　　　　　　　　　　　　　　　　　（半日花属 *Helianthemum*）
　　　　　　212. 叶常互生，萼片相等，呈覆瓦状或镊合状排列。
　　　　　　　213. 植物体内含有色泽的汁液；叶具掌状脉，全缘；萼片 5 片，互相分离，基部有腺体；种皮肉质，红色……………………………… 红木科 Bixaceae
　　　　　　　　　　　　　　　　　　　　　　　　　（红木属 *Bixa*）
　　　　　　　213. 植物体内不含有色泽的汁液；叶具羽状脉或掌状脉；叶缘有锯齿或全缘；萼片 3～8 片，离生或合生；种皮坚硬，干燥…… 大风子科 Flacourtiaceae
　　　　　211. 草本植物，如为木本植物时，则具有显著的子房柄；果实为浆果或核果。
　　　　　　214. 植物体内含乳汁；萼片 2～3 ………………… 罂粟科 Papaveraceae
　　　　　　214. 植物体内不含乳汁；萼片 4～8。

215. 叶为单叶或掌状复叶；花瓣完整；长角果…………… 山柑科 Capparaceae
215. 叶为单叶，或为羽状复叶或分裂；花瓣具缺刻或细裂；蒴果仅于顶端裂开…
…………………………………………………………………… 木犀草科 Resedaceae
208. 子房 2 室至多室，或为不完全的 2 至多室。
216. 草本植物，具多少有些呈花瓣状的萼片。
217. 水生植物；花瓣为多数雄蕊或鳞片状的蜜腺叶所代替……… 睡莲科 Nymphaeaceae
（萍蓬草属 Nuphar）
217. 陆生植物；花瓣不为蜜腺叶所代替。
218. 一年生草本植物；叶呈羽状细裂；花两性…………… 毛茛科 Ranunculaceae
（黑种草属 Nigella）
218. 多年生草本植物；叶全缘而呈掌状分裂；雌雄同株 …… 大戟科 Euphorbiaceae
（麻疯树属 Jatropha）
216. 木本植物，或陆生草本植物，常不具呈花瓣状的萼片。
219. 萼片于蕾内呈镊合状排列。
220. 雄蕊互相分离或连成数束。
221. 花药 1 室或数室；叶为掌状复叶或单叶；全缘，具羽状脉… 木棉科 Bombacaceae
221. 花药 2 室；叶为单叶，叶缘有锯齿或全缘。
222. 花药以顶端 2 孔裂开………………………………… 杜英科 Elaeocarpaceae
222. 花药纵长裂开…………………………………………… 椴树科 Tiliaceae
220. 雄蕊连为单体，至少内层者如此，并且多少有些连成管状。
223. 花单性；萼片 2 或 3 片…………………………… 大戟科 Euphorbiaceae
（石栗属 Aleurites）
223. 花常两性；萼片多 5 片，稀可较少。
224. 花药 2 室或更多室。
225. 无副萼；多有不育雄蕊；花药 2 室；叶为单叶或掌状分裂………………
…………………………………………………………… 梧桐科 Sterculiaceae
225. 有副萼；无不育雄蕊；花药数室；叶为单叶，全缘且具羽状脉………………
…………………………………………………………… 木棉科 Bombacaceae
（榴莲属 Durio）
224. 花药 1 室。
226. 花粉粒表面平滑；叶为掌状复叶…………………… 木棉科 Bombacaceae
（木棉属 Bombax）
226. 花粉粒表面有刺；叶有各种情形………………………… 锦葵科 Malvaceae
219. 萼片于蕾内呈覆瓦状或旋转状排列，或有时（如大戟科的巴豆属 Croton）近于呈镊合状排列。
227. 雌雄同株或稀可异株；果实为蒴果，由 2～4 个各自裂为 2 片的离果所成…………
…………………………………………………………………… 大戟科 Euphorbiaceae
227. 花常两性,或在猕猴桃科的猕猴桃属 Actinidia 中为杂性或雌雄异株；果实为其他情形。
228. 萼片在果实时增大且呈翅状；雄蕊具伸长的花药隔… 龙脑香科 Dipterocarpaceae

228. 萼片及雄蕊二者不为上述情形。
 229. 雄蕊排列成 2 层，外层 10 个和花瓣对生，内层 5 个和萼片对生 ……………………………………………………………… 蒺藜科 Zygophyllaceae
（骆驼蓬属 *Peganum*）
229. 雄蕊的排列为其他情形。
 230. 食虫的草本植物；叶基生，呈管状，其上再具有小叶片 ………………………………………………………………………… 猪笼草科 Nepenthaceae
 230. 不是食虫植物；叶茎生或基生，但不呈管状。
  231. 植物体呈耐寒旱状；叶为全缘单叶。
   232. 叶对生或上部者互生；萼片 5 片，互不相等，外面 2 片较小或有时退化，内面 3 片较大，呈旋转状排列，宿存；花瓣早落 …… 半日花科 Cistaceae
   232. 叶互生；萼片 5 片，大小相等；花瓣宿存；在内侧基部各有 2 舌状物 … 柽柳科 Tamaricaceae
（红砂属 *Reaumuria*）
  231. 植物体不是耐寒旱状；叶常互生；萼片 2～5 片，彼此相等；呈覆瓦状或稀可呈镊合状排列。
   233. 草本或木本植物；花为四出数，或其萼片多为 2 片且早落。
    234. 植物体内含乳汁；无或有极短子房柄；种子有丰富胚乳 ……………………………………………………………………… 罂粟科 Papaveraceae
    234. 植物体内不含乳汁；有细长的子房柄；种子无或有少量胚乳 ……………………………………………………………… 山柑科 Capparaceae
   233. 木本植物；花常为五出数，萼片宿存或脱落。
    235. 果实为具 5 个棱角的蒴果，分成 5 个骨质各含 1 或 2 种子的心皮后，再各沿其缝线而 2 瓣裂开 …………………… 蔷薇科 Rosaceae
（白鹃梅属 *Exochorda*）
    235. 果实不为蒴果，如为蒴果时则为胞背裂开。
     236. 蔓生或攀缘的灌木；雄蕊互相分离；子房 5 室或更多室；浆果，常可食 ………………………………………… 猕猴桃科 Actinidiaceae
     236. 直立乔木或灌木；雄蕊至少在外层者连为单体，或连成 3～5 束而着生于花瓣的基部；子房 5～3 室。
      237. 花药能转动，以顶端孔裂开；浆果；胚乳颇丰富 …………………………………………………………… 猕猴桃科 Actinidiaceae
（水冬哥属 *Saurauia*）
      237. 花药能或不能转动，常纵长裂开；果实有各种情形；胚乳通常量微小 …………………………………………… 山茶科 Theaceae
161. 成熟雄蕊 10 个或较少，如多于 10 个时，其数并不超过花瓣的 2 倍。
 238. 成熟雄蕊和花瓣同数，且和它对生。
  239. 雌蕊 3 个至多数，离生。
   240. 直立草本或亚灌木；花两性，五出数 …………………………………… 蔷薇科 Rosaceae

（地薔薇属 *Chamaerhodos*）
240. 木质或草质藤本；花单性，常为三出数。
　241. 叶常为单叶；花小型；核果；心皮 3～6 个，呈星状排列，各含 1 胚珠……………………………………………………………………… 防己科 **Menispermaceae**
　241. 叶为掌状复叶或由 3 小叶组成；花中型；浆果；心皮 3 个至多数，轮状或螺旋状排列，各含 1 个或多数胚珠…………………………………… 木通科 **Lardizabalaceae**
239. 雌蕊 1 个。
　242. 子房 2 至数室。
　　243. 花萼裂齿不明显或微小；以卷须缠绕他物的灌木或草本植物…… 葡萄科 **Vitaceae**
　　243. 花萼具 4～5 裂片；乔木、灌木或草本植物，有时虽也可为缠绕性，但无卷须。
　　　244. 雄蕊连成单体。
　　　　245. 叶为单叶；每子房室内含胚珠 2～6 个（或在可可属 *Theobroma* 中为多数）………………………………………………………………… 梧桐科 **Sterculiaceae**
　　　　245. 叶为掌状复叶；每子房室内含胚珠多数…………… 木棉科 **Bombacaceae**
（吉贝属 *Ceiba*）
　　　244. 雄蕊互相分离，或稀可在其下部连成一管。
　　　　246. 叶无托叶；萼片各不相等；呈覆瓦状排列；花瓣不相等，在内层的 2 片常很小…………………………………………………………… 清风藤科 **Sabiaceae**
　　　　246. 叶常有托叶；萼片同大，呈镊合状排列；花瓣均大小同形。
　　　　　247. 叶为单叶…………………………………………………… 鼠李科 **Rhamnaceae**
　　　　　247. 叶为 1～3 回羽状复叶…………………………………… 葡萄科 **Vitaceae**
（火筒树属 *Leea*）
　242. 子房 1 室（在马齿苋科的土人参属 *Talinum* 及铁青树科的铁青树属 *Olax* 中则子房的下部多少有些成为 3 室）。
　　248. 子房下位或半下位。
　　　249. 叶互生，边缘常有锯齿；蒴果………………………… 大风子科 **Flacourtiaceae**
（天料木属 *Homalium*）
　　　249. 叶多对生或轮生，全缘；浆果或核果………………… 桑寄生科 **Loranthaceae**
　　248. 子房上位。
　　　250. 花药以舌瓣裂开………………………………………… 小檗科 **Berberidaceae**
　　　250. 花药不以舌瓣裂开。
　　　　251. 缠绕草本；胚珠 1 个；叶肥厚，肉质………………… 落葵科 **Basellaceae**
（落葵属 *Basella*）
　　　　251. 直立草本，或有时为木本；胚珠 1 个至多数。
　　　　　252. 雄蕊连成单体；胚珠 2 个…………………………… 梧桐科 **Sterculiaceae**
（蛇婆子属 *Waltheria*）
　　　　　252. 雄蕊互相分离，胚珠 1 个至多数。
　　　　　　253. 花瓣 6～9 片；雌蕊单纯…………………………… 小檗科 **Berberidaceae**
　　　　　　253. 花瓣 4～8 片；雌蕊复合。

254. 常为草本；花萼有 2 个分离萼片。
　　255. 花瓣 4 片；侧膜胎座·················· 罂粟科 Papaveraceae
　　　　　　　　　　　　　　　　　　　　　　（角茴香属 *Hypecoum*）
　　255. 花瓣常 5 片；基底胎座·················· 马齿苋科 Portulacaceae
254. 乔木或灌木，常蔓生；花萼呈倒圆锥形或杯状。
　　256. 通常雌雄同株；花萼裂片 4～5；花瓣呈覆瓦状排列；无不育雄蕊；
　　　　胚珠有 2 层珠被·················· 紫金牛科 Myrsinaceae
　　　　　　　　　　　　　　　　　　　　　　（酸藤子属 *Embelia*）
　　256. 花两性；花萼于开花时微小，而具不明显的齿裂；花瓣多为镊合状排列；
　　　　有不育雄蕊（有时代以蜜腺）；胚珠无珠被。
　　　　257. 花萼于果时增大；子房的下部为 3 室，上部为 1 室，内含 3 个胚珠
　　　　　　·················· 铁青树科 Olacaceae
　　　　　　　　　　　　　　　　　　　　　　（铁青树属 *Olax*）
　　　　257. 花萼于果时不增大；子房 1 室，内仅含 1 个胚珠··· 山柚子科 Opiliaceae
238. 成熟雄蕊和花瓣不同数，如同数时则雄蕊和它互生。
258. 雌雄异株；雄蕊 8 个，不相同，其中 5 个较长，有伸出花外的花丝，且和花瓣相互生，
　　另 3 个则较短而藏于花内；灌木或灌木状草本；互生或对生单叶；心皮单生；雌花无花被，
　　无梗，贴生于宽圆形的叶状苞片上·················· 漆树科 Anacardiaceae
　　　　　　　　　　　　　　　　　　　　　　（九子母属 *Dobinea*）
258. 花两性或单性，若为雌雄异株时，其雄花中也无上述情形的雄蕊。
　　259. 花萼或其筒部和子房多少有些相连合。
　　　　260. 每子房室内含胚珠或种子 2 个至多数。
　　　　　　261. 花药以顶端孔裂开；草本或木本植物；叶对生或轮生，大都于叶片基部具 3～9 脉
　　　　　　　　·················· 野牡丹科 Melastomataceae
　　　　　　261. 花药纵长裂开。
　　　　　　　　262. 草本或亚灌木；有时为攀缘性。
　　　　　　　　　　263. 具卷须的攀缘草本；花单性·················· 葫芦科 Cucurbitaceae
　　　　　　　　　　263. 无卷须的植物；花常两性。
　　　　　　　　　　　　264. 萼片或花萼裂片 2 片；植物体多少肉质而多水分··· 马齿苋科 Portulacaceae
　　　　　　　　　　　　　　　　　　　　　　　　　　　　（马齿苋属 *Portulaca*）
　　　　　　　　　　　　264. 萼片或花萼裂片 4～5 片；植物体常不为肉质。
　　　　　　　　　　　　　　265. 花萼裂片呈覆瓦状或镊合状排列；花柱 2 个或更多；种子具胚乳········
　　　　　　　　　　　　　　　　·················· 虎耳草科 Saxifragaceae
　　　　　　　　　　　　　　265. 花萼裂片呈镊合状排列；花柱 1 个，具 2～4 裂，或为 1 呈头状的柱头；
　　　　　　　　　　　　　　　　种子无胚乳 ·················· 柳叶菜科 Onagraceae
　　　　　　　　262. 乔木或灌木，有时为攀缘性。
　　　　　　　　　　266. 叶互生。
　　　　　　　　　　　　267. 花数朵至多数呈头状花序；常绿乔木；叶革质，全缘或具浅裂··········
　　　　　　　　　　　　　　·················· 金缕梅科 Hamamelidaceae

267. 花呈总状或圆锥花序。
    268. 灌木；叶为掌状分裂，基部具 3～5 脉；子房 1 室，有多数胚珠；浆果 ··· 虎耳草科 Saxifragaceae
（茶藨子属 *Ribes*）
    268. 乔木或灌木；叶缘有锯齿或细锯齿，有时全缘，具羽状脉；子房 3～5 室，每室内含 2 至数个胚珠，或在山茉莉属 *Huodendron* 为多数；干燥或木质核果，或蒴果，有时具棱角或有翅 ························· 安息香科 Styracaceae
266. 叶常对生（使君子科的榄李属 *Lumnitzera* 例外，同科的风车子属 *Combretum* 可有时为互生，或互生和对生共存于一枝上）
   269. 胚珠多数，除冠盖藤属 *Pileostegia* 自子房室顶端垂悬外，均位于侧膜或中轴胎座上；浆果或蒴果；叶缘有锯齿或为全缘，但均无托叶；种子含胚乳 ··· 虎耳草科 Saxifragaceae
   269. 胚珠 2 个至数个，近于子房室顶端垂悬；叶全缘或有圆锯齿；果实多不裂开，内有种子 1 至数个。
     270. 乔木或灌木，常为蔓生，无托叶，不为形成海岸林的组成分子（榄李属例外）；种子无胚乳，落地后始萌芽 ·· 使君子科 Combretaceae
     270. 常绿灌木或小乔木，具托叶；多为形成海岸林的主要组成分子，种子常有胚乳，在落地前即萌芽（胎生）··············· 红树科 Rhizophoraceae
260. 每子房室内仅含胚珠或种子 1 个。
  271. 果实裂开为 2 个干燥的离果，并共同悬于一果梗上；花序常为伞形花序（在变豆菜属 *Sanicula* 及鸭儿芹属 *Cryptotaenia* 中为不规则的花序，在刺芹属 *Eryngium* 中，则为头状花序）··· 伞形科 Umbelliferae
  271. 果实不裂开或裂开而不是上述情形的；花序可为各种型式。
    272. 草本植物。
      273. 花柱或柱头 2～4 个；种子具胚乳；果实为小坚果或核果，具棱角或有翅 ··· 小二仙草科 Haloragidaceae
      273. 花柱 1 个，具有 1 头状或呈 2 裂的柱头；种子无胚乳。
        274. 陆生草本植物，具对生叶；花为二出数；果实为一具钩状刺毛的坚果 ·· 柳叶菜科 Onagraceae
（露珠草属 *Circaea*）
        274. 水生草本植物，有聚生而漂浮水面的叶片；花为四出数；果实为具 2～4 刺的坚果（栽培种果实可无显著的刺）······························· 菱科 Trapaceae
（菱属 *Trapa*）
    272. 木本植物。
      275. 果实干燥或为蒴果状。
        276. 子房 2 室；花柱 2 个 ······································· 金缕梅科 Hamamelidaceae
        276. 子房 1 室；花柱 1 个。
          277. 花序伞房状或圆锥状 ································ 莲叶桐科 Hernandiaceae

277. 花序头状……………………………………………………………蓝果树科 Nyssaceae
（喜树属 *Camptotheca*）
275. 果实核果状或浆果状。
278. 叶互生或对生；花瓣呈镊合状排列；花序有各种型式，但稀为伞形或头状，有时且可生于叶片上。
279. 花瓣 3～5 片，卵形至披针形；花药短…………… 山茱萸科 Cornaceae
279. 花瓣 4～10 片，狭窄形并向外翻转；花药细长 …… 八角枫科 Alangiaceae
（八角枫属 *Alangium*）
278. 叶互生；花瓣呈覆瓦状或镊合状排列；花序常为伞形或呈头状。
280. 子房 1 室；花柱 1 个；花杂性兼雌雄异株，雌花单生或以少数朵至数朵聚生，雌花多数，腋生为有花梗的簇丛……………………………蓝果树科 Nyssaceae
（蓝果树属 *Nyssa*）
280. 子房 2 室或更多室；花柱 2～5 个；如子房为 1 室而具 1 花柱时（例如马蹄参属 *Diplopanax*），则花两性，形成顶生类似穗状的花序…五加科 Araliaceae
259. 花萼和子房相分离。
281. 叶片中有透明微点。
282. 花整齐，稀可两侧对称；果实不为荚果…………………………芸香科 Rutaceae
282. 花整齐或不整齐；果实为荚果……………………………… 豆科 Leguminosae
281. 叶片中无透明微点。
283. 雌蕊 2 个或更多，互相分离或仅有局部的连合；也可子房分离而花柱连合成 1 个。
284. 多水分的草本，具肉质的茎及叶………………………… 景天科 Crassulaceae
284. 植物体为其他情形。
285. 花为周位花。
286. 花的各部分呈螺旋状排列，萼片逐渐变为花瓣；雄蕊 5 或 6 个；雌蕊多数……
………………………………………………………… 蜡梅科 Calycanthaceae
（蜡梅属 *Chimonanthus*）
286. 花的各部分呈轮状排列，萼片和花瓣甚有分化。
287. 雌蕊 2～4 个，各有多数胚珠；种子有胚乳；无托叶………………………
………………………………………………………… 虎耳草科 Saxifragaceae
287. 雌蕊 2 个至多数，各有 1 至数个胚珠；种子无胚乳；有或无托叶…………
……………………………………………………………… 蔷薇科 Rosaceae
285. 花为下位花，或在悬铃木科中微呈周位。
288. 草本或亚灌木。
289. 各子房的花柱互相分离。
290. 叶常互生或基生，多少有些分裂；花瓣脱落性，较萼片为大，或于天葵属 *Semiaquilegia* 稍小于成花瓣状的萼片…………… 毛茛科 Ranunculaceae
290. 叶对生或轮生，为全缘单叶；花瓣宿存性，较萼片小 马桑科 Coriariaceae
（马桑属 *Coriaria*）
289. 各子房合具 1 共同的花柱或柱头；叶为羽状复叶；花为五出数；花萼宿存；

花中有和花瓣互生的腺体；雄蕊 10 个 ················ 牻牛儿苗科 Geraniaceae

（熏倒牛属 *Biebersteinia*）

288. 乔木、灌木或木本的攀缘植物。

 291. 叶为单叶。

  292. 叶对生或轮生······················ 马桑科 Coriariaceae

（马桑属 *Coriaria*）

  292. 叶互生。

   293. 叶为脱落性，具掌状脉；叶柄基部扩张成帽状以覆盖腋芽··················

················ 悬铃木科 Platanaceae

（悬铃木属 *Platanus*）

   293. 叶为常绿性或脱落性，具羽状脉。

    294. 雌蕊 7 个至多数（稀可少至 5 个）；直立或缠绕性灌木；花两性或单性

················ 木兰科 Magnoliaceae

    294. 雌蕊 4～6 个；乔木或灌木；花两性。

     295. 子房 5 或 6 个，以 1 共同的花柱而连合，各子房均可成熟为核果······

················ 金莲木科 Ochnaceae

（赛金莲木属 *Gomphia*）

     295. 子房 4～6 个，各具 1 花柱，仅有 1 子房可成熟为核果···············

················ 漆树科 Anacardiaceae

（山樏子属 *Buchanania*）

 291. 叶为复叶。

  296. 叶对生··························· 省沽油科 Staphyleaceae

  296. 叶互生。

   297. 木质藤本；叶为掌状复叶或三出复叶············ 木通科 Lardizabalaceae

   297. 乔木或灌木（有时在牛栓藤科中有缠绕性者）；叶为羽状复叶。

    298. 果实为 1 含多数种子的浆果，状似猫屎········ 木通科 Lardizabalaceae

（猫儿屎属 *Decaisnea*）

    298. 果实为其他情形。

     299. 果实为蓇葖果······················ 牛栓藤科 Connaraceae

     299. 果实为离果，或在臭椿属 Ailanthus 中为翅果··· 苦木科 Simaroubaceae

283. 雌蕊 1 个，或至少其子房为 1 个。

 300. 雌蕊或子房确是单纯的，仅 1 室。

  301. 果实为核果或浆果。

   302. 花为三出数，稀可二出数；花药以舌瓣裂开············ 樟科 Lauraceae

   302. 花为五出或四出数；花药纵长裂开。

    303. 落叶具刺灌木；雄蕊 10 个，周位，均可发育 ········ 蔷薇科 Rosaceae

（扁核木属 *Prinsepia*）

    303. 常绿乔木；雄蕊 1～5 个，下位，常仅其中 1 或 2 个可发育··· 漆树科 Anacardiaceae

（杧果属 *Mangifera*）

301. 果实为蓇葖果或荚果。
　　304. 果实为蓇葖果。
　　　　305. 落叶灌木；叶为单叶；蓇葖果内含 2 至数个种子……………………… 蔷薇科 Rosaceae
　　　　　　　　　　　　　　　　　　　　　　　　　　　　　　　（绣线菊亚科 Spiraeoideae）
　　　　305. 常为木质藤本；叶多为单数复叶或具 3 小叶；有时因退化而只有 1 小叶；蓇葖果
　　　　　　 内仅含 1 个种子………………………………………………… 牛栓藤科 Connaraceae
　　304. 果实为荚果…………………………………………………………………… 豆科 Leguminosae
300. 雌蕊或子房并非单纯者，有 1 个以上的子房室或花柱、柱头、胎座等部分。
　306. 子房 1 室或因有 1 假隔膜的发育而成 2 室，有时下部 2～5 室，上部 1 室。
　　307. 花下位，花瓣 4 片，稀可更多。
　　　　308. 萼片 2 片………………………………………………………………… 罂粟科 Papaveraceae
　　　　308. 萼片 4～8 片。
　　　　　　309. 子房柄常细长，呈线状…………………………………………… 山柑科 Capparidaceae
　　　　　　309. 子房柄极短或不存在。
　　　　　　　　310. 子房为 2 个心皮连合组成，常具 2 子房室及 1 假隔膜…………………………
　　　　　　　　　　………………………………………………………………… 十字花科 Cruciferae
　　　　　　　　310. 子房 3～6 个心皮连合组成，仅 1 子房室。
　　　　　　　　　　311. 叶对生，微小，为耐寒旱性；花为辐射对称；花瓣完整，具瓣爪，其内侧
　　　　　　　　　　　　有舌状的鳞片附属物…………………………………… 瓣鳞花科 Frankeniaceae
　　　　　　　　　　　　　　　　　　　　　　　　　　　　　　　　（瓣鳞花属 Frankenia）
　　　　　　　　　　311. 叶互生，显著，非为耐寒旱性；花为两侧对称；花瓣常分裂，但其内侧并
　　　　　　　　　　　　无鳞片状的附属物……………………………………… 木犀草科 Resedaceae
　　307. 花周位或下位，花瓣 3～5 片，稀可 2 片或更多。
　　　　312. 每子房室内仅有胚珠 1 个。
　　　　　　313. 乔木，或稀为灌木；叶常为羽状复叶。
　　　　　　　　314. 叶常为羽状复叶，具托叶及小托叶…………………………… 省沽油科 Staphyleaceae
　　　　　　　　　　　　　　　　　　　　　　　　　　　　　　　　（瘿椒树属 Tapiscia）
　　　　　　　　314. 叶为羽状复叶或单叶，无托叶及小托叶…………………… 漆树科 Anacardiaceae
　　　　　　313. 木本或草本；叶为单叶。
　　　　　　　　315. 通常均为木本，稀可在樟科的无根藤属 Cassytha 则为缠绕性寄生草本；叶常
　　　　　　　　　　互生，无膜质托叶。
　　　　　　　　　　316. 乔木或灌木；无托叶；花为三出或二出数，萼片和花瓣同形，稀可花瓣较大；
　　　　　　　　　　　　花药以瓣裂开；浆果或核果…………………………………… 樟科 Lauraceae
　　　　　　　　　　316. 蔓生性的灌木，茎为合轴型，具钩状的分枝；托叶小而早落；花为五出数，
　　　　　　　　　　　　萼片和花瓣不同形，前者且于结实时增大成翅状；花药纵长裂开；坚果…
　　　　　　　　　　　　………………………………………………………… 钩枝藤科 Ancistrocladaceae
　　　　　　　　　　　　　　　　　　　　　　　　　　　　　　　　（钩枝藤属 Ancistrocladus）
　　　　　　　　315. 草本或亚灌木；叶互生或对生，具膜质托叶……………………… 蓼科 Polygonaceae
　　　　312. 每子房室内有胚珠 2 个至多数。

317. 乔木、灌木或木质藤本。
　　318. 花瓣及雄蕊均着生于花萼上·············· 千屈菜科 Lythraceae
　　318. 花瓣及雄蕊均着生于花托上（或于西番莲科中雄蕊着生于子房柄上）。
　　　　319. 核果或翅果，仅有 1 种子。
　　　　　　320. 花萼具显著的 4 或 5 裂片或裂齿，微小而不能长大 ············
　　　　　　　　　　·· 茶茱萸科 Icacinaceae
　　　　　　320. 花萼呈截平头或具不明显的萼齿，微小，但能在果实上增大············
　　　　　　　　　　······································ 铁青树科 Olacaceae
　　　　　　　　　　　　　　　　　　　　　　（铁青树属 *Olax*）
　　　　319. 蒴果或浆果，内有 2 个至多数种子。
　　　　　　321. 花两侧对称。
　　　　　　　　322. 叶为 2～3 回羽状复叶；雄蕊 5 个········· 辣木科 Moringaceae
　　　　　　　　　　　　　　　　　　　　　　（辣木属 *Moringa*）
　　　　　　　　322. 叶为全缘的单叶；雄蕊 8 个········ 远志科 Polygalaceace
　　　　　　321. 花辐射对称；叶为单叶或掌状分裂。
　　　　　　　　323. 花瓣具有直立而常彼此衔接的瓣爪·········· 海桐花科 Pittosporaceae
　　　　　　　　　　　　　　　　　　　　　　（海桐花属 *Pittosporum*）
　　　　　　　　323. 花瓣不具细长的瓣爪。
　　　　　　　　　　324. 植物体为耐寒旱性，有鳞片状或细长形的叶片；花无小苞片········
　　　　　　　　　　　　　·· 柽柳科 Tamaricaceae
　　　　　　　　　　324. 植物体非为耐寒旱性，具有较宽大的叶片。
　　　　　　　　　　　　325. 花两性。
　　　　　　　　　　　　　　326. 花萼和花瓣不甚分化，且前者较大·················
　　　　　　　　　　　　　　　　·································· 大风子科 Flacourtiaceae
　　　　　　　　　　　　　　326. 花萼和花瓣很有分化，前者很小········ 堇菜科 Violaceae
　　　　　　　　　　　　　　　　　　　　　　　　（三角车属 *Rinorea*）
　　　　　　　　　　　　325. 雌雄异株或花杂性。
　　　　　　　　　　　　　　327. 乔木；花的每一花瓣基部各具位于内方的一鳞片；无子房柄···
　　　　　　　　　　　　　　　　·································· 大风子科 Flacourtiaceae
　　　　　　　　　　　　　　　　　　　　　　　　（大风子属 *Hydnocarpus*）
　　　　　　　　　　　　　　327. 多为具卷须而攀缘的灌木；花常具一为 5 鳞片所成的副冠，各
　　　　　　　　　　　　　　　　鳞片和萼片相对生；有子房柄·········· 西番莲科 Passifloraceae
　　　　　　　　　　　　　　　　　　　　　　　　（蒴莲属 *Adenia*）
317. 草本或亚灌木。
　　328. 胎座位于子房室的中央或基底。
　　　　329. 花瓣着生于花萼的喉部·················· 千屈菜科 Lythraceae
　　　　329. 花瓣着生于花托上。
　　　　　　330. 萼片 2 片；叶互生，稀可对生·········· 马齿苋科 Portulacaceae
　　　　　　330. 萼片 5 或 4 片；叶对生·················· 石竹科 Caryophyllaceae

328. 胎座为侧膜胎座。
　　331. 食虫植物，具生有腺体刚毛的叶片……………………茅膏菜科 Droseraceae
　　331. 非为食虫植物，也无生有腺体毛茸的叶片。
　　　　332. 花两侧对称。
　　　　　　333. 花有一位于前方的距状物；蒴果 3 瓣裂开…………… 堇菜科 Violaceae
　　　　　　333. 花有一位于后方的大型花盘；蒴果仅于顶端裂开…木犀草科 Resedaceae
　　　　332. 花整齐或近于整齐。
　　　　　　334. 植物体为耐寒旱性；花瓣内侧各有 1 舌状的鳞片……………………
　　　　　　　　……………………………………………………瓣鳞花科 Frankeniaceae
　　　　　　　　　　　　　　　　　　　　　　　　　　　（瓣鳞花属 *Frankenia*）
　　　　　　334. 植物体非为耐寒旱性；花瓣内侧无鳞片的舌状附属物。
　　　　　　　　335. 花中有副冠及子房柄…………………… 西番莲科 Passifloraceae
　　　　　　　　　　　　　　　　　　　　　　　　　　（西番莲属 *Passiflora*）
　　　　　　　　335. 花中无副冠及子房柄…………………… 虎耳草科 Saxifragaceae
306. 房 2 室或更多室。
　336. 花瓣形状彼此极不相等。
　　337. 每子房室内有数个至多数胚珠。
　　　338. 子房 2 室…………………………………………… 虎耳草科 Saxifragaceae
　　　338. 子房 5 室…………………………………………… 凤仙花科 Balsaminaceae
　　337. 每子房室内仅有 1 个胚珠。
　　　339. 子房 3 室；雄蕊离生；叶盾状，叶缘具棱角或波纹………… 旱金莲科 Tropaeolaceae
　　　　　　　　　　　　　　　　　　　　　　　　　　　（旱金莲属 *Tropaeolum*）
　　　339. 子房 2 室（稀可 1 或 3 室）；雄蕊连合为一单体；叶不呈盾状，全缘……………
　　　　……………………………………………………………… 远志科 Polygalaceae
　336. 花瓣形状彼此相等或微有不等，且有时花也可为两侧对称。
　　340. 雄蕊数和花瓣数既不相等，也不是它的倍数。
　　　341. 叶对生。
　　　　342. 雄蕊 4～10 个，常 8 个。
　　　　　343. 蒴果………………………………………………… 七叶树科 Hippocastanaceae
　　　　　343. 翅果………………………………………………………… 槭树科 Aceraceae
　　　　342. 雄蕊 2 或 3 个，也稀可 4 或 5 个。
　　　　　344. 萼片及花瓣均为五出数；雄蕊多为 3 个………… 翅子藤科 Hippocrateaceae
　　　　　344. 萼片及花瓣常均为四出数；雄蕊 2 个，稀可 3 个………… 木犀科 Oleaceae
　　　341. 叶互生。
　　　　345. 叶为单叶，多全缘，或在石栗属 *Aleurites* 中可具 3～7 裂片；花单性 …………
　　　　　……………………………………………………………… 大戟科 Euphorbiaceae
　　　　345. 叶为单叶或复叶；花两性或杂性。
　　　　　346. 萼片为镊合状排列；雄蕊连成单体………………… 梧桐科 Sterculiaceae
　　　　　346. 萼片为覆瓦状排列；雄蕊离生。

347. 子房 4 或 5 室，每子房室内有 8～12 胚珠；种子具翅 ………楝科 Meliaceae
（香椿属 *Toona*）
347. 子房常 3 室，每子房室内有 1 至数个胚珠；种子无翅。
　348. 花小型或中型，下位，萼片互相分离或微有连合……无患子科 Sapindaceae
　348. 花大型，美丽，周位，萼片互相连合成一钟形的花萼……………………
　　…………………………………………………伯乐树科 Bretschneideraceae
（伯乐树属 *Bretschneidera*）
340. 雄蕊数和花瓣数相等，或是它的倍数。
　349. 每子房室内有胚珠或种子 3 个至多数。
　　350. 叶为复叶。
　　　351. 雄蕊连合成为单体………………………………酢浆草科 Oxalidaceae
　　　351. 雄蕊彼此相互分离。
　　　　352. 叶互生。
　　　　　353. 叶为 2～3 回的三出叶，或为掌状叶……… 虎耳草科 Saxifragaceae
　　　　　353. 叶为 1 回羽状复叶……………………………………楝科 Meliaceae
（香椿属 *Toona*）
　　　　352. 叶对生。
　　　　　354. 叶为双数羽状复叶……………………………蒺藜科 Zygophyllaceae
　　　　　354. 叶为单数羽状复叶……………………………省沽油科 Staphyleaceae
　　350. 叶为单叶。
　　　355. 草本或亚灌木。
　　　　356. 花周位；花托多少有些中空。
　　　　　357. 雄蕊着生于杯状花托的边缘………………… 虎耳草科 Saxifragaceae
　　　　　357. 雄蕊着生于杯状或管状花萼（或即花托）的内侧………………………
　　　　　　…………………………………………………………千屈菜科 Lythraceae
　　　　356. 花下位；花托常扁平。
　　　　　358. 叶对生或轮生，常全缘。
　　　　　　359. 水生或沼泽草本，有时（例如田繁缕属 *Bergia*）为亚灌木；有托叶……
　　　　　　………………………………………………………沟繁缕科 Elatinaceae
　　　　　　359. 陆生草本；无托叶……………………………石竹科 Caryophyllaceae
　　　　　358. 叶互生或基生；稀可对生，边缘有锯齿，或叶退化为无绿色组织的鳞片。
　　　　　　360. 草本或亚灌木；有托叶；萼片呈镊合状排列，脱落性………………
　　　　　　……………………………………………………………椴树科 Tiliaceae
（黄麻属 *Corchorus*，田麻属 *Corchoropsis*）
　　　　　　360. 多年生常绿草本，或为死物寄生植物而无绿色组织；无托叶；萼片呈覆瓦状排列，宿存性………………………………………鹿蹄草科 Pyrolaceae
　　　355. 木本植物。
　　　　361. 花瓣常有彼此衔接或其边缘互相依附的柄状瓣爪……海桐花科 Pittosporaceae
（海桐花属 *Pittosporum*）

361. 花瓣无瓣爪，或仅具互相分离的细长柄状瓣爪。
　362. 花托空凹；萼片呈镊合状或覆瓦状排列。
　　363. 叶互生，边缘有锯齿，常绿性……………… **虎耳草科 Saxifragaceae**
（鼠刺属 *Iltea*）
　　363. 叶对生或互生，全缘，脱落性。
　　　364. 子房 2～6 室，仅具 1 花柱；胚珠多数，着生于中轴胎座上………
…………………………………………………………… **千屈菜科 Lythraceae**
　　　364. 子房 2 室，具 2 花柱；胚珠数个，垂悬于中轴胎座上 …………
………………………………………………… **金缕梅科 Hamamelidaceae**
（双花木属 *Disanthus*）
　362. 花托扁平或微凸起；萼片呈覆瓦状或于杜英科中呈镊合状排列。
　　365. 花为四出数；果实呈浆果状或核果状；花药纵长裂开或顶端舌瓣裂开。
　　　366. 穗状花序腋生于当年新枝上；花瓣先端具齿裂… **杜英科 Elaeocarpaceae**
（杜英属 *Elaeocarpus*）
　　　366. 穗状花序腋生于昔年老枝上；花瓣完整……… **旌节花科 Stachyuraceae**
（旌节花属 *Stachyurus*）
　　365. 花为五出数；果实呈蒴果状；花药顶端孔裂。
　　　367. 花粉粒单纯；子房 3 室………………………… **桤叶树科 Clethraceae**
（桤叶树属 *Clethra*）
　　　367. 花粉粒复合，成为四合体；子房 5 室…………… **杜鹃花科 Ericaceae**
349. 每子房室内有胚珠或种子 1 或 2 个。
368. 草本植物，有时基部呈灌木状。
　369. 花单性、杂性，或雌雄异株。
　　370. 具卷须的藤本；叶为二回三出复叶………………… **无患子科 Sapindaceae**
（倒地铃属 *Cardiospermum*）
　　370. 直立草本或亚灌木；叶为单叶…………………… **大戟科 Euphorbiaceae**
　369. 花两性。
　　371. 萼片呈镊合状排列；果实有刺…………………………… **椴树科 Tiliaceae**
（刺蒴麻属 *Triumfetta*）
　　371. 萼片呈覆瓦状排列；果实无刺。
　　　372. 雄蕊彼此分离；花柱互相连合……………………… **牻牛儿苗科 Geraniaceae**
　　　372. 雄蕊互相连合；花柱彼此分离………………………… **亚麻科 Linaceae**
368. 木本植物
　373. 叶肉质，通常仅为 1 对小叶所组成的复叶…………… **蒺藜科 Zygophyllaceae**
　373. 叶为其他情形。
　　374. 叶对生；果实为 1、2 或 3 个翅果所组成。
　　　375. 花瓣细裂或具齿裂；每果实有 3 个翅果…………… **金虎尾科 Malpighiaceae**
　　　375. 花瓣全缘；每果实具 2 个或连合为 1 个的翅果………… **槭树科 Aceraceae**
　　374. 叶互生，如为对生时，则果实不为翅果。

376. 叶为复叶，或稀可为单叶而有具翅的果实。
　377. 雄蕊连为单体。
　　378. 萼片及花瓣均为三出数；花药 6 个，花丝生于雄蕊管的口部……………………
　　　……………………………………………………………………橄榄科 Burseraceae
　　378. 萼片及花瓣均为四出至六出数；花药 8～12 个，无花丝，直接着生于雄蕊管
　　　　的喉部或裂齿之间……………………………………………………楝科 Meliaceae
　377. 雄蕊各自分离。
　　379. 叶为单叶；果实为一具 3 翅而其内仅有 1 个种子的小坚果…………………
　　　………………………………………………………………卫矛科 Celastraceae
　　　　　　　　　　　　　　　　　　　　　　　　　（雷公藤属 Tripterygium）
　　379. 叶为复叶；果实无翅。
　　　380. 花柱 3～5 个；叶常互生，脱落性………………漆树科 Anacardiaceae
　　　380. 花柱 1 个；叶互生或对生。
　　　　381. 叶为羽状复叶，互生，常绿性或脱落性；果实有各种类型………………
　　　　　………………………………………………………无患子科 Sapindaceae
　　　　381. 叶为掌状复叶，对生，脱落性；果实为蒴果…七叶树科 Hippocastanaceae
376. 叶为单叶；果实无翅。
　382. 雄蕊连成单体，或如为 2 轮时，至少其内轮者如此，有时其花药无花丝（例如
　　大戟科的三宝木属 Trigonostemon）。
　　383. 花单性；萼片或花萼裂片 2～6 片，呈镊合状或覆瓦状排列…………………
　　　………………………………………………………………大戟科 Euphorbiaceae
　　383. 花两性；萼片 5 片，呈覆瓦状排列。
　　　384. 果实呈蒴果状；子房 3～5 室，各室均可成熟……………亚麻科 Linaceae
　　　384. 果实呈核果状；子房 3 室，大都其中的 2 室为不孕性，仅另 1 室可成熟，
　　　　而有 1 或 2 个胚珠………………………………古柯科 Erythroxylaceae
　　　　　　　　　　　　　　　　　　　　　　　　　（古柯属 Erythroxylum）
　382. 雄蕊各自分离，有时在毒鼠子科中可和花瓣相连合而形成 1 管状物。
　　385. 果呈蒴果状。
　　　386. 叶互生或稀可对生；花下位。
　　　　387. 叶脱落性或常绿性；花单性或两性；子房 3 室，稀可 2 或 4 室，有时可
　　　　　多至 15 室（例如算盘子属 Glochidion） ………大戟科 Euphorbiaceae
　　　　387. 叶常绿性；花两性；子房 5 室………五列木科 Pentaphylacaceae
　　　　　　　　　　　　　　　　　　　　　　　　　（五列木属 Pentaphylax）
　　　386. 叶对生或互生；花周位……………………………卫矛科 Celastraceae
　　385. 果呈核果状，有时木质化，或呈浆果状。
　　　388. 种子无胚乳，胚体肥大而多肉质。
　　　　389. 雄蕊 10 个 ……………………………………蒺藜科 Zygophyllaceae
　　　　389. 雄蕊 4 或 5 个。
　　　　　390. 叶互生；花瓣 5 片，各 2 裂或成 2 部分……毒鼠子科 Dichapetalaceae

（毒鼠子属 *Dichapetalum*）
  390. 叶对生；花瓣 4 片，均完整……………………… 刺茉莉科 **Salvadoraceae**
（刺茉莉属 *Azima*）
 388. 种子有胚乳，胚体有时很小。
  391. 植物体为耐寒旱性；花单性，三出或二出数………………………………
  ………………………………………………… 岩高兰科 **Empetraceae**
（岩高兰属 *Empetrum*）
  391. 植物体为普通形状；花两性或单性，五出或四出数。
   392. 花瓣呈镊合状排列。
    393. 雄蕊和花瓣同数……………………………… 茶茱萸科 **Icacinaceae**
    393. 雄蕊为花瓣的倍数。
     394. 枝条无刺，而有对生的叶……………………… 红树科 **Rhizophoraceae**
     394. 枝条有刺，而有互生的叶片……………………铁青树科 **Olacaceae**
（海檀木属 *Ximenia*）
   392. 花瓣呈覆瓦状排列，或在大戟科的小盘木属 *Microdesmis* 中为扭转兼覆瓦状排列。
    395. 花单性，雌雄异株；花瓣较小于萼片……… 大戟科 **Euphorbiaceae**
（小盘木属 *Microdesmis*）
    395. 花两性或单性；花瓣常较大于萼片。
     396. 落叶攀缘灌木；雄蕊 10 个；子房 5 室，每室内有胚珠 2 个 ……
     ……………………………………………… 猕猴桃科 **Actinidiaceae**
（藤山柳属 *Clematoclethra*）
     396. 多为常绿乔木或灌木；雄蕊 4 或 5 个。
      397. 花下位，雌雄异株或杂性，无花盘……… 冬青科 **Aquifoliaceae**
（冬青属 *Ilex*）
      397. 花周位，两性或杂性；有花盘…………… 卫矛科 **Celastraceae**
160. 花冠为多少有些连合的花瓣所组成。
 398. 成熟雄蕊或单体雄蕊的花药数多于花冠裂片。
  399. 心皮 1 个至数个，互相分离或大致分离。
   400. 叶为单叶或有时可为羽状分裂，对生，肉质……………… 景天科 **Crassulaceae**
   400. 叶为二回羽状复叶，互生，不呈肉质……………………… 豆科 **Leguminosae**
（含羞草亚科 **Mimosoideae**）
  399. 心皮 2 个或更多，连合成一复合性子房。
   401. 雌雄同株或异株，有时为杂性。
    402. 子房 1 室；无分枝而呈棕榈状的小乔木……………… 番木瓜科 **Caricaceae**
（番木瓜属 *Carica*）
    402. 子房 2 室至多室；具分枝的乔木或灌木。
     403. 雄蕊连成单体，或至少内层者如此；蒴果……………… 大戟科 **Euphorbiaceae**
（麻疯树属 *Jatropha*）

403. 雄蕊各自分离；浆果……………………………………………………… 柿科 Ebenaceae
401. 花两性。
　404. 花瓣连成一盖状物，或花萼裂片及花瓣均可合成为 1 或 2 层的盖状物。
　　405. 叶为单叶，具有透明微点……………………………………… 桃金娘科 Myrtaceae
　　405. 叶为掌状复叶，无透明微点………………………………………… 五加科 Araliaceae
（多蕊木属 *Tupidanthus*）
　404. 花瓣及花萼裂片均不连成盖状物。
　　406. 每子房室中有 3 个至多数胚珠。
　　　407. 雄蕊 5～10 个或其数不超过花冠裂片的 2 倍，稀可在安息香科的银钟花属 *HaleSia* 其数可达 16 个，而为花冠裂片的 4 倍。
　　　　408. 雄蕊连成单体或其花丝于基部互相连合；花药纵裂；花粉粒单生。
　　　　　409. 叶为复叶；子房上位；花柱 5 个………………………… 酢浆草科 Oxalidaceae
　　　　　409. 叶为单叶；子房下位或半下位；花柱 1 个；乔木或灌木，常有星状毛………
………………………………………………………………… 安息香科 Styracaceae
　　　　408. 雄蕊各自分离；花药顶端孔裂；花粉粒为四合型……… 杜鹃花科 Ericaceae
　　　407. 雄蕊为不定数。
　　　　410. 萼片和花瓣常各为多数，而无显著的区分；子房下位；植物体肉质；绿色，常具棘针，而其叶退化…………………………………… 仙人掌科 Cactaceae
　　　　410. 萼片和花瓣常各为 5 片，而有显著的区分；子房上位。
　　　　　411. 萼片呈镊合状排列；雄蕊连成单体…………………… 锦葵科 Malvaceae
　　　　　411. 萼片呈显著的覆瓦状排列。
　　　　　　412. 雄蕊连成 5 束，且每束着生于 1 花瓣的基部；花药顶端孔裂开；浆果
………………………………………………………………… 猕猴桃科 Actinidiaceae
（水冬哥属 *Saurauia*）
　　　　　　412. 雄蕊的基部连成单体；花药纵长裂开；蒴果……… 山茶科 Theaceae
（紫茎属 *Stewartia*）
　　406. 每子房室中常仅有 1 或 2 个胚珠。
　　　413. 花萼中的 2 片或更多片于结实时能长大成翅状……………………………
………………………………………………………………… 龙脑香科 Dipterocarpaceae
　　　413. 花萼裂片无上述变大的情形。
　　　　414. 植物体常有星状毛茸………………………………………… 安息香科 styracaceae
　　　　414. 植物体无星状毛茸。
　　　　　415. 子房下位或半下位；果实歪斜……………………… 山矾科 Symplocaceae
（山矾属 *Symplocos*）
　　　　　415. 子房上位。
　　　　　　416. 雄蕊相互连合为单体；果实成熟时分裂为离果…… 锦葵科 Malvaceae
　　　　　　416. 雄蕊各自分离；果实不是离果。
　　　　　　　417. 子房 1 或 2 室；蒴果……………………………… 瑞香科 Thymelaeaceae
（沉香属 *Aquilaria*）

                417. 子房 6～8 室；浆果·· 山榄科 Sapotaceae
                                                                              （紫荆木属 *Madhuca*）
398. 成熟雄蕊并不多于花冠裂片或有时因花丝的分裂则可过之。
    418. 雄蕊和花冠裂片为同数且对生。
        419. 植物体内有乳汁·· 山榄科 Sapotaceae
        419. 植物体内不含乳汁。
            420. 果实内有数个至多数种子。
                421. 乔木或灌木；果实呈浆果状或核果状·················· 紫金牛科 Myrsinaceae
                421. 草本；果实呈蒴果状·································· 报春花科 Primulaceae
            420. 果实内仅有 1 个种子。
                422. 子房下位或半下位。
                    423. 乔木或攀缘性灌木；叶互生···························· 铁青树科 Olacaceae
                    423. 常为半寄生性灌木；叶对生·························· 桑寄生科 Loranthaceae
                422. 子房上位。
                    424. 花两性。
                        425. 攀缘性草本；萼片 2；果为肉质宿存花萼所包围 ········ 落葵科 Basellaceae
                                                                              （落葵属 *Basella*）
                        425. 直立草本或亚灌木，有时为攀缘性；萼片或萼裂片 5；果为蒴果或瘦果，不
                            为花萼所包围··· 白花丹科 Plumbaginaceae
                    424. 花单性，雌雄异株；攀缘性灌木。
                        426. 雄蕊连合成单体；雌蕊单纯性·························· 防己科 Menispermaceae
                        426. 雄蕊各自分离；雌蕊复合性·························· 茶茱萸科 Icacinaceae
                                                                              （微花藤属 *Iodes*）
    418. 雄蕊和花冠裂片为同数且互生，或雄蕊数较花冠裂片为少。
        427. 子房下位。
            428. 植物体常以卷须而攀缘或蔓生；胚珠及种子皆为水平生长于侧膜胎座上···············
                ·· 葫芦科 Cucurbitaceae
            428. 植物体直立，如为攀缘时也无卷须；胚珠及种子并不为水平生长。
                429. 雄蕊互相连合。
                    430. 花整齐或两侧对称，呈头状花序，或在苍耳属 *Xanthium* 中，雌花序为一仅含 2
                        花的果壳，其外生有钩状刺毛；子房 1 室，内仅有 1 个胚珠··························
                        ·· 菊科 Compositae
                    430. 花多两侧对称，单生或呈总状或伞房花序；子房 2 或 3 室，内有多数胚珠。
                        431. 花冠裂片呈镊合状排列；雄蕊 5 个，具分离的花丝及连合的花药··············
                            ·· 桔梗科 Campanulaceae
                                                                              （半边莲亚科 Lobelioideae）
                        431. 花冠裂片呈覆瓦状排列；雄蕊 2 个，具连合的花丝及分离的花药··············
                            ·· 花柱草科 Stylidiaceae
                                                                              （花柱草属 *Stylidium*）

429. 雄蕊各自分离。
 432. 雄蕊和花冠相分离或近于分离。
  433. 花药顶端孔裂开；花粉粒连合成四合体；灌木或亚灌木………杜鹃花科 Ericaceae
                       （越桔亚科 Vaccinioideae）
  433. 花药纵长裂开，花粉粒单纯；多为草本。
   434. 花冠整齐；子房 2～5 室，内有多数胚珠…………桔梗科 Campanulaceae
   434. 花冠不整齐；子房 1～2 室，每子房室内仅有 1～2 个胚珠………………
      …………………………………………………………草海桐科 Goodeniaceae
 432. 雄蕊着生于花冠上。
  435. 雄蕊 4 或 5 个，和花冠裂片同数。
   436. 叶互生；每子房室内有多数胚珠……………………桔梗科 Campanulaceae
   436. 叶对生或轮生；每子房室内有 1 个至多数胚珠。
    437. 叶轮生，如为对生时，则有托叶存在………………茜草科 Rubiaceae
    437. 叶对生，无托叶或稀可有明显的托叶。
     438. 花序多为聚伞花序…………………………忍冬科 Caprifoliaceae
     438. 花序为头状花序…………………………川续断科 Dipsacaceae
  435. 雄蕊 1～4 个，其数较花冠裂片为少。
   439. 子房 1 室。
    440. 胚珠多数，生于侧膜胎座上………………………苦苣苔科 Gesneriaceae
    440. 胚珠 1 个，垂悬于子房的顶端………………………川续断科 Dipsacaceae
   439. 子房 2 室或更多室，具中轴胎座。
    441. 子房 2～4 室，所有的子房室均可成熟；水生草本…胡麻科 Pedaliaceae
                  （茶菱属 *Trapella*）
    441. 子房 3 或 4 室，仅其中 1 或 2 室可成熟。
     442. 落叶或常绿的灌木；叶片常全缘或边缘有锯齿…忍冬科 Caprifoliaceae
     442. 陆生草本；叶片常有很多的分裂………………败酱科 Valerianaceae
427. 子房上位。
 443. 子房深裂为 2～4 部分；花柱或数花柱均自子房裂片之间伸出。
  444. 花冠两侧对称或稀可整齐；叶对生……………………………唇形科 Labiatae
  444. 花冠整齐；叶互生。
   445. 花柱 2 个；多年生匍匐性小草本；叶片呈圆肾形………旋花科 Convolvulaceae
                （马蹄金属 *Dichondra*）
   445. 花柱 1 个………………………………………………………紫草科 Boraginaceae
 443. 子房完整或微有分割，或为 2 个分离的心皮所组成；花柱自子房的顶端伸出。
  446. 雄蕊的花丝分裂。
   447. 雄蕊 2 个，各分为 3 裂……………………………………罂粟科 Papaveraceae
                （荷包牡丹亚科 *Fumarioideae*）
   447. 雄蕊 5 个，各分为 2 裂……………………………………五福花科 Adoxaceae
                （五福花属 *Adoxa*）

446. 雄蕊的花丝单纯。
　　448. 花冠不整齐，常多少有些呈二唇状。
　　　449. 成熟雄蕊 5 个。
　　　　450. 雄蕊和花冠离生……………………………………… 杜鹃花科 Ericaceae
　　　　450. 雄蕊着生于花冠上……………………………… 紫草科 Boraginaceae
　　　449. 成熟雄蕊 2 或 4 个，退化雄蕊有时也可存在。
　　　　451. 每子房室内仅含 1 或 2 个胚珠（如为后一情形时，也可在次 451 项检索之）。
　　　　　452. 叶对生或轮生；雄蕊 4 个，稀可 2 个；胚珠直立，稀可垂悬。
　　　　　　453. 子房 2～4 室，共有 2 个或更多的胚珠………… 马鞭草科 Verbenaceae
　　　　　　453. 子房 1 室，仅含 1 个胚珠……………………… 透骨草科 Phrymaceae
　　　　　　　　　　　　　　　　　　　　　　　　　　　　　（透骨草属 Phryma）
　　　　　452. 叶互生或基生；雄蕊 2 或 4 个，胚珠垂悬；子房 2 室，每子房室内仅有
　　　　　　　1 个胚珠 ……………………………………… 玄参科 Scrophulariaceae
　　　　451. 每子房室内有 2 个至多数胚珠。
　　　　　454. 子房 1 室具侧膜胎座或中央胎座（有时可因侧膜胎座的深入而为 2 室）。
　　　　　　455. 草本或木本植物，不为寄生性，也非食虫性。
　　　　　　　456. 多为乔木或木质藤本；叶为单叶或复叶，对生或轮生，稀可互生，
　　　　　　　　　种子有翅，但无胚乳……………………………… 紫葳科 Bignoniaceae
　　　　　　　456. 多为草本；叶为单叶，基生或对生；种子无翅，有或无胚乳………
　　　　　　　　　…………………………………………………… 苦苣苔科 Gesneriaceae
　　　　　　455. 草本植物，为寄生性或食虫性。
　　　　　　　457. 植物体寄生于其他植物的根部，而无绿叶存在；雄蕊 4 个；侧膜
　　　　　　　　　胎座……………………………………………… 列当科 Orobanchaceae
　　　　　　　457. 植物体为食虫性，有绿叶存在；雄蕊 2 个；特立中央胎座；多为水
　　　　　　　　　生或沼泽植物，且有具距的花冠………… 狸藻科 Lentibulariaceae
　　　　　454. 子房 2～4 室，具中轴胎座，或于角胡麻科中为子房 1 室而具侧膜
　　　　　　　胎座。
　　　　　　458. 植物体常具分泌黏液的腺体毛茸；种子无胚乳或具一薄层胚乳。
　　　　　　　459. 子房最后成为 4 室；蒴果的果皮质薄而不延伸为长喙；油料植物…
　　　　　　　　　………………………………………………………… 胡麻科 Pedaliaceae
　　　　　　　　　　　　　　　　　　　　　　　　　　　　　　（胡麻属 Sesamum）
　　　　　　　459. 子房 1 室，蒴果的内皮坚硬而呈木质，延伸为钩状长喙；栽培花卉
　　　　　　　　　………………………………………………………… 角胡麻科 Martyniaceae
　　　　　　　　　　　　　　　　　　　　　　　　　　　　　　（角胡麻属 Martynia）
　　　　　　458. 植物体不具上述的毛茸；子房 2 室。
　　　　　　　460. 叶对生；种子无胚乳，位于胎座的钩状突起上　爵床科 Acanthaceae
　　　　　　　460. 叶互生或对生；种子有胚乳，位于中轴胎座上。
　　　　　　　　461. 花冠裂片具深缺刻；成熟雄蕊 2 个……………… 茄科 Solanaceae
　　　　　　　　461. 花冠裂片全缘或仅其先端具一凹陷；成熟雄蕊 2 或 4 个…………

………………………………………………………玄参科 Scrophulariaceae
448. 花冠整齐，或近于整齐。
　462. 雄蕊数较花冠裂片为少。
　　463. 子房 2～4 室，每室内仅含 1 或 2 个胚珠。
　　　464. 雄蕊 2 个……………………………………………………木犀科 Oleaceae
　　　464. 雄蕊 4 个。
　　　　465. 叶互生，有透明腺体微点存在……………………………苦槛蓝科 Myoporaceae
　　　　465. 叶对生，无透明微点………………………………………马鞭草科 Verbenaceae
　　463. 子房 1 或 2 室，每室内有数个至多数胚珠。
　　　466. 雄蕊 2 个；每子房室内有 4～10 个胚珠垂悬于室的顶端 …………木犀科 Oleaceae
　　　　　　　　　　　　　　　　　　　　　　　　　　　　（连翘属 *Forsythia*）
　　　466. 雄蕊 4 或 2 个；每子房室内有多数胚珠着生于中轴或侧膜胎座上。
　　　　467. 子房 1 室，内具分歧的侧膜胎座，或因胎座深入而使子房成 2 室…………
　　　　　　………………………………………………………………苦苣苔科 Gesneriaceae
　　　　467. 子房为完全的 2 室，内具中轴胎座。
　　　　　468. 花冠于蕾中常折叠；子房 2 心皮的位置偏斜……………茄科 Solanaceae
　　　　　468. 花冠于蕾中不折叠，而呈覆瓦状排列；子房的 2 心皮位于前后方…………
　　　　　　………………………………………………………………玄参科 Scrophulariaceae
　462. 雄蕊和花冠裂片同数。
　　469. 子房 2 个，或为 1 个而成熟后呈双角状。
　　　470. 雄蕊各自分离；花粉粒也彼此分离……………………………夹竹桃科 Apocynaceae
　　　470. 雄蕊互相连合；花粉粒连成花粉块…………………………萝藦科 Asclepiadaceae
　　469. 子房 1 个，不呈双角状。
　　　471. 子房 1 室或因 2 侧膜胎座的深入而成 2 室。
　　　　472. 子房为 1 心皮所成。
　　　　　473. 花显著，呈漏斗形而簇生；果实为 1 瘦果，有棱或有翅…………………
　　　　　　………………………………………………………………紫茉莉科 Nyctaginaceae
　　　　　　　　　　　　　　　　　　　　　　　　　　　　（紫茉莉属 *Mirabilis*）
　　　　　473. 花小型而形成球形的头状花序；果实为 1 荚果，成熟后则裂为仅含 1 种子的节荚
　　　　　　………………………………………………………………豆科 Leguminosae
　　　　　　　　　　　　　　　　　　　　　　　　　　　　（含羞草属 *Mimosa*）
　　　　472. 子房为 2 个以上连合心皮所成。
　　　　　474. 乔木或攀缘性灌木，稀可为一攀缘性草本，而体内具有乳汁（例如心翼果属 *Cardiopteris*）；果实呈核果状（但心翼果属则为干燥的翅果），内有 1 个种子
　　　　　　………………………………………………………………茶茱萸科 Icacinaceae
　　　　　474. 草本或亚灌木，或于旋花科的丁公藤属 *Erycibe* 中为攀缘灌本；果实呈蒴果状（或于丁公藤属中呈浆果状），内有 2 个或更多的种子。
　　　　　　475. 花冠裂片呈覆瓦状排列。
　　　　　　　476. 叶茎生，羽状分裂或为羽状复叶（限于我国植物如此）………………

………………………………………………………田基麻科 Hydrophyllaceae
　　476. 叶基生，单叶，边缘具齿裂…………………………苦苣苔科 Gesneriaceae
　　　　　　　　　　　　　　　　　（苦苣苔属 *Conandron*，世纬苣苔属 *Tengia*）
　475. 花冠裂片常呈旋转状或内折的镊合状排列。
　　　477. 攀缘性灌木；果实呈浆果状，内有少数种子…………………………………
　　　　　……………………………………………………………旋花科 Convolvulaceae
　　　　　　　　　　　　　　　　　　　　　　　　　　　　（丁公藤属 *Erycibe*）
　　　477. 直立陆生或漂浮水面的草本；果实呈蒴果状，内有少数至多数种子………
　　　　　………………………………………………………………龙胆科 Gentianaceae
471. 子房 2～10 室。
　　478. 无绿叶而为缠绕性的寄生植物……………………………旋花科 Convolvulaceae
　　　　　　　　　　　　　　　　　　　　　　　　　（菟丝子亚科 Cuscutoideae）
　　478. 不是上述的无叶寄生植物。
　　479. 叶常对生，在两叶之间有托叶所成的连接线或附属物…………马钱科 Loganiaceae
　　479. 叶常互生，或有时基生，如为对生时，其两叶之间也无托叶所成的连系物，有时其叶也可轮生。
　　　480. 雄蕊和花冠离生或近于离生。
　　　　481. 灌木或亚灌木；花药顶端孔裂；花粉粒为四合体；子房常 5 室……………
　　　　　………………………………………………………………………杜鹃花科 Ericaceae
　　　　481. 一年或多年生草本，常为缠绕性；花药纵长裂开；花粉粒单纯；子房常 3～5 室
　　　　　………………………………………………………………桔梗科 Campanulaceae
　　　480. 雄蕊着生于花冠的筒部。
　　　　482. 雄蕊 4 个，稀可在冬青科为 5 个或更多。
　　　　　483. 无主茎的草本，具由少数至多数花朵所形成的穗状花序生于一基生花葶上……
　　　　　　………………………………………………………………车前科 Plantaginaceae
　　　　　　　　　　　　　　　　　　　　　　　　　　　　　（车前属 *Plantago*）
　　　　　483. 乔木、灌木，或具有主茎的草本。
　　　　　　484. 叶互生，多常绿………………………………………冬青科 Aquifoliaceae
　　　　　　　　　　　　　　　　　　　　　　　　　　　　　　　（冬青属 *Ilex*）
　　　　　　484. 叶对生或轮生。
　　　　　　　485. 子房 2 室，每室内有多数胚珠………………………玄参科 Scrophulariaceae
　　　　　　　485. 子房 2 室至多室，每室内有 1 或 2 个胚珠 …………马鞭草科 Verbenaceae
　　　　482. 雄蕊常 5 个，稀可更多。
　　　　　486. 每子房室内仅有 1 或 2 个胚珠。
　　　　　　487. 子房 2 或 3 室；胚珠自子房室近顶端垂悬；木本植物；叶全缘。
　　　　　　　488. 每花瓣 2 裂或 2 分；花柱 1 个；子房无柄，2 或 3 室，每室内各有 2 个胚珠；核果；有托叶……………………………………………毒鼠子科 Dichapetalaceae
　　　　　　　　　　　　　　　　　　　　　　　　　　　（毒鼠子属 *Dichapetalum*）
　　　　　　　488. 每花瓣均完整；花柱 2 个；子房具柄，2 室，每室内仅有 1 个胚珠；翅果；

　　　　　无托叶…………………………………………………… **茶茱萸科 Icacinaceae**
487. 子房 1～4 室；胚珠在子房室基底或中轴的基部直立或上举；无托叶；花柱 1 个，稀可 2 个，有时在紫草科的破布木属 *Cordia* 中其先端 2 裂。
　489. 果实为核果；花冠有明显的裂片，并在蕾中呈覆瓦状或旋转状排列；叶全缘或有锯齿；通常均为直立木本或草本，多粗壮或具刺毛……………………
　　　　……………………………………………………… **紫草科 Boraginaceae**
　489. 果实为蒴果；花瓣完整或具裂片；叶全缘或具裂片，但无锯齿缘。
　　490. 通常为缠绕性稀可为直立草本，或为半木质的攀缘植物至大型木质藤本（例如盾苞藤属 *Neuropeltis*）；萼片多互相分离；花冠常完整而几无裂片，于蕾中呈旋转状排列，也可有时深裂而其裂片成内折的镊合状排列（例如盾苞藤属） ………………………………… **旋花科 Convolvulaceae**
　　490. 通常均为直立草本；萼片连合成钟形或筒状；花冠有明显的裂片，唯于蕾中也呈旋转状排列………………………… **花荵科 Polemoniaceae**
486. 每子房室内有多数胚珠，或在花荵科中有时为 1 至数个；多无托叶。
　491. 高山区生长的耐寒旱性低矮多年生草本或丛生亚灌木；叶多小型，常绿，紧密排列成覆瓦状或莲座式；花无花盘；花单生至聚集成几为头状花序；花冠裂片成覆瓦状排列；子房 3 室；花柱 1 个；柱头 3 裂；蒴果室背开裂………
　　　　……………………………………………………… **岩梅科 Diapensiaceae**
　491. 草本或木本，不为耐寒旱性；叶常为大型或中型，脱落性，疏松排列而各自展开；花多有位于子房下方的花盘。
　　492. 花冠不于蕾中折叠，其裂葱片呈旋转状排列，或在田基麻科中为覆瓦状排列。
　　　493. 叶为单叶，或在花荵属 *Polemonium* 为羽状分裂或为羽状复叶；子房 3 室（稀可 2 室）；花柱 1 个；柱头 3 裂；蒴果多室背开裂…………………
　　　　　…………………………………………………… **花荵科 Polemoniaceae**
　　　493. 叶为单叶，且在田基麻属 *Hydrolea* 为全缘；子房 2 室；花柱 2 个；柱头呈头状；蒴果室间开裂………………… **田基麻科 Hydrophyllaceae**
　　492. 花冠裂片呈镊合状或覆瓦状排列，或其花冠于蕾中折叠，且呈旋转状排列；花萼常宿存；子房 2 室；或在茄科中为假 3 室至假 5 室；花柱 1 个；柱头完整或 2 裂。
　　　494. 花冠多于蕾中折叠，其裂片呈覆瓦状排列；或在曼陀罗属 *Datura* 呈旋转状排列，稀可在枸杞属 *Lycium* 和颠茄属 *Atropa* 等属中，并不于蕾中折叠，而呈覆瓦状排列，雄蕊的花丝无毛；浆果，或为纵裂或横裂的蒴果……
　　　　　………………………………………………………… **茄科 Solanaceae**
　　　494. 花冠不于蕾中折叠，其裂片呈覆瓦状排列；雄蕊的花丝具毛茸（尤以后方的 3 个如此）。
　　　　495. 室间开裂的蒴果…………………………… **玄参科 Scrophulariaceae**
　　　　　　　　　　　　　　　　　　　　　　　　　（毛蕊花属 *Verbascum*）
　　　　495. 浆果，有刺灌木…………………………………… **茄科 Solanaceae**

（枸杞属 *Lycium*）

1. 子叶1个；茎无中央髓部，也无呈年轮状的生长；叶多具平行叶脉；花为三出数，有时为四出数，但极少为五出数。……………………………………………… 单子叶植物纲 Monocotyledoneae
   496. 木本植物，或其叶于芽中呈折叠状。
      497. 灌木或乔木；叶细长或呈剑状，在芽中不呈折叠状…………… 露兜树科 Pandanaceae
      497. 木本或草本；叶甚宽，常为羽状或扇形的分裂，在芽中呈折叠状而有强韧的平行脉或射出。
         498. 植物体多甚高大，呈棕榈状，具简单或分枝少的主干；花为圆锥或穗状花序，托以佛焰状苞片…………………………………………………………… 棕榈科 Palmae
         498. 植物体常为无主茎的多年生草本，具常深裂为2片的叶片；花为紧密的穗状花序……
            ………………………………………………………………… 环花草科 Cyclanthaceae
            （巴拿马草属 *Carludovica*）
   496. 草本植物或稀可为木质茎，但其叶于芽中从不呈折叠状。
      499. 无花被或在眼子菜科中很小。
         500. 花包藏于或附托以呈覆瓦状排列的壳状鳞片（特称为颖）中，由多花至1花形成小穗（自形态学观点而言，此小穗实即简单的穗状花序）。
            501. 秆多少有些呈三棱形，实心；茎生叶呈三行排列；叶鞘封闭；花药以基底附着花丝；果实为瘦果或囊果………………………………………………… 莎草科 Cyperaceae
            501. 秆常呈圆筒形；中空；茎生叶呈二行排列；叶鞘常在一侧纵裂开；花药以其中部附着花丝；果实通常为颖果………………………………………… 禾本科 Gramineae
         500. 花虽有时排列为具总苞的头状花序，但并不包藏于呈壳状的鳞片中。
            502. 植物体微小，无真正的叶片，仅具无茎而漂浮水面或沉没水中的叶状体…………
               ………………………………………………………………………… 浮萍科 Lemnaceae
            502. 植物体常具茎，也具叶，其叶有时可呈鳞片状。
               503. 水生植物，具沉没水中或漂浮水面的叶片。
                  504. 花单性，不排列成穗状花序。
                     505. 叶互生；花呈球形的头状花序………………………… 黑三棱科 Sparganiaceae
                        （黑三棱属 *Sparganium*）
                     505. 叶多对生或轮生；花单生，或在叶腋间形成聚伞花序。
                        506. 多年生草本；雌蕊为1个或更多而互相分离的心皮所成；胚珠自子房室顶端垂悬………………………………………………… 眼子菜科 Potamogetonaceae
                        506. 一年生草本；雌蕊1个，具2~4柱头；胚珠直立于子房室的基底……
                           ………………………………………………………………… 茨藻科 Najadaceae
                           （茨藻属 *Najas*）
                  504. 花两性或单性，排列成简单或分歧的穗状花序。
                     507. 花排列于1扁平穗轴的一侧。
                        508. 海水植物；穗状花序不分歧，但其雌雄同株或异株的单性花；雄蕊1个，具无花丝而为1室的花药；雌蕊1个，具2柱头；胚珠1个，垂悬于子房室的顶端……………………………………………………… 眼子菜科 Potamogetonaceae

（大叶藻属 *Zostera*）

508. 淡水植物；穗状花序常分为二歧而具两性花；雄蕊 6 个或更多，具极细长的花丝和 2 室的花药；雌蕊为 3～6 个离生心皮所成；胚珠在每室内 2 个或更多，基生 ………………………………… 水蕹科 Aponogetonaceae
（水蕹属 *Aponogeton*）

507. 花排列于穗轴的周围，多为两性花；胚珠常仅 1 个…………………………………………………………………… 眼子菜科 Potamogetonaceae

503. 陆生或沼泽植物，常有位于空气中的叶片。

509. 叶有柄，全缘或有各种形状的分裂，具网状脉；花形成一肉穗花序，后者常有一大型而常具色彩的佛焰苞片…………………………… 天南星科 Araceae

509. 叶无柄，细长形、剑形，或退化为鳞片状，其叶片常具平行脉。

510. 花形成紧密的穗状花序，或在帚灯草科为疏松的圆锥花序。

511. 陆生或沼泽植物；花序为由位于苞腋间的小穗所组成的疏散圆锥花序；雌雄异株；叶多呈鞘状………………………… 帚灯草科 Restionaceae
（薄果草属 *Leptocarpus*）

511. 水生或沼泽植物；花序为紧密的穗状花序。

512. 穗状花序位于一呈二棱形的基生花葶的一侧，而另一侧则延伸为叶状的佛焰苞片；花两性…………………………… 天南星科 Araceae
（菖蒲属 *Acorus*）

512. 穗状花序位于一圆柱形花梗的顶端，形如蜡烛而无佛焰苞；雌雄同株 ……………………………………………………… 香蒲科 Typhaceae

510. 花序有各种型式。

513. 花单性，呈头状花序。

514. 头状花序单生于基生无叶的花葶顶端；叶狭窄，呈禾草状，有时叶为膜质………………………………………… 谷精草科 Eriocaulaceae
（谷精草属 *Eriocaulon*）

514. 头状花序散生于具叶的主茎或枝条的上部，雄性者在上，雌性者在下；叶细长，呈扁三棱形，直立或漂浮水面，基部呈鞘状……………… ………………………………………………………… 黑三棱科 Sparganiaceae
（黑三棱属 *Sparganium*）

513. 花常两性。

515. 花序呈穗状或头状，包藏于 2 个互生的叶状苞片中；无花被；叶小，细长形或呈丝状；雄蕊 1 或 2 个；子房上位，1～3 室，每子房室内仅有 1 个垂悬胚珠………………………… 刺鳞草科 Centrolepidaceae

515. 花序不包藏于叶状的苞片中；有花被。

516. 子房 3～6 个，至少在成熟时互相分离………………………… ………………………………………………………… 水麦冬科 Juncaginaceae
（水麦冬属 *Triglochin*）

516. 子房 1 个，由 3 心皮连合所组成…………… 灯心草科 Juncaceae

499. 有花被，常显著，且呈花瓣状。
　517. 雌蕊 3 个至多数，互相分离。
　　518. 死物寄生性植物，具呈鳞片状而无绿色叶片。
　　　519. 花两性，具 2 层花被片；心皮 3 个，各有多数胚珠⋯⋯⋯⋯⋯⋯ 百合科 Liliaceae
（无叶莲属 *Petrosavia*）
　　　519. 花单性或稀可杂性，具一层花被片；心皮数个，各仅有 1 个胚珠⋯⋯⋯⋯⋯⋯⋯⋯⋯⋯⋯⋯⋯⋯⋯⋯⋯⋯⋯⋯⋯⋯⋯⋯⋯⋯⋯ 霉草科 Triuridaceae
（喜萌草属 *Sciaphila*）
　　518. 不是死物寄生性植物，常为水生或沼泽植物，具有发育正常的绿叶。
　　　520. 花被裂片彼此相同；叶细长，基部具鞘⋯⋯⋯⋯⋯⋯⋯ 水麦冬科 Juncaginaceae
　　　520. 花被裂片分化为萼片和花瓣 2 轮。
　　　　521. 叶（限于我国植物）呈细长形，直立；花单生或成伞形花序；蓇葖果⋯⋯⋯⋯⋯⋯⋯⋯⋯⋯⋯⋯⋯⋯⋯⋯⋯⋯⋯⋯⋯⋯⋯⋯⋯⋯⋯⋯⋯⋯⋯ 花蔺科 Butomaceae
（花蔺属 *Butomus*）
　　　　521. 叶呈细长兼披针形至卵圆形，常为箭镞状而具长柄；花常轮生，成总状或圆锥花序；瘦果⋯⋯⋯⋯⋯⋯⋯⋯⋯⋯⋯⋯⋯⋯⋯⋯⋯⋯⋯⋯ 泽泻科 Alismataceae
　517. 雌蕊 1 个，复合性或于百合科的岩菖蒲属 *Tofieldia* 中其心皮近于分离。
　　522. 子房上位，或花被和子房相分离。
　　　523. 花两侧对称；雄蕊 1 个，位于前方，即着生于远轴的 1 个花被片的基部⋯⋯⋯⋯⋯⋯⋯⋯⋯⋯⋯⋯⋯⋯⋯⋯⋯⋯⋯⋯⋯⋯⋯⋯⋯⋯⋯⋯ 田葱科 Philydraceae
（田葱属 *Philydrum*）
　　　523. 花辐射对称，稀可两侧对称；雄蕊 3 个或更多。
　　　　524. 花被分化为花萼和花冠 2 轮，后者于百合科的重楼族中，有时为细长形或线形的花瓣所组成，稀可缺如。
　　　　　525. 花形成紧密而具鳞片的头状花序；雄蕊 3；子房 1 室⋯⋯⋯⋯⋯⋯⋯⋯⋯⋯⋯⋯⋯⋯⋯⋯⋯⋯⋯⋯⋯⋯⋯⋯⋯⋯⋯⋯⋯⋯⋯⋯⋯ 黄眼草科 Xyridaceae
（黄眼草属 *Xyris*）
　　　　　525. 花不形成头状花序；雄蕊数在 3 个以上。
　　　　　　526. 叶互生，基部具鞘，平行脉；花为腋生或顶生的聚伞花序；雄蕊 6 个，或因退化而数较少⋯⋯⋯⋯⋯⋯⋯⋯⋯⋯ 鸭跖草科 Commelinaceae
　　　　　　526. 叶以 3 个或更多个生于茎的顶端而成一轮，网状脉而于基部具 3～5 脉；花单独顶生；雄蕊 6 个、8 个或 10 个⋯⋯⋯⋯⋯⋯⋯⋯ 百合科 Liliaceae
（重楼族 *Parideae*）
　　　　524. 花被裂片彼此相同或近于相同，或于百合科的白丝草属 *Chionographis* 中则极不相同，又在同科的油点草属 *Tricyrtis* 中其外层 3 个花被裂片的基部呈囊状。
　　　　　527. 花小型，花被裂片绿色或棕色。
　　　　　　528. 花位于一穗形总状花序上；蒴果自一宿存的中轴上裂为 3～6 瓣，每果瓣内仅有 1 个种子⋯⋯⋯⋯⋯⋯⋯⋯⋯⋯⋯⋯⋯⋯⋯⋯⋯⋯ 水麦冬科 Juncaginaceae
　　　　　　528. 花位于各种形式的花序上；蒴果室背开裂为 3 瓣，内有多数至 3 个种子⋯⋯⋯⋯

....灯心草科 Juncaceae
527. 花大型或中型，或有时为小型，花被裂片多少有些具鲜明的色彩。
　　529. 叶（限于我国植物）的顶端变为卷须,并有闭合的叶鞘；胚珠在每室内仅为 1 个；花排列为顶生的圆锥花序 ………………………… 须叶藤科 Flagellariaceae
（须叶藤属 *Flagellaria*）
　　529. 叶的顶端不变为卷须；胚珠在每子房室内为多数，稀可仅为 1 个或 2 个。
　　　　530. 直立或漂浮的水生植物；雄蕊 6 个，彼此不相同，或有时有不育者………
………………………………………………………… 雨久花科 Pontederiaceae
　　　　530. 陆生植物；雄蕊 6 个，4 个或 2 个，彼此相同。
　　　　　　531. 花为四出数，叶（限于我国植物）对生或轮生，具有显著纵脉及密生的横脉……………………………………………… 百部科 Stemonaceae
（百部属 *Stemona*）
　　　　　　531. 花为三出或四出数；叶常基生或互生…………………… 百合科 Liliaceae
522. 子房下位，或花被多少有些和子房相愈合。
　532. 花两侧对称或为不对称形。
　　533. 花被片均呈花瓣状；雄蕊和花柱多少有些互相连合……………兰科 Orchidaceae
　　533. 花被片并不是均呈花瓣状，其外层者形如萼片；雄蕊和花柱相分离。
　　　　534. 后方的 1 个雄蕊常为不育性，其余 5 个则均发育而具有花药。
　　　　　　535. 叶和苞片排列成螺旋状；花常因退化而为单性；浆果；花管呈管状，其一侧不久即裂开……………………………………………… 芭蕉科 Musaceae
（芭蕉属 *Musa*）
　　　　　　535. 叶和苞片排列成 2 行；花两性，蒴果。
　　　　　　　　536. 萼片互相分离或至多可和花冠相连合；居中的 1 花瓣并不成为唇瓣………
………………………………………………………………… 芭蕉科 Musaceae
（鹤望兰属 *Strelitzia*）
　　　　　　　　536. 萼片互相连合成管状；居中（位于远轴方向）的 1 花瓣为大形而成唇瓣…
………………………………………………………………… 芭蕉科 Musaceae
（兰花蕉属 *Orchidantha*）
　　　　534. 后方的 1 个雄蕊发育而具有花药，其余 5 个则退化，或变形为花瓣状。
　　　　　　537. 花药 2 室；萼片互相连合为一萼筒，有时呈佛焰苞状…… 姜科 Zingiberaceae
　　　　　　537. 花药 1 室；萼片互相分离或至多彼此相衔接。
　　　　　　　　538. 子房 3 室，每子房室内有多数胚珠位于中轴胎座上；各不育雄蕊呈花瓣状，互相于基部简短连合……………………………………… 美人蕉科 Cannaceae
（美人蕉属 *Canna*）
　　　　　　　　538. 子房 3 室或因退化而成 1 室，每子房室内仅含 1 个基生胚珠；各不育雄蕊也呈花瓣状，唯多少有些互相连合………………………… 竹芋科 Marantaceae
　532. 花常辐射对称，也即花整齐或近于整齐。
　　539. 水生草本，植物体部分或全部沉没水中………………… 水鳖科 Hydrocharitaceae
　　539. 陆生草本。

540. 植物体为攀缘性；叶片宽广，具网状脉（还有数主脉）和叶柄……………………
……………………………………………………………………… 薯蓣科 Dioscoreaceae
540. 植物体不为攀缘性；叶具平行脉。
  541. 雄蕊 3 个。
    542. 叶 2 行排列，两侧扁平而无背腹面之分，由下向上重叠跨覆；雄蕊和花被的外层裂片相对生………………………………………………… 鸢尾科 Iridaceae
    542. 叶不为 2 行排列；茎生叶呈鳞片状；雄蕊和花被的内层裂片相对生………
    …………………………………………………………… 水玉簪科 Burmanniaceae
  541. 雄蕊 6 个。
    543. 果实为浆果或蒴果，而花被残留物多少和它相合生，或果实为一聚花果；花被的内层裂片各于其基部有 2 舌状物；叶呈带形，边缘有刺齿或全缘…
    …………………………………………………………………… 凤梨科 Bromeliaceae
    543. 果实为蒴果或浆果，仅为 1 花所成；花被裂片无附属物。
      544. 子房 1 室，内有多数胚珠位于侧膜胎座上；花序为伞形，具长丝状的总苞片……………………………………………………… 蒟蒻薯科 Taccaceae
      544. 子房 3 室，内有多数至少数胚珠位于中轴胎座上。
        545. 子房部分下位……………………………………… 百合科 Liliaceae
        （粉条儿菜属 *Aletris*，沿阶草属 *OphioPogon*，球子草属 *Peliosanthes*）
        545. 子房完全下位…………………………………… 石蒜科 Amaryllidaceae

附录 2 目标检测答案

目标检测答案

参考文献

［1］张浩. 药用植物学［M］. 北京：人民卫生出版社，2011.
［2］姚振生. 药用植物学［M］. 北京：中国中医药出版社，2003.
［3］宋新丽，彭学. 药用植物识别技术［M］. 北京：人民卫生出版社，2018.
［4］莫小路，曾庆钱. 药用植物识别技术［M］. 北京：化学工业出版社，2017.
［5］许文渊. 药用植物学［M］. 北京：中国医药科技出版社，2001.
［6］李光锋. 药用植物学［M］. 北京：中国医药科技出版社，2013.
［7］郑小吉，金虹. 药用植物学［M］. 3版. 北京：人民卫生出版社，2014.
［8］徐世义，垕榜琴. 药用植物学［M］. 北京：化学工业出版社，2013.
［9］国家药典委员会. 中华人民共和国药典. 一部. 北京：中国医药科技出版社. 2020.
［10］汪劲武. 种子植物分类学［M］. 北京：高等教育出版社，1985.
［11］王德群，谈献和. 药用植物学［M］. 北京：高等教育出版社. 2011.
［12］郑汉臣. 药用植物学与生药学［M］. 北京：人民卫生出版社. 2004.
［13］姚振生. 药用植物学实验指导［M］. 北京：中国中医药出版社，2003.
［14］姚振生. 药用植物习题集［M］. 北京：中国中医药出版社，2003.

目　　录

项目一	任务	显微装片、观察与绘图………………………………………………	1
项目二	任务	植物检索表应用……………………………………………………	3
项目三	任务一	药用植物细胞的识别………………………………………………	5
项目三	任务二	药用植物组织的识别………………………………………………	7
项目四	任务一	根的识别……………………………………………………………	11
项目四	任务二	茎的识别……………………………………………………………	13
项目四	任务三	叶的识别……………………………………………………………	15
项目四	任务四	花的识别……………………………………………………………	17
项目四	任务五	果实的识别…………………………………………………………	19
项目四	任务六	种子的识别…………………………………………………………	21
项目五	任务	低等药用植物的识别………………………………………………	23
项目六	任务一	苔藓与蕨类植物的识别……………………………………………	25
项目六	任务二	裸子植物的识别……………………………………………………	27
项目六	任务三	子任务1　双子叶植物纲——离瓣花亚纲植物的识别…………	29
项目六	任务三	子任务2　双子叶植物纲——合瓣花亚纲植物的识别…………	31
项目六	任务三	子任务3　单子叶植物的识别……………………………………	33
项目七	任务	标本采集与制作……………………………………………………	35

操作须知

1. 遵守实训室规则，保持安静；学生按规定顺序对应对号就座，不得随意调换。

2. 爱护操作仪器，严格遵守操作规程，仪器用品使用后要擦拭干净，放回原处。若有丢失或损坏按规定赔偿。

3. 爱护标本、材料。做到不随意乱动或挑选，不私自带出实训室。试剂及消耗性材料，按规定用量使用，不随意浪费。

4. 操作认真，观察仔细，能够将观察与思考相结合，做到手、眼、脑并用，在有限的操作时间内，将注意力集中在主要问题上，分清主次内容与知识点，解决主要问题。

5. 在操作过程中，随时将观察到的现象、推理结果等写在评价单上，养成随时作出准确、清晰、整齐记录的良好习惯。听从指导教师安排，在规定时间内完成报告并上交。

6. 操作桌面应随时保持整洁，非必要物品一律不放在桌面上。操作过程中产生的纸屑、废物等应放入污物缸内，废液倒入废液缸内。

7. 任务操作结束后清理个人桌面、仪器，并将仪器、标本或材料放到指定位置。

8. 值日生负责最后实训室卫生清扫，清除污物缸内的废弃物，检查门、窗、水、电，保证无安全隐患后方可离开实验室。

注意：操作过程中应注意安全，特别是在使用解剖针、酒精灯、刀片等时，做到不打闹，规范操作，以安全第一为原则。

项目一　任务　显微装片、观察与绘图

班级：_____　　组别：_____　　姓名：_____　　时间：_____

任务记录页

记录徒手切片、表皮制片、水合氯醛透化制片的方法、适用范围。
描述显微镜的使用保养方法，绘制显微结构简图，并标注各部位名称。

任务评分页

评价内容		评分细则	分值	得分
准备工作	着装	着装整洁、长头发应束起、无浓妆或戴首饰	5	
	材料	任务实施材料应准备齐全	5	
	环境	环境应整洁，物品摆放整齐	5	
显微制片技术	徒手切片	1. 材料处理得当，大小适中 2. 材料与刀片均润湿，徒手切片方法正确，动作规范 3. 切片断面整齐，薄而透明	10	
	表皮制片	1. 取新鲜植物叶片，撕取下表皮，大小适中 2. 取洁净的载玻片，将表皮平铺于载玻片中央；蒸馏水装片 3. 盖盖玻片方法正确，排除气泡方法合理	10	
	水合氯醛透化制片	1. 载玻片、盖玻片均已洁净 2. 植物粉末与试剂均置于载玻片中央，材料润湿并混匀 3. 酒精灯加热透化程度适中，无焦糊现象 4. 盖盖玻片方式正确，气泡排除方式合理	10	
显微镜使用	低倍镜的使用	1. 打开光源，将临时装片置显微镜载物台上，物像正对通光口位置，先选择低倍镜观察 2. 观察时，选择粗准焦螺旋调整焦距，看到物像后，再选择细准焦螺旋定焦	10	
	高倍镜的使用	1. 将预观察对象调至视野中央，转换用高倍镜观察 2. 观察时，若物像不清晰，微调细准焦螺旋定焦	10	
	还镜	1. 使用完毕时，取下载玻片 2. 复原显微镜并清理工位	10	
	绘图	1. 绘制显微镜结构简图，并写出各部位名称 2. 线条清晰，排版整齐，形态结构真实、准确 3. 图的正下方有名称	5	
职业素养	清场	任务实施后清理工作台面，物品摆放整齐	10	
	记录单	记录单书写工整，内容完整	5	
	工作态度	学术严谨，操作规范，安全第一	5	
总分			100	

项目二　任务　植物检索表应用

班级：_____　组别：_____　姓名：_____　时间：_____

任务记录页

观察植物1，写出所属科，并记录定距式检索表检索路径。

观察植物2，写出所属科，并记录平行式检索表检索路径。

观察植物3，写出所属科，并记录连续式检索表检索路径。

任务评分页

评价内容		评分细则	分值	得分
准备工作	着装	着装整洁、长头发应束起、无浓妆或戴首饰	5	
	材料	任务实施材料应准备齐全	5	
	环境	环境应整洁，物品摆放整齐	5	
植物检索	定距式检索表检索	观察植物1形态特征，用定距式检索表进行植物检索，检索到科，并注明植物检索路径	22	
	平行式检索表检索	观察植物2形态特征，用平行式检索表进行植物检索，检索到科，并注明植物检索路径	22	
	连续式检索表检索	观察植物3形态特征，用连续式检索表进行植物检索，检索到科，并注明植物检索路径	21	
职业素养	清场	任务实施后清理工作台面，物品摆放整齐	10	
	记录单	记录单书写工整，内容完整	5	
	工作态度	学术严谨，操作规范	5	
总分			100	

项目三　任务一　药用植物细胞的识别

班级：_____　组别：_____　姓名：_____　时间：_____

任务记录页

描述洋葱鳞叶表皮制片方法，并绘制细胞结构图，标注各部位名称。

绘制马铃薯、大黄、半夏、黄柏中的主要后含物，标注名称及类型。

任务评分页

评价内容		评分细则	分值	得分
准备工作	着装	着装整洁、长头发应束起、无浓妆或戴首饰	5	
	材料	任务实施材料应准备齐全	5	
	环境	环境应整洁，物品摆放整齐	5	
药用植物细胞观察	洋葱鳞叶表皮细胞的观察	取洋葱中部鳞叶一片，在内表面上用刀划"井"字，大小约2mm²，用镊子取下鳞叶上的内表皮，蒸馏水或稀甘油装片，显微镜下观察	10	
		绘制显微观察图，线条清晰，排版整齐，形态结构真实，准确性高；图的正下方有名称，并标注放大倍数	5	
	后含物观察	取马铃薯，用刀片刮取少量混合液，水装片，观察淀粉粒的形态特征	10	
		取大黄、半夏、黄柏粉末，分别用水合氯醛透化制片，显微镜下寻找植物中的晶体，并确定类型	20	
		绘制淀粉粒、簇晶、针晶、方晶显微图，线条清晰，排版整齐，形态结构有真实感、立体感，精确美观，准确性高，图的正下方有名称，并标注放大倍数	20	
职业素养	清场	任务实施后清理工作台面，物品摆放整齐	10	
	记录单	记录单书写工整，内容完整	5	
	工作态度	学术严谨，操作规范；认真观察，绘图求真、求美，科学性、准确性高	5	
总分			100	

项目三　任务二　药用植物组织的识别

班级：_____　　组别：_____　　姓名：_____　　时间：_____

任务记录页

绘制大青叶、金银花中的保护组织，标注名称及类型。
绘制橘皮、生姜中的分泌组织，标注名称及类型。

任务评分页

评价内容		评分细则	分值	得分
准备工作	着装	着装整洁、长头发应束起、无浓妆或戴首饰	5	
	材料	任务实施材料应准备齐全	5	
	环境	环境应整洁，物品摆放整齐	5	
药用植物组织观察	保护组织	1. 取大青叶粉末，水合氯醛透化制片，显微镜下寻找气孔，确定气孔器类型 2. 绘制大青叶气孔器，标注气孔、保卫细胞、副卫细胞部位，线条清晰，排版整齐，结构真实、准确，图的正下方有名称，并标注放大倍数	8	
		1. 取金银花，采用表皮撕取方法制片，置显微镜下观察，寻找毛茸，确定毛茸类型 2. 绘制金银花毛茸，线条清晰，排版整齐，结构真实、准确，图的正下方有毛茸类型名称，并标注放大倍数	8	
	分泌组织	1. 取新鲜橘皮，徒手切片法蒸馏水装片，置显微镜下观察油室，并确定油室类型 2. 绘制油室，线条清晰，排版整齐，结构真实、准确，图的正下方有油室类型名称，并标注放大倍数	8	
		1. 取生姜，徒手切片法或刀片直接刮取制成水装片，置显微镜下寻找油滴，确定分泌组织类型 2. 绘制油滴，线条清晰，排版整齐，结构真实、准确，图的正下方有油室类型名称，并标注放大倍数	9	

任务记录页

绘制黄柏、肉桂中的机械组织,标注名称及类型。

绘制大黄、甘草中的输导组织,标注名称及类型。

任务评分页

评价内容		评分细则	分值	得分
药用植物组织观察	机械组织	1. 取黄柏粉末，水合氯醛透化制片，显微镜下寻找纤维和石细胞，观察其形态特征 2. 绘制黄柏纤维和石细胞，线条清晰，排版整齐，结构真实、准确，图的正下方有名称，并标注放大倍数	8	
		1. 取肉桂粉末，水合氯醛透化制片，显微镜下寻找显纤维和石细胞，观察其形态特征 2. 绘制肉桂纤维和石细胞，线条清晰，排版整齐，结构真实、准确，图的正下方有名称，并标注放大倍数	8	
	输导组织	1. 取大黄粉末，水合氯醛透化装片，置显微镜下寻找导管，并确定导管类型 2. 绘制大黄导管，线条清晰，排版整齐，结构真实、准确，图的正下方有导管类型名称，并标注放大倍数	8	
		1. 取甘草粉末，水合氯醛透化装片，置显微镜下寻找导管，并确定导管类型 2. 绘制甘草导管，线条清晰，排版整齐，结构真实、准确，图的正下方有导管类型名称，并标注放大倍数	8	
职业素养	清场	任务实施后清理工作台面，物品摆放整齐	10	
	记录单	记录单书写工整，内容完整	5	
	工作态度	学术严谨，操作规范；认真观察，绘图求真、求美，科学性、准确性高	5	
总分			100	

项目四　任务一　根的识别

班级：_____　　组别：_____　　姓名：_____　　时间：_____

任务记录页

写出所给材料根的形状、类型及变态根的类型。

绘制小麦根（详图）、黄芪根和川牛膝根（简图）的显微特征横切面图，并标注各部位名称，说明构造类型。

任务评分页

评价内容		评分细则	分值	得分
准备工作	着装	着装整洁、长头发应束起、无浓妆或戴首饰	5	
	材料	任务实施材料应准备齐全	10	
	环境	环境应整洁，物品摆放整齐	5	
根的形态学观察	根的形状	找出商陆、鸭跖草、苘麻、榕树、莲藕的根，准确描述其形状	5	
	根的类型	根据商陆、鸭跖草、苘麻、榕树、莲藕根的特点，说明其属于定根还是不定根、直根系还是须根系	5	
	根的变态	指出存在变态根的植物，并准确说明其变态根类型	5	
根的内部构造识别	小麦根	1. 绘制小麦根显微特征详图，特别是皮层的厚度以及细胞特点的描绘，正确写出各部位名称 2. 线条清晰，排版整齐，结构真实、准确性高 3. 图的正下方有名称（包括构造类型），并标注放大倍数	15	
	黄芪根	1. 绘制黄芪根显微特征简图，特别是皮层的厚度、维管束的类型及分布，正确写出各部位名称 2. 线条清晰，排版整齐，结构真实、准确性高 3. 图的正下方有名称（包括构造类型），并标注放大倍数	15	
	川牛膝根	1. 绘制川牛膝根显微特征简图，特别是维管束的分布及排列特征，正确写出各部位名称 2. 线条清晰，排版整齐，字迹工整，结构真实 3. 图的正下方有名称（包括构造类型），并标注放大倍数	15	
职业素养	清场	任务实施后清理工作台面，物品摆放整齐	10	
	记录单	记录单书写工整，内容完整	5	
	工作态度	学术严谨，操作规范，成员间能合作对话、和谐共进	5	
总分			100	

项目四　任务二　茎的识别

班级：_____　　组别：_____　　姓名：_____　　时间：_____

任务记录页

描述材料茎的外形、质地、生长习性，判断茎的类型。找出变态茎的部位，说明变态茎的类型。

绘制藿香茎（详图）、椴树茎和麻黄茎（简图）横断面显微构造，标注各部位名称，说明构造类型。

任务评分页

评价内容		评分细则	分值	得分
准备工作	着装	着装整洁、长头发应束起、无浓妆或戴首饰	5	
	材料	任务实施材料应准备齐全	5	
	环境	环境应整洁，物品摆放整齐	5	
茎的形态学观察	正常茎	观察银杏、薄荷、何首乌、芦荟，准确描述其茎的外形、质地、生长习性，正确判断茎的类型	10	
	茎的变态	观察生姜、半夏、芦苇、贝母、仙人掌，找出其变态茎的部位，准确描述各植物变态茎的特征，说明变态茎的类型	10	
茎的内部构造识别	椴树茎	1. 绘制椴树茎显微特征简图，特别是维管束的类型及分布情况，正确写出各部位名称 2. 线条清晰，排版整齐，字迹工整，结构真实、准确性高 3. 图的正下方有名称（包括构造类型），并标注放大倍数	15	
	藿香茎	1. 绘制藿香茎显微特征详图，注意茎的四角部位细胞特点、维管束排列方式及大小，正确写出各部位名称 2. 线条清晰，排版整齐，字迹工整，结构真实、准确性高 3. 图的正下方有名称（包括构造类型），并标注放大倍数	15	
	麻黄茎	1. 绘制麻黄茎显微特征简图，特别是维管束的类型及排列方式，正确写出各部位名称 2. 线条清晰，排版整齐，字迹工整，结构真实、准确性高 3. 图的正下方有名称（包括构造类型），并标注放大倍数	15	
职业素养	清场	任务实施后清理工作台面，物品摆放整齐	10	
	记录单	记录单书写工整，内容完整	5	
	工作态度	学术严谨，操作规范，成员间能合作对话、和谐共进	5	
总分			100	

项目四　任务三　叶的识别

班级：_____　组别：_____　姓名：_____　时间：_____

任务记录页

描述材料叶的组成、形状及叶的变态类型。

绘制番泻叶和淡竹叶（详图）横断面显微构造，标注各部位名称，说明构造类型。

任务评分页

评价内容		评分细则	分值	得分
准备工作	着装	着装整洁、长头发应束起、无浓妆或戴首饰	5	
	材料	任务实施材料应准备齐全	5	
	环境	环境应整洁，物品摆放整齐	5	
叶的形态学观察	叶的组成	观察番泻、忍冬、银杏、桑、淡竹的叶片，准确阐述叶的组成，判定各植物叶属于完全叶还是不完全叶	5	
	叶的形状	从叶的整体形状、叶端、叶基、叶缘、叶脉、质地、叶裂、单叶或复叶、叶序的方面准确描述番泻叶、忍冬叶、银杏叶、桑叶、淡竹叶的形状	10	
	叶的变态	观察豌豆、仙人掌、洋葱、捕蝇草、玫瑰，正确找出五种植物的变态叶，并说明变态叶的类型	10	
叶的内部构造识别	番泻叶	1. 绘制番泻叶显微特征详图，特别是栅栏组织的分布，正确写出各部位名称，判断叶的类型 2. 线条清晰，排版整齐，结构真实、准确性高 3. 图的正下方有名称，并标注放大倍数	20	
	淡竹叶	1. 绘制淡竹叶显微特征详图，特别是叶的表皮细胞及叶肉细胞特点，正确写出各部位名称，判断叶的类型 2. 线条清晰，排版整齐，结构真实、准确性高 3. 图的正下方有名称，并标注放大倍数	20	
职业素养	清场	任务实施后清理工作台面，物品摆放整齐	10	
	记录单	记录单书写工整，内容完整	5	
	工作态度	学术严谨，操作规范，成员间能合作对话、和谐共进	5	
总分			100	

项目四　任务四　花的识别

班级：_____　组别：_____　姓名：_____　时间：_____

任务记录页

描述材料花的组成、花的类型，以及雌蕊、雄蕊的类型，或是花序的类型。

根据各花的特点写出花的花程式。

任务评分页

评价内容		评分细则	分值	得分
准备工作	着装	着装整洁、长头发应束起、无浓妆或戴首饰	5	
	材料	任务实施材料应准备齐全	5	
	环境	环境应整洁，物品摆放整齐	5	
花的形态学观察	花的组成	观察所给植物的花，正确指出花中花梗、花托、花萼、花冠、雌蕊群、雄蕊群的位置或有无，说明花冠的类型，并准确判定花是单被花还是重被花，单性花还是两性花	20	
	雌蕊、雄蕊的类型	1. 观察花中的雌蕊群，说明构成雌蕊的心皮数、子房室数、胎座类型，正确判定雌蕊的类型，描述子房的位置关系 2. 观察花中的雄蕊群，从雄蕊的数目、长短、排列和离合情况，正确判断雄蕊的类型	20	
	花序类型	观察所给植物，挑选出属于花序的植物，并描述小花在花轴上的排列方式和开放顺序，正确判定花序的类型	15	
	花程式	根据各花的特点写出花的花程式	10	
职业素养	清场	任务实施后清理工作台面，物品摆放整齐	10	
	记录单	记录单书写工整，内容完整	5	
	工作态度	学术严谨，操作规范，成员间能合作对话、和谐共进	5	
		总分	100	

项目四　任务五　果实的识别

班级：_____　组别：_____　姓名：_____　时间：_____

任务记录页

观察所给材料，描述该果实是真果还是假果，写出推断理由。

观察所给果实，挑选出单果，描述形态特征，并写出单果类型。

观察所给果实，挑选出聚合果，描述形态特征，写出聚合果类型。

观察所给果实，挑选出聚花果，写出推断依据。

任务评分页

评价内容		评分细则	分值	得分
准备工作	着装	着装整洁、长头发应束起、无浓妆或戴首饰	5	
	材料	任务实施材料应准备齐全	5	
	环境	环境应整洁，物品摆放整齐	5	
果实的形态学观察	真果与假果	观察所给果实，由子房的发育正确推断出果实是真果还是假果，并写出推论依据	10	
	单果	观察所给果实，挑选出单果，并根据果皮的性质，对肉果和干果进行分类，并描述各果实形态特点，准确判断果实具体类型	20	
	聚合果	观察所给果实，挑选出聚合果，描述各果实形态特征，准确判断出果实具体类型	20	
	聚花果	观察所给果实，挑选出聚花果，并写出推断依据	15	
职业素养	清场	任务实施后清理工作台面，物品摆放整齐	10	
	记录单	记录单书写工整，内容完整	5	
	工作态度	学术严谨，操作规范，成员间能合作对话、和谐共进	5	
总分			100	

项目四　任务六　种子的识别

班级：_____　　组别：_____　　姓名：_____　　时间：_____

任务记录页

观察蓖麻种子，描述其形态、大小、色泽，绘制内部结构图，写出种子类型。

观察槟榔种子，描述其形态、大小、色泽，显微观察槟榔胚乳，描述胚乳特点，写出种子类型。

观察玉米粒，描述其形态、大小、色泽，绘制内部结构图，写出种子类型。

观察大豆，描述其形态、大小、色泽，写出种子类型。

任务评分页

评价内容		评分细则	分值	得分
准备工作	着装	着装整洁、长头发应束起、无浓妆或戴首饰	5	
	材料	任务实施材料应准备齐全	5	
	环境	环境应整洁,物品摆放整齐	5	
种子的观察	蓖麻	1. 观察蓖麻种子,正确描述其形态、大小、色泽 2. 观察蓖麻内部构造,绘制蓖麻结构图,正确标注各部分名称,排版整齐、线条清晰,结构真实性强 3. 根据蓖麻内部结构,准确判定蓖麻种子类型	20	
	槟榔	1. 观察槟榔种子,描述其形态、大小、色泽 2. 观察槟榔内部构造,描述各部分特点,特别是槟榔胚乳特征 3. 准确判定出槟榔种子类型	15	
	玉米	1. 观察玉米粒,描述其形态、大小、色泽 2. 观察玉米内部构造,特别是子叶的数目,绘制结构图,正确标注各部分名称 3. 根据玉米粒内部结构,正确判定玉米种子类型	20	
	大豆	1. 观察大豆,描述其形态、大小、色泽 2. 观察大豆内部构造,正确判定大豆种子类型	10	
职业素养	清场	任务实施后清理工作台面,物品摆放整齐	10	
	记录单	记录单书写工整,内容完整	5	
	工作态度	学术严谨,操作规范,成员间能合作对话、和谐共进	5	
总分			100	

项目五 任务 低等药用植物的识别

班级：_____ 组别：_____ 姓名：_____ 时间：_____

任务记录页

描述海带的外部形态及断面构造特征，记录海带药用部位及功效。

阐述冬虫夏草形成过程，记录其形态特征、药用部位及功效。

描述茯苓形态特征；绘制茯苓菌丝特点，记录药用部位及功效。

描述猪苓形态特征；绘制菌丝及晶体，描述其特点，记录药用部位及功效。

描述灵芝形态特征；记录功效。

任务评分页

评价内容		评分细则	分值	得分
准备工作	着装	着装整洁、长头发应束起、无浓妆或戴首饰	5	
	材料	任务实施材料应准备齐全	5	
	环境	环境应整洁，物品摆放整齐	5	
藻类、菌类植物的识别	海带	1. 观察海带，准确描述其形态，特别是藻体的固着器、带柄、带片以及海带断面构造特征 2. 记录海带药用部位及功效	10	
	冬虫夏草	1. 冬虫夏草的形成过程阐述 2. 观察冬虫夏草，准确描述冬虫夏草的形态特征 3. 记录冬虫夏草药用部位及功效	15	
	茯苓	1. 观察茯苓，准确描述茯苓的形态特征 2. 显微镜下观察菌丝并描述其特点，正确绘图 3. 记录茯苓药用部位及功效	15	
	猪苓	1. 观察猪苓，准确描述猪苓的形态特征 2. 显微镜下观察菌丝及晶体，描述其特点，并绘图 3. 记录猪苓药用部位及功效	15	
	灵芝	1. 观察灵芝，准确描述灵芝形态特征，特别是菌盖、菌柄的特征，以及孢子的位置 2. 记录灵芝药用部位及功效	10	
职业素养	清场	任务实施后清理工作台面，物品摆放整齐	10	
	记录单	记录单书写工整，内容完整	5	
	工作态度	学术严谨，操作规范，成员间能合作对话、和谐共进	5	
总分			100	

项目六　任务一　苔藓与蕨类植物的识别

班级：_____　　组别：_____　　姓名：_____　　时间：_____

任务记录页

描述地钱形态特征，记录其药用部位及功效。

描述金发藓形态特征，记录其药用部位及功效。

描述卷柏形态特征，记录其药用部位及功效。

描述木贼形态特征，记录其药用部位及功效。

描述海金沙形态特征，记录其药用部位及功效。

描述金毛狗脊形态特征，记录其药用部位及功效。

描述石韦形态特征，记录其药用部位及功效。

任务评分页

评价内容		评分细则	分值	得分
准备工作	着装	着装整洁、长头发应束起、无浓妆或戴首饰	5	
	材料	任务实施材料应准备齐全	5	
	环境	环境应整洁，物品摆放整齐	5	
苔藓植物的识别	地钱	1. 观察地钱和金发藓两种植物，准确描述其形态特征，特别是植株的大小；有无根、茎、叶的分化；雌雄配子体的分布及形态等 2. 地钱、金发藓的药用部位及功效	10	
	金发藓		10	
蕨类植物的识别	卷柏	正确描述卷柏形态特征，特别是生长方式、根的类型、主茎的长短以及叶的着生方式特点等；记录卷柏的药用部位及功效	10	
	木贼	正确描述木贼形态特征，特别是地上茎生长方式、是否分枝、表面棱脊数量、节上叶的性质和特征、孢子囊穗的位置及形状等；记录木贼的药用部位及功效	10	
	海金沙	正确描述海金沙形态特征，特别是茎的质地和生活方式、根状茎的特点、不育羽片与能育羽片的着生位置和形态、孢子囊穗着生位置及特点等；记录海金沙药用部位及功效	10	
	金毛狗脊	正确描述金毛狗脊植株形态、大小，特别是根状茎的形态特征、叶的形态及孢子囊群位置及开裂形式；记录金毛狗脊药用部位及功效	10	
	石韦	正确描述石韦形态，特别是根状茎生长方式和表面特点，叶的质地、形状、表面附属物、孢子囊群位置及特点；记录石韦药用部位及功效	10	
职业素养	清场	任务实施后清理工作台面，物品摆放整齐	5	
	记录单	记录单书写工整，内容完整	5	
	工作态度	学术严谨，操作规范，成员间能合作对话、和谐共进	5	
总分			100	

项目六　任务二　裸子植物的识别

班级：_____　组别：_____　姓名：_____　时间：_____

任务记录页

描述银杏形态特征，记录其药用部位及功效。

描述侧柏形态特征，记录其药用部位及功效。

描述东北红豆杉形态特征，记录其药用部位及功效。

描述麻黄形态特征，记录其药用部位及功效。

任务评分页

评价内容		评分细则	分值	得分
准备工作	着装	着装整洁、长头发应束起、无浓妆或戴首饰	5	
	材料	任务实施材料应准备齐全	5	
	环境	环境应整洁，物品摆放整齐	5	
裸子植物的识别	银杏	正确描述银杏植株，特别是叶的形状、叶脉类型、雄球花和雌球花的特征、种子的类型；记录银杏的药用部位及功效	15	
	侧柏	正确描述侧柏形态特征，特别是叶的着生方式、球花类型、球果特点及种子特征；记录侧柏的药用部位及功效	15	
	东北红豆杉	正确描述东北红豆杉形态特征，特别是叶的形状、排列方式、气孔带的位置、雄球花的颜色、雄蕊数目、花药数目、种子的类型、假种皮的颜色、质地和形态等；记录东北红豆杉的药用部位及功效	20	
	麻黄	正确描述麻黄的形态特征，特别是茎的类型及生长方式、是否分枝、表面有无棱脊、节上叶的数量及形状特征、雄球花及雌球花颜色和组成结构等；记录麻黄的药用部位及功效	15	
职业素养	清场	任务实施后清理工作台面，物品摆放整齐	10	
	记录单	记录单书写工整，内容完整	5	
	工作态度	学术严谨，操作规范，成员间能合作对话、和谐共进	5	
总分			100	

项目六　任务三　子任务 1　双子叶植物纲——离瓣花亚纲植物的识别

班级：_____　　组别：_____　　姓名：_____　　时间：_____

任务记录页

描述虎杖形态特征，记录其药用部位及功效，写出植物检索途径。
描述白头翁形态特征，记录其药用部位及功效。
描述玉兰形态特征，记录其药用部位及功效。
描述菘蓝形态特征，记录其药用部位及功效。
描述决明形态特征，记录其药用部位及功效。
描述三七形态特征，记录其药用部位及功效。
描述当归形态特征，记录其药用部位及功效。

任务评分页

评价内容		评分细则	分值	得分
准备工作	着装	着装整洁、长头发应束起、无浓妆或戴首饰	5	
	材料	任务实施材料应准备齐全	5	
	环境	环境应整洁，物品摆放整齐	5	
植物识别	虎杖	正确描述虎杖形态，特别是根的类型，茎断面及表面特点，有无托叶鞘，花的类型、着生位置、性别、雄蕊数目、雌蕊的类型、心皮数、子房位置、子房室数、胎座类型、果实类型；记录虎杖的药用部位及功效；写明虎杖分科检索路径	10	
	白头翁	正确描述白头翁形态，特别是植株表面附属物，叶的形状及类型，花的生长位置、组成、颜色，果实特点及类型等；记录白头翁的药用部位及功效	10	
	玉兰	正确描述玉兰形态，特别是叶的着生方式、质地、大小，花蕾的形态特征，开放花的形态、组成、颜色、气味，果实类型等；记录玉兰的药用部位及功效	10	
	菘蓝	正确描述菘蓝的形态，特别是一年生叶与二年生叶的区别，花序的类型，花萼、花冠、雄蕊、雌蕊的数目和位置，以及果实的类型；记录菘蓝的药用部位及功效	10	
	决明	正确描述决明的形态，特别是叶序、复叶的类型，小叶数目、形状，花冠类型以及果实类型；记录决明的药用部位及功效	10	
	三七	正确描述三七形态，特别是根系特点，叶的类型，小叶数量及表面特点，花序及果实类型等；记录三七药用部位及功效	10	
	当归	正确描述当归形态，特别是根的特点、气味，叶的类型，有无叶鞘，花序及果实类型等；记录当归的药用部位及功效	10	
职业素养	清场	任务实施后清理工作台面，物品摆放整齐	5	
	记录单	记录单书写工整，内容完整	5	
	工作态度	学术严谨，操作规范，成员间能合作对话、和谐共进	5	
总分			100	

项目六　任务三　子任务 2　双子叶植物纲——合瓣花亚纲植物的识别

班级：_____　组别：_____　姓名：_____　时间：_____

任务记录页

描述益母草形态特征，记录其药用部位及功效。

描述酸浆形态特征，记录其药用部位及功效，写出植物检索途径。

描述忍冬形态特征，记录其药用部位及功效。

描述栝楼形态特征，记录其药用部位及功效。

描述大蓟形态特征，记录其药用部位及功效。

任务评分页

评价内容		评分细则	分值	得分
准备工作	着装	着装整洁、长头发应束起、无浓妆或戴首饰	5	
	材料	任务实施材料应准备齐全	5	
	环境	环境应整洁，物品摆放整齐	5	
植物识别	益母草	正确描述益母草形态，特别是茎质地和形状，基生叶、中部叶、顶生叶的形状，花的全形、着生位置及花序类型，雄蕊数目及类型，子房位置、子房室数，果实类型等；记录益母草的药用部位及功效	13	
	酸浆	正确描述酸浆形态，特别是叶序类型，花冠类型、着生位置，花萼生长特点，果实类型等；记录酸浆的药用部位及功效；写明酸浆分科检索路径	13	
	忍冬	正确描述忍冬形态，特别是茎、叶的类型，表面的附属物，花冠类型、着生位置及生长特点；记录忍冬的药用部位及功效	13	
	栝楼	正确描述栝楼形态，特别是茎的质地、类型，叶裂类型，雌花与雄花的形态，果实类型等；记录栝楼的药用部位及功效	13	
	大蓟	正确描述大蓟的形态，特别是基生叶与茎生叶的组成、全形、有无针刺，花序类型、着生位置，花有无苞片，有何特点，每朵小花花冠类型、颜色，果实类型，冠毛特点；记录大蓟的药用部位及功效	13	
职业素养	清场	任务实施后清理工作台面，物品摆放整齐	10	
	记录单	记录单书写工整，内容完整	5	
	工作态度	学术严谨，操作规范，成员间能合作对话、和谐共进	5	
总分			100	

项目六　任务三　子任务3　单子叶植物的识别

班级：_____　　组别：_____　　姓名：_____　　时间：_____

任务记录页

描述淡竹叶形态特征，记录其药用部位及功效；写出植物检索途径。

描述半夏形态特征，记录其药用部位及功效。

描述黄精形态特征，记录其药用部位及功效。

描述薯蓣形态特征，记录其药用部位及功效。

描述白及形态特征，记录其药用部位及功效。

任务评分页

评价内容		评分细则	分值	得分
准备工作	着装	着装整洁、长头发应束起、无浓妆或戴首饰	5	
	材料	任务实施材料应准备齐全	5	
	环境	环境应整洁，物品摆放整齐	5	
植物识别	淡竹叶	正确描述淡竹叶形态，特别是根系的特点，叶的形状，叶脉、叶序、花序的类型；记录淡竹叶的药用部位及功效；写明淡竹叶分科检索路径	13	
	半夏	正确描述半夏形态，特别是地下块茎及根的特点，叶的形状及叶序类型，花序类型，佛焰苞特点，雌花与雄花的性状及在花序轴上的位置，以及花被的有无等；记录半夏的药用部位及功效	13	
	黄精	正确描述黄精形态，特别是根状茎特点，叶片形状，叶序类型，苞片质地以及花的形态特征等；记录黄精的药用部位及功效	13	
	薯蓣	正确描述薯蓣形态，特别是地上茎的质地、生活方式，根状茎的生长方向、特点，基部叶与中部叶的叶序类型及形状，花单性还是两性，雌雄同株还是异株等；记录薯蓣的药用部位及功效	13	
	白及	正确描述白及形态，特别是块茎形状及断面性质，叶片形状及叶鞘特点，花序类型、颜色，小花花冠类型，以及雌蕊、雄蕊的结构特征，果实类型等；记录白及的药用部位及功效	13	
职业素养	清场	任务实施后清理工作台面，物品摆放整齐	10	
	记录单	记录单书写工整，内容完整	5	
	工作态度	学术严谨，操作规范，成员间能合作对话、和谐共进	5	
总分			100	

项目七　任务　标本采集与制作

班级：_____　　组别：_____　　姓名：_____　　时间：_____

任务记录页

序号	科名＋种名	序号	科名＋种名
1		26	
2		27	
3		28	
4		29	
5		30	
6		31	
7		32	
8		33	
9		34	
10		35	
11		36	
12		37	
13		38	
14		39	
15		40	
16		41	
17		42	
18		43	
19		44	
20		45	
21		46	
22		47	
23		48	
24		49	
25		50	

续表

序号	科名+种名	序号	科名+种名
51		76	
52		77	
53		78	
54		79	
55		80	
56		81	
57		82	
58		83	
59		84	
60		85	
61		86	
62		87	
63		88	
64		89	
65		90	
66		91	
67		92	
68		93	
69		94	
70		95	
71		96	
72		97	
73		98	
74		99	
75		100	

提交实习总结报告一份（500字左右）

任务评分页

评价内容		评分细则	分值	得分
准备工作	着装	着装整洁、长头发应束起、无浓妆或戴首饰	2	
	材料	任务实施材料应准备齐全	3	
野外实习	药用植物识别	每人至少能够识别100种药用植物，能够准确说明药用植物的所属科和种名，了解药用部位及主要功效	50	
	标本的采集与制作	1. 每小组完成50种植物标本的制作，每人至少完成10份 2. 植物标本应干净、整齐，布局合理，特征性器官醒目；标本左上角和右下角有定名签和野外记录签 3. 采集工具完整，没有丢失或损坏；工具书使用正确	20	
	实习总结	每人提交一份实习总结。写明野外实习时间、地点，实习目的，阐述实习过程中知识、能力、素养的达成情况，同时对实习方法、实习条件、资源利用保护、生态文明建设等的所见所感提出意见或建议	15	
职业素养	清场	任务实施后清理工作场所，保证整洁有序	5	
	工作态度	吃苦耐劳、团结友爱，具有安全素养和环境保护意识	5	
总分			100	